华为技术认证

HCIE-Cloud Service Solutions Architect 学习指南

华为技术有限公司 主编

人民邮电出版社
北京

图书在版编目（CIP）数据

HCIE-Cloud Service Solutions Architect 学习指南 / 华为技术有限公司主编. -- 北京 : 人民邮电出版社, 2025. -- (华为 ICT 认证系列丛书). -- ISBN 978-7-115-67783-9

Ⅰ. TP393.027-62

中国国家版本馆 CIP 数据核字第 2025VD4325 号

内 容 提 要

HCIE-Cloud Service Solutions Architect 是华为公司推出的华为公有云云服务体系中的专家级认证，主要用于认证在华为云平台上具备业务与应用架构设计、优化与运维能力的解决方案架构专家。本书共 8 章，内容包括应用上云简介、云上可扩展性设计、云上高可用性设计、云上安全性设计、云上性能设计、云上成本设计、上云迁移方案、云上运维服务。

本书适合希望成为云服务架构专家的人员、希望通过 HCIE-Cloud Service Solutions Architect 认证的人员阅读，也可以作为相关人员自学和高等院校相关专业的教材。

◆ 主　　编　华为技术有限公司
　责任编辑　李　静
　责任印制　马振武

◆ 人民邮电出版社出版发行　　北京市丰台区成寿寺路 11 号
　邮编　100164　　电子邮件　315@ptpress.com.cn
　网址　https://www.ptpress.com.cn
　北京市艺辉印刷有限公司印刷

◆ 开本：787×1092　1/16
　印张：16.25　　2025 年 9 月第 1 版
　字数：326 千字　　2025 年 9 月北京第 1 次印刷

定价：99.80 元

读者服务热线：(010)53913866　印装质量热线：(010)81055316
反盗版热线：(010)81055315

编 委 会

序　言

乘“数”破浪　智驭未来

当前，数字化、智能化已成为经济社会发展的关键驱动力，引领新一轮产业变革。以 5G、云、AI 为代表的数字技术不断突破边界，实现跨越式发展，数字化、智能化的世界正在加速到来。

数字化的快速发展，带来了数字化人才需求的激增。《中国 ICT 人才生态白皮书》预计，到 2025 年，中国 ICT 人才缺口将超过 2000 万人。此外，社会急迫需要大批云计算、人工智能、大数据等领域的新兴技术人才；伴随技术融入场景，兼具 ICT 技能和行业知识的复合型人才将备受企业追捧。

在日新月异的数字化时代中，技能成为匹配人才与岗位的最基本元素，终身学习逐渐成为全民共识及职场人保持与社会同频共振的必要途径。联合国教科文组织发布的《教育 2030 行动框架》指出，全球教育需迈向全纳、公平、有质量的教育和终身学习。

如何为大众提供多元化、普适性的数字技术教程，形成方式更灵活、资源更丰富、学习更便捷的终身学习推进机制？如何提升全民的数字素养和 ICT 从业者的数字能力？这些已成为社会关注的重点。

作为全球 ICT 领域的领导者，华为积极构建良性的 ICT 人才生态，将多年来在 ICT 行业中积累的经验、技术、人才培养标准贡献出来，联合教育主管部门、高等院校、教育机构和合作伙伴等各方生态角色，通过建设人才联盟、融入人才标准、提升人才能力、传播人才价值，构建教师与学生人才生态、终身教育人才生态、行业从业者人才生态，加速数字化人才培养，持续推进数字包容，实现技术普惠，缩小数字鸿沟。

为满足公众终身学习、提升数字化技能的需求，华为推出了“华为职业认证”，这是围绕“云–管–端”协同的新 ICT 架构打造的覆盖 ICT 领域、符合 ICT 融合发展趋势的人才培养体系和认证标准。目前，华为职业认证内容已融入全国计算机等级考试。

教材是教学内容的主要载体、人才培养的重要保障，华为汇聚技术专家、高校教师、培训名师等，倾心打造“华为 ICT 认证系列丛书”，丛书内容匹配华为相关技术方向认证考试大纲，涵盖云、大数据、5G 等前沿技术方向；包含大量基于真实工作场景的行业案例和实操案例，注重动手能力和实际问题解决能力的培养，实操性强；巧妙串联各知识点，并按照由浅入深的顺序进行知识扩充，使读者能够思路清晰地掌握知识；配备丰富的学习资源，如 PPT 课件、练习题等，便于读者学习，巩固提升。

在丛书编写过程中，编委会成员、作者、出版社相关人员付出了大量心血和智慧，对此向他们表示诚挚的敬意和感谢！

千里之行，始于足下，行胜于言，行而致远。让我们一起从“华为 ICT 认证系列丛书”出发，探索日新月异的信息与通信技术，乘“数”破浪，奔赴前景广阔的美好未来！

前　言

在当今数字化转型的浪潮中，云服务已成为企业和技术领域不可或缺的重要组成部分。云服务不仅改变了企业的 IT 基础设施构建和运营模式，还为各类创新应用提供了强大的支撑平台。随着云服务技术的不断发展和广泛应用，深入理解云服务的技术框架、原理及设计变得愈加关键。

本书旨在为读者提供一本全面、系统且深入的云服务技术学习指南。无论是高校学生渴望在新兴的云服务领域积累知识，企业读者寻求自我提升以应对数字化转型的挑战，还是技术爱好者对云服务技术怀揣着浓厚的探索兴趣，本书都能满足他们的需求。

本书基于华为 HCIE-Cloud Service Solutions Architect 认证大纲进行开发，与华为认证体系紧密结合。这一特性确保了本书内容的权威性、专业性和实用性。本书能够反映云服务产业发展的最新进展，精准对接科技发展趋势以及市场对云服务技术人才的需求。

全书共 8 章，各章主要内容如下。

第 1 章聚焦应用上云的相关知识，包括应用上云简介、方法论以及应用上云架构设计原则等。这一章将深入讲解应用的定义、应用架构的演进过程、分层结构，以及企业选择上云的原因、上云迁移的方法论以及云上架构设计时需要考虑的诸多因素等重要内容，从而帮助读者掌握云上架构的基础概念与设计理念。

第 2 章着重探讨云上可扩展性设计。在云环境中，可扩展性是满足业务动态增长需求的关键要素。本章深入阐述云上可扩展性设计的概念，从为什么需要可扩展性设计出发，剖析其中面临的挑战与蕴藏的机遇，并列举可扩展性的典型场景，分析其依赖的因素，进而介绍云上应用可扩展性设计方案，其中涵盖可扩展性的实现方式以及计算、存储、数据库等不同层面的可扩展性设计，帮助读者理解如何在云环境下确保系统能够灵活适应业务规模的变化。

第 3 章的核心是云上高可用性设计。高可用性对于保障企业业务的连续性至关重要。本章从可用性设计概述入手，阐述为什么需要进行可用性设计，详细解释可用性涉及的概念，如高可用与容灾的区别、容灾与备份的区别、容灾的级别等，并介绍可用性设计理论；在此基础上，深入讲解高可用性设计原则，其中包括设计时需要考虑的因素、设计方案，并通过实际例子让读者更加清晰地认识高可用性设计在云环境中的具体应用。

第 4 章围绕云上安全性设计展开。随着云服务的广泛应用，安全性成为企业关注的焦点。本章首先对云上安全进行概述，分析云上安全面临的挑战，并提供提升安全治理能力的思路；随后详细介绍云安全设计的各个方面，从华为 3CS 安全治理到责任共担模型，从统一身份认证管理到各类网络安全防护手段，如云防火墙、DDoS 防护、Web 应用防火墙等，再到主机安全服务防护、漏洞管理服务防护等，全面展示了在云环境下构建安全体系的方法和要点。

第 5 章关注云上性能设计。性能直接影响用户体验和业务效率。这部分先阐述为什么需要进行云上性能设计以及如何衡量云上性能；接着讲述云上性能优化的实现方式，其中包括性能调优的基本流程、性能测试介绍以及华为云应用性能优化流程，并阐述性能优化带来的价值；最后详细给出云上性能设计方案，针对高并发业务和低时延业务进行性能瓶颈分析并提供优化方案，同时还涉及业务性能测试与监控方面的内容。

第 6 章深入讲解云上成本设计的相关内容。在云服务的使用中，成本控制是企业必须考量的重要因素。本章先通过对资本支出和运营支出的分析，解释为什么需要进行云上成本设计；然后探讨云上成本关注的焦点，详细介绍云上成本设计方案，从资源类型与规格成本设计到计费模式成本设计，再到费用管理设计，全方位涵盖了云上成本管理的各个环节；最后介绍成本优化设计，为企业在云服务中实现成本效益最大化提供指导。

第 7 章聚焦上云迁移方案。企业上云过程中的迁移方案是实现云转型的关键。本章从上云迁移概述入手，解释为什么需要上云迁移、什么是上云迁移，列举上云迁移的常见场景、典型误区以及迁移成功的关键因素；接着提供上云迁移指南，其中包括上云迁移实施流程简介及其详细解读；同时，还对各类上云迁移实施方案进行介绍，如网络迁移、主机迁移、存储迁移和数据库迁移，分别从概述、面临的挑战到实施流程、注意事项以及不同工具间的对比等方面进行细致阐述。

第 8 章探讨云上运维服务。随着企业业务在云环境中的运行，云上运维服务不可或缺。本章首先对云上运维进行概述，分析基础运维和应用运维面临的挑战以及云上运维的目标；然后详细介绍华为云应用立体运维解决方案，其中包括 APM（应用性能管理）、AOM（应用运维管理）以及云日志、云监控、云审计等服务，阐述它们之间的关系以及各自的基本概念和应用场景，为读者呈现一个完整的云上运维服务体系。

通过阅读本书，读者将全面深入地了解云服务技术的各个方面，无论是云服务的基础架构、设计原则，还是其涉及的安全性、性能、成本等关键要素，或是迁移和运维等实际操作环节，读者都能在本书中找到详尽的阐述和深入的分析，从而提升在云服务技术领域的专业素养，为应对数字化时代的各种挑战和机遇做好充分准备。

本书的配套资源可通过扫描封底的“信通社区”二维码，回复数字“677839”获取。

关于华为认证的更多精彩内容，请扫码进入华为人才在线了解。

华为人才在线

目录

第1章 应用上云简介

本章主要内容

本章将聚焦于应用的定义及相关概念，助力企业深入理解应用及其在云计算环境中的角色与意义。首先，我们将详细阐述应用的定义，明确应用所涵盖的范畴及其在企业业务中的功能体现。同时，深入剖析应用与应用实例之间的区别与联系，这有助于企业在云环境下准确识别和管理不同的应用单元。

接着，我们将追溯应用架构的演进历程：从传统架构到现代云原生架构的转变过程，让企业了解应用架构发展的趋势与驱动因素。这部分还将涵盖应用与应用上云的介绍，阐述应用上云的必要性和优势，为企业上云决策提供理论依据。

之后，我们将深入解析应用架构分层的概念和意义。理解不同层次的功能与相互关系，能够帮助企业更好地设计和优化应用架构，以适应云环境的需求。同时，探讨应用上云的本质，使企业认识到应用上云不是简单的迁移，而是涉及多方面的变革。

再之后，我们将详细介绍应用上云的承载模式，包括虚拟机、物理机、容器、无服务器计算等不同模式的特点与适用场景，为企业选择合适的承载模式提供参考。并且，深入分析企业为什么要上云，从业务需求、成本控制、创新发展等多方面因素进行阐述，帮助企业明确上云的动机。

随后，我们将重点探讨应用上云的方法论，包括上云迁移对象的确定、上云迁移策略的制定等内容。其中，将对上云迁移策略如 Rehost、Replatform、Refact/Rearchitect、Replace、Retire 和 Retain 等进行详细解析，让企业根据自身情况选择最适合的迁移路径。

接着，我们将探讨云上架构设计的考虑因素与原则，其中包含可扩展性设计原则、高可用性的基本概念及其设计原则、安全性设计原则以及云上性能设计原则等多方面的内容。这些原则相互关联、相互影响，共同构成了云上架构设计的整体框架。

最后，我们将深入探讨云上成本设计原则。我们首先分析为什么需要云上成本设计，说明在云环境下成本管理对于企业资源优化和可持续发展的重要性；然后深入研究云上成本的关注焦点，例如合理的计费模式选择、资源效率的衡量、避免资源浪费、支出成本分析和云上财务管理等；接着详细介绍云上成本设计的具体方案，如资源类型与规格的成本设计、不同计费模式的选择与应用，以及系统化的费用管理策略等，以实现精确的成本控制；最后阐述持续成本优化设计的方法，根据系统资源的实际利用率动态调整配置，及时发现并优化高成本的资源配置问题，实现云上成本的长期节约与管理。

通过本章内容，读者将能够全面系统地掌握应用的相关概念、应用上云的各个环节以及云上架构设计的各项原则，为企业在云计算环境中的成功布局提供全面的理论与实践指导。

【知识图谱】

本章知识架构如图 1-1 所示。

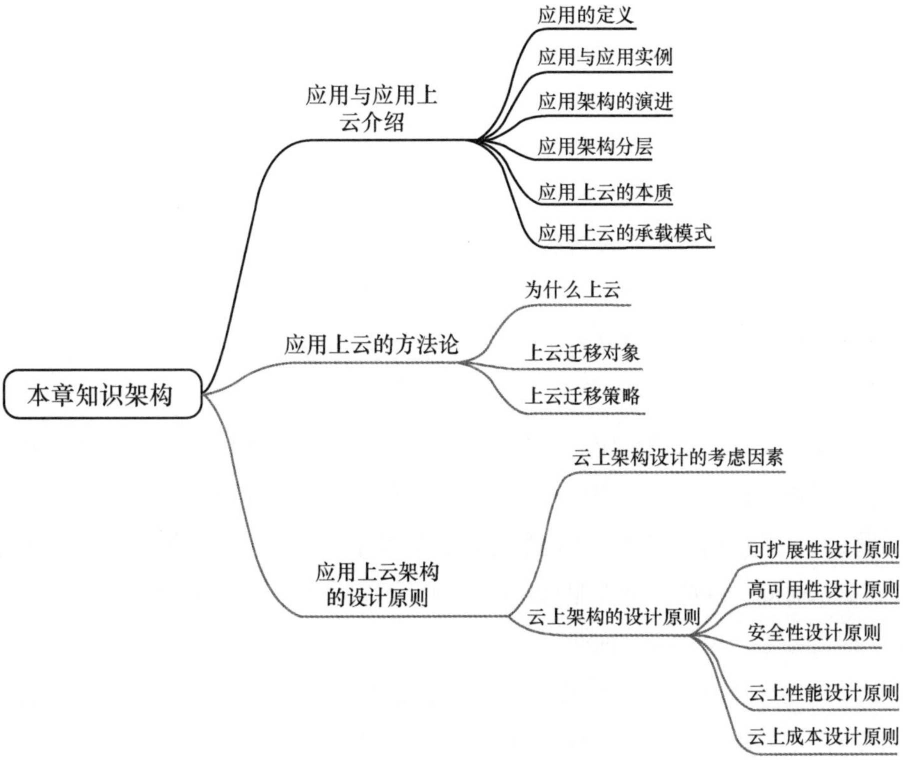

图 1-1　第 1 章知识架构

1.1　应用与应用上云介绍

1.1.1　应用的定义

在软件生态系统中，“应用”这一概念占据着核心地位。所谓应用，是指一种具备独特性质的逻辑集合，它在软件世界中发挥着不可或缺的作用。

首先，明确的业务特征是应用的一个显著标志。每个应用都是为了达成特定的业务目标而精心构建的，其功能的设计紧密围绕着解决特定的业务需求或问题。这就如同每一把钥匙都对应着一把锁，每个应用都精准地指向某一业务领域的特定需求。例如，一款财务应用，其明确的业务特征就是处理财务相关的事务，如账目管理、财务报表生成等，这些功能都是为了满足企业或个人在财务管理方面的需求而存在的。

其次，应用具有独立完整的特性。这意味着在功能层面上，它具备自给自足的能力。

它无须依赖其他软件就能运行，并能够圆满地实现其预期的业务功能。以一款独立的图像编辑应用为例，用户下载安装该应用后，不需要借助其他额外的软件，就能够完成诸如裁剪、调色、添加特效等图像编辑操作。该应用自身就构成了一个完整的功能体系，能够独立地为用户提供图像编辑服务。

再者，应用通常是由一个或多个关联紧密的功能组成的。它并非简单的单一功能的呈现，而是多个功能相互协作、相互支持的有机整体。这些功能协同工作，共同致力于执行复杂的任务或者业务流程。例如，一款电商应用，它包含了商品展示、购物车管理、订单处理、支付结算以及用户评价等多个功能。这些功能之间存在着紧密的联系，商品展示吸引用户将商品加入购物车，购物车管理为订单处理提供数据，订单处理又与支付结算相关联，用户评价则对商品展示和销售有着反馈和影响作用，它们共同构建了一个完整的电商业务流程。

从逻辑集合的角度来看，应用可被视为一个统一的逻辑单位。即便它可能包含众多的组件或者模块，但这些元素都是为了一个共同的目标而有序组织在一起的。就像一个精密的机械表，虽然内部有许多不同的零件，如发条、齿轮、指针等，但它们共同的目标是准确显示时间，这些零件按照特定的逻辑关系组合在一起，就构成了一个完整的逻辑单位，即机械表。应用也是如此。

最后，应用还具有通过可重用的应用程序接口（API）对外提供能力的特点。这一特性使得应用不局限于服务其自身的用户界面，还能够以一种更加开放和灵活的方式与外部世界进行交互。通过 API，其他的应用或者系统可以以编程的方式访问和利用该应用的功能。例如，社交媒体应用可能提供 API，允许第三方开发者创建与该社交媒体平台集成的工具或应用，如分享按钮插件或者数据分析工具。这种可重用的 API 机制极大地增强了应用的可重用性和集成能力，使得应用能够在更广泛的软件生态系统中发挥更大的价值。

总之，这些特点共同定义了什么是应用，也体现了应用在现代软件体系中的多样性、复杂性以及重要性。

1.1.2 应用与应用实例

在软件的复杂生态系统中，准确地理解“应用”和“应用实例”的概念以及它们的关系至关重要。

1. 应用：业务流程的软件承载者

应用，从本质上讲，是能够独立完成用户一个业务流程的最小软件集合。这一概念蕴含着几个关键的要素。

首先，它是一个完整的软件单元，足以独立支撑起用户的某一特定业务流程。就像一个精密设计的工具，专门为解决某一类业务问题而生。例如，一个专门用于企业员工考勤管理的软件，它能够独立完成从员工打卡记录到考勤数据统计、报表生成等一系列与考勤管理相关的业务流程，这就是一个典型的应用。

更为重要的是，应用具备两个明确的要素。一个要素是只有一个 Vendor（厂商）。这意味着与该应用相关的任何涉及代码的变更等操作都由这个唯一的厂商负责。厂商就像是应用的创作者和维护者，他们掌控着应用的技术核心，确保应用的功能更新、错误修复等技术工作得以顺利进行。例如，某知名办公软件厂商开发的文档处理应用，该厂商负责对这个应用进行代码优化、功能升级等所有与代码相关的操作。

另一个要素是只有一个 Owner（责任人），这里指的是用户侧内部的责任人。这个责任人在应用的整个生命周期中扮演着关键的角色。他对应用的生命周期负责，如决定应用的升级、更新、替换以及淘汰等重大决策。例如，在一家企业中，信息部门的负责人可能是某个特定业务应用的 Owner，他需要根据企业的业务需求、预算、员工反馈等多方面因素，权衡是否对正在使用的应用进行升级或者替换。而且，这个 Owner 有权决定应用什么时候进行割接。割接是一个关键的操作，涉及将业务从一个旧的系统或环境转移到新的应用环境中，需要谨慎操作以避免业务中断。同时，Owner 还对应用的验收负责，确保应用能够满足企业的业务需求和质量标准。

此外，应用作为一套软件系统的统称，可以被定义为唯一的 Vendor 和唯一的 Owner，并且不带有任何具体的运行环境属性。这使得应用具有一种抽象的、通用的概念性，它可以在不同的运行环境中被讨论和规划，而不受限于特定的硬件、网络或者操作系统等环境因素。

2. 应用实例：特定环境中的应用实体

与应用相对应的是应用实例。如果说应用是一种抽象的、通用的软件概念，那么应用实例则是这种概念在具体环境中的具象化体现。

当我们在特定环境中部署应用时，每一个在这个环境中运行的应用的单一实体就被称为一个应用实例。例如，想象一个 Web 应用，它是一个应用的概念存在。如果我们将这个 Web 应用部署到 3 台不同的服务器上，那么每台服务器上运行的这个 Web 应用就各自成为一个独立的应用实例。

每个应用实例像应用的一个分身，它们各自拥有独特的运行状态。这意味着在不同的实例中，应用可能处于不同的工作状态，比如有的实例可能正在处理大量的用户请求，处于高负载状态，而另一个实例可能相对空闲。同时，每个实例都有自己的内存分配方式，这取决于实例所在的服务器的硬件资源和当时的运行需求。它们还有各自的配置设置，这些配置可能根据不同的服务器环境或者业务需求进行了定制化调整。并且，每个实例可能还拥有不同的用户数据，这反映了不同用户与不同实例之间的交互结果。

3. 应用与应用实例的关系：一对多的映射

综上所述，应用与应用实例之间存在着明确的1∶N的关系。一个应用可以有多个应用实例，就像一个模具可以制作出多个相同的产品一样。而在应用上云的过程中，最小的单位是一个应用实例。这意味着当我们将应用迁移到云环境时，实际上是将一个个具体的应用实例进行部署和管理。这种关系的明确界定有助于在软件的开发、部署、运维等各个环节中，准确地进行资源分配、状态管理以及故障排查等操作，确保整个软件系统的稳定运行和有效管理。

1.1.3 应用架构的演进

应用架构主要经历了单体架构、面向服务的架构（SOA）和微服务架构等几个关键阶段。这些架构模式各自具有独特的特性，满足了不同时期、不同应用场景下的软件构建需求。

1. 单体架构：传统的统一单元模式

单体架构作为一种传统的软件架构模式，展现出一种将整个应用程序视为单一、统一单元的构建方式。在这种架构下，整个应用的所有功能模块被紧密地打包在一起，共享同一个代码库以及数据库。

（1）优点

① 开发简单：所有功能集中于一个项目之中，这为开发人员提供了极大的便利。在开发过程中，他们无须在多个项目之间频繁切换，便于快速定位问题，进行调试。例如，在构建一个小型企业内部的办公管理系统时，将所有功能（如员工信息管理、文件管理、日程安排等）都放在一个项目里，开发人员可以更高效地进行代码编写和测试。

② 部署简单：这种架构的部署过程相对直接，只需将整个应用作为一个整体进行部署操作，无须考虑各个功能模块之间的复杂部署关系。就好比将一个完整的包裹直接放到指定位置，不需要对包裹内的各个物品进行单独处理。

③ 性能较好：由于所有的功能模块都在同一个应用程序内部，模块之间的通信无须经过网络，避免了网络时延带来的性能损耗。因此，在单体架构下的应用通常能够表现出较好的性能。例如，一个简单的单机版的财务管理软件，内部各个功能模块（如账目录入、报表生成等）之间的交互非常迅速，能够快速响应用户的操作。

（2）缺点

① 扩展性差：随着应用规模的不断扩大，单体架构的局限性逐渐显现。由于它是一个整体，因此难以对其进行有效的水平扩展。例如，当一个电商应用的用户量和交易量急剧增加时，想要通过添加服务器来扩展单体架构的应用会面临诸多困难，因为整个应用是一个紧密的整体，无法简单地拆分部分功能到新的服务器上。

② 耦合度高：单体架构的各个功能模块之间高度耦合，相互依赖，关系紧密。这使得某个功能模块的升级或维护变得异常困难，因为任何一个小的改动都有可能影响到其他模块。例如，在一个集成了多种功能（如用户登录、商品展示、订单处理等）的单体电商应用中，如果要对用户登录模块进行功能升级，可能会因为与其他模块（如订单处理模块可能依赖用户登录后的身份信息）的紧密耦合而导致整个应用需要进行大规模的重新测试和调整。

③ 开发效率低：当开发团队规模逐渐扩大时，单体架构下的开发过程会面临协作和沟通成本增加的问题。众多开发人员在同一个项目中工作，代码的冲突、功能模块之间的协调等问题会变得更加复杂，从而降低了开发效率。

2. 面向服务的架构：分解为可复用的服务单元

面向服务的架构是为了应对单体架构的局限而出现的，它采用了一种将应用分解为一系列可复用的服务单元的软件设计方法。这些服务单元通过网络进行通信和交互，以完成特定的业务功能。

（1）优点

① 松耦合：面向服务的架构的一个显著优点是服务之间通过定义清晰的接口和契约进行通信。这种方式大大降低了系统各模块之间的依赖关系，每个服务都可以相对独立地进行开发和维护。例如，在一个大型企业的信息系统中，用户认证服务、订单管理服务、库存管理服务等通过清晰的接口进行交互，当订单管理服务需要更新时，只要接口保持不变，就不会对用户认证服务和库存管理服务产生直接影响。

② 可重用性强：服务单元可以被其他系统或模块调用和复用，这一特性极大地提高了开发效率。例如，企业内部的用户认证服务可以被多个不同的业务系统（如办公系统、销售系统等）复用，避免了重复开发相同功能的服务。

③ 灵活性高：每个服务都能够独立地进行开发、测试和部署，这为系统的开发和维护带来了更高的灵活性。例如，在开发一个新的业务功能时，可以先单独开发对应的服务，然后将其集成到现有的系统中，而不需要对整个系统进行大规模的改动。

（2）缺点

① 复杂性增加：随着服务数量的增多，服务之间的调用关系变得错综复杂，这使得系统的管理和维护难度增大。例如，在一个拥有众多服务的大型企业级应用中，理清各个服务之间的调用顺序、依赖关系以及数据流向变得十分困难。

② 技术要求高：面向服务的架构通常需要引入企业服务总线（ESB）等中间件来管理服务之间的通信和交互，这对开发和运维团队的技术要求较高，需要这些技术人员掌握中间件的配置、管理以及故障排查等相关技术知识。

③ 存在服务依赖问题：服务之间的依赖关系可能会引发一系列问题，如服务雪崩等。

当一个服务出现故障或者性能下降时，可能会影响到依赖它的其他服务，进而导致整个系统的部分或全部功能受到影响。

3. **微服务架构：拆解为自治的小服务单元**

微服务架构进一步推动了应用架构的细化和分解，它将复杂应用拆解为一系列小的、自治的服务单元。每个服务都运行在其独立的进程中，并通过轻量级的通信机制（如 REST API）进行交互。

（1）优点

① 高度解耦：微服务架构下的服务之间通过接口进行通信，这种方式进一步降低了模块之间的耦合度。每个微服务都可以独立地进行演进和发展，不受其他微服务的限制。例如，在一个社交媒体应用中，用户资料管理微服务、动态消息发布微服务、好友关系管理微服务等都可以独立发展，当用户资料管理微服务需要更新用户头像存储方式时，不会影响到动态消息发布微服务的正常运行。

② 独立部署：每个微服务都具备独立开发和部署的能力，这极大地提高了开发效率和部署灵活性。开发团队可以根据业务需求快速迭代某个微服务，而不需要等待整个应用的更新周期。例如，一个电商应用中的促销活动微服务可以根据不同的促销季节快速进行部署和更新，而不会影响到其他如商品搜索微服务等的正常运行。

③ 技术选型灵活：不同的微服务可以根据自身的功能需求和特点选择最适合的技术栈进行开发。例如，对于计算密集型的微服务，可以选择性能较高的编程语言和框架，而对于与用户界面相关的微服务，可以选择更适合前端开发的技术。

④ 容错性高：由于每个微服务都是独立运行的，因此一个服务的故障不会轻易影响到其他服务的正常运行。例如，在一个在线旅游预订系统中，如果酒店预订微服务出现故障，机票预订微服务仍然可以正常为用户提供服务。

（2）缺点

① 复杂性增加：随着微服务数量的不断增加，系统的复杂性和管理难度也不可避免地增加，需要处理更多的服务间通信、数据一致性等问题。例如，在一个大型的金融科技应用中，众多微服务之间的协调和管理成为一个巨大的挑战。

② 分布式事务处理：微服务架构中涉及分布式事务处理，这需要解决数据一致性的难题。由于微服务可能分布在不同的服务器或进程中，因此确保多个微服务之间的数据操作一致性是一个复杂的问题。例如，在一个电商应用中，订单微服务和库存微服务之间的事务处理需要保证在订单创建成功的同时库存能够正确减少，从而避免出现数据不一致的情况。

③ 运维挑战：与单体架构和面向服务的架构相比，微服务架构的运维更加复杂，需要更多的监控和自动化工具。因为要确保众多微服务的稳定运行，及时发现和解决故障，

所以对每个微服务的性能、资源使用等进行监控是必不可少的。

4. 总结：架构选择的权衡之道

从单体架构到面向服务的架构，再到微服务架构的演进过程，清晰地展示了软件应用架构不断追求更高效、更灵活、更可扩展的发展轨迹。每种架构都有其自身的优点和缺点，没有一种架构是适用于所有场景的万能解决方案。

架构师在选择合适的架构方案时，需要综合考虑多个因素。开发效率是一个重要的考量因素，涉及开发团队的规模、开发周期等。维护成本也不容忽视，如功能模块的升级、故障排查等维护工作的难易程度决定了维护成本的高低。系统的可扩展性对于应对业务的增长和变化至关重要，而技术选型灵活性则影响着是否能够根据具体功能需求采用最适合的技术手段。只有全面权衡这些因素，结合具体的应用场景和需求，才能做出最恰当的架构选择，确保软件系统在整个生命周期内的稳定、高效运行。

1.1.4　应用架构分层

在大型应用系统的设计领域，业务的复杂性常常如同一张错综复杂的网。当所有业务实现的代码相互纠缠时，就如同乱麻一般，会引发诸多棘手的问题，如代码逻辑变得模糊不清，代码的可读性差，维护工作更是举步维艰，任何一处的改动都可能引发一系列的连锁反应，可谓是牵一发而动全身。为了巧妙地化解这些难题，分层架构设计应运而生。

分层架构设计的核心理念是将复杂的问题逐步分解，化繁为简。这一设计理念的根基是单一职责原则。按照这个原则，每个对象就像社会中的个体一样，都有自己明确的职责，各自在自己的职能范围内发挥作用。例如，在一个电商应用系统中，订单处理模块就专注于订单相关的业务逻辑，如订单创建、订单状态更新等，而用户管理模块则专门负责用户信息的管理，包括用户注册、登录和用户信息修改等。这样一来，每个模块各司其职，使得整个系统的逻辑结构更加清晰。

同时，分层架构设计还深深植根于“高内聚，低耦合”的设计思想。高内聚意味着将相关的功能紧密地聚集在一起，形成一个相对独立的整体。就好比在楼宇设计中，不同的功能区域（如居住区域、办公区域、休闲区域等）各自相对独立又内部紧密联系；生日蛋糕的每一层（如蛋糕胚层、奶油层、水果层等）都不同，但它们组合在一起构成一个完整的蛋糕；在企业组织架构中，各个部门（如研发部门、市场部门、财务部门等）内部有着紧密的协作关系。在应用架构分层中，不同层专注于某一特定模块的事务，这种高内聚的设计有助于简化系统设计，使得每一层的功能更加纯粹，易于理解和维护。

低耦合则体现在层与层之间的交互方式上。层与层之间通过接口或 API 进行交互，这种交互方式就像是两个相互合作的部门之间只通过特定的渠道进行沟通一样。依赖方不需要深入了解被依赖方的内部细节，只需要按照既定的接口规范进行调用即可。例如，在一个多层架构的在线教育应用中，表现层（负责用户界面展示）只需要通过接口调用业务逻辑层（负责处理教学业务逻辑，如课程管理、学生学习进度管理等）的功能，而不需要知道业务逻辑层具体是如何实现这些功能的。这种低耦合的设计使得系统的各个部分相对独立，当某一层需要进行修改或替换时，只要接口保持不变，就不会对其他层产生过大的影响，大大提高了系统的灵活性和可维护性。

系统架构分层之后，还期望达到一系列重要的目标。

首先是高内聚，这一点在前面已经有所提及。它使得系统中的每一层都能够专注于特定的功能模块，避免功能的混乱交织，从而简化了整个系统的设计。这种专注性有助于提高每层的工作效率，也方便开发人员更好地理解和维护自己所负责的层次。

其次是低耦合。低耦合是分层架构的一大优势，它通过接口或 API 的交互方式，将层与层之间的依赖关系降到最低。这不仅使得系统的各个部分更加独立，易于独立开发和测试，而且在应对系统的变更和扩展时具有更大的弹性。例如，当业务逻辑层需要升级数据库访问方式时，只要保持与上层（如表现层）和下层（如数据访问层）的接口不变，就不会影响到其他层的正常运行。

复用性也是分层架构的一个重要目标。分层之后，代码或功能的复用成为可能。例如，在一个企业级应用中，数据访问层的代码可以被多个不同的业务模块复用。如果没有分层架构，不同业务模块中的数据库访问代码可能会重复编写，既增加了工作量，又容易导致代码不一致性。而通过分层，将与数据库访问相关的功能集中在一个独立的层中，就可以方便地在其他需要的地方进行复用，提高了代码的利用率，同时也降低了开发成本。

最后是扩展性。分层架构为代码的横向扩展提供了便利。随着业务的发展，系统需要不断地扩展功能。在分层架构下，可以相对容易地在某一层添加新的功能模块或者扩展现有模块的功能，而不会对整个系统结构造成过大的冲击。例如，在一个电商应用中，如果要增加新的支付方式，只需要在业务逻辑层和数据访问层相应的模块中进行扩展，而不需要对整个系统进行大规模的重构。

总之，应用架构分层是一种有效的设计策略，它基于单一职责原则和“高内聚，低耦合”的设计思想，通过合理的分层和层间交互方式，旨在达到高内聚、低耦合、具有复用和扩展性等目标，从而构建出更加高效、可维护、可扩展的大型应用系统。

1.1.5 应用上云的本质

应用上云的本质是应用实例的上云。这一观点在应用上云规划过程中具有关键意义。

当着手进行应用上云规划时，我们必须以应用实例作为最基本的考量单位。这就好比在审视一座大厦时，不能仅仅关注大厦的整体，还要关注每一个房间的细节。以 Exchange 应用上云为例，在用户的应用场景中，Exchange 存在着两个应用实例，分别是用于实际业务运行的生产环境 Exchange 生产实例，以及用于开发和测试目的的开发环境 Exchange 开发实例。此时，用户根据自身的业务策略、成本考量或者风险评估等因素，做出了只将 Exchange 开发实例迁移上云的决策，而让 Exchange 生产实例继续保留在原有的环境中。尽管只有 Exchange 开发实例踏上了上云之旅，但从概念上来说，这也完全可以被定义为 Exchange 应用上云。

在整个应用上云的进程里，准确确认应用实例的数量是一个不可或缺的步骤，绝不能仅仅简单罗列应用的名称就了事。这一确认步骤的重要性体现在多个方面，其中与云割接的关系尤为紧密。云割接作为将应用从原环境迁移到云环境的关键操作，其进行的次数与应用实例的数量有着紧密的关联。每个应用实例可能都需要单独进行割接操作，或者根据实际情况进行分组割接。如果没有精确把握应用实例的数量，可能会导致云割接计划内容的混乱，进而影响整个应用上云的进程，比如可能出现资源分配不合理、割接顺序错误或者遗漏某些实例的割接等问题。

总之，理解应用上云的本质是应用实例的上云，并且在规划过程中以应用实例为最小单位进行考量。精确统计应用实例的数量，对于顺利推进应用上云工作、确保云割接操作的有效进行具有至关重要的意义。这不仅有助于企业在云计算的浪潮中实现应用的合理迁移，还能在保障业务连续性的同时，最大程度地利用云环境的优势。

1.1.6　应用上云的承载模式

在应用上云的广阔领域中，存在着多种承载模式，每一种都具有独特的特性和适用场景。

首先，虚拟机模式是通过先进的虚拟化技术在物理服务器之上构建出独立的操作系统环境。在这种模式下，每一台虚拟机都宛如一台独立的物理机。它拥有属于自己的操作系统，能够独立调度 CPU 资源、分配内存并管理存储空间。这使得各类应用程序如同在传统的物理机上一样稳定运行。虚拟机模式的优势在于其提供了高度的隔离性，不同虚拟机之间互不干扰，能够满足多用户或多应用场景下对资源的独立需求。然而，由于虚拟机需要模拟完整的操作系统环境，相对而言会占用更多的系统资源，在资源利用效率方面可能存在一定的优化空间。

其次，物理机模式则是直接在物理硬件上运行服务器，中间不存在虚拟化层。这种模式专为那些对性能有着极高要求的应用而生。当应用需要独占硬件资源，以实现极致的性能表现时，物理机模式无疑是最佳选择。例如，一些对计算能力、网络带宽或者存储 I/O 速度有着苛刻要求的大型企业级应用，在物理机上运行能够避免虚拟化带来的性能损耗，从而确保应用的高效、稳定运行。但物理机模式的缺点也较为明显，由于缺乏虚拟化层的资源共享和灵活调配功能，硬件资源的利用率可能较低，并且在扩展性方面相对不够灵活。

容器模式是一种轻量级的虚拟化技术。它与虚拟机模式有所不同，容器允许多个应用程序共享操作系统内核，而各个应用程序在各自隔离的用户空间中运行。目前，像 Docker 和 Kubernetes 这样的容器技术已经在业界得到了广泛的应用。容器模式的优点是显著的，它在提供一定程度的隔离性的同时，极大地提高了资源利用效率，因为多个容器可以共享操作系统资源。此外，容器的启动速度非常快，能够快速部署应用，并且在不同环境之间的迁移也较为便捷。不过，容器的隔离性相对虚拟机较弱，可能存在一定的安全风险，需要在安全策略方面进行额外的考量。

最后，无服务器计算模式为开发者带来了一种全新的体验。在这种模式下，云提供商负责自动管理服务器相关的事务，开发者只需专注于编写和部署代码，无须为底层基础设施的管理而分心。像华为云的 FunctionGraph、AWS Lambda、Azure Functions 等都是常见的无服务器计算服务。无服务器计算模式非常适合那些轻量级、事件驱动型的应用，能够根据实际需求自动扩展，降低了运维成本和复杂度。但是，这种模式也存在一些局限性，例如，应用的运行可能会受到云提供商的限制，对于一些长期运行且负载稳定的大型应用可能不太适用。

综上所述，这些应用上云的承载模式各有优缺点，在实际应用场景中，我们必须依据应用自身的特性、对性能的要求、弹性需求以及管理复杂度等多方面因素进行全面综合的考虑，从而选择最适合的承载模式，以确保应用在云端的高效运行。

1.2 应用上云的方法论

1.2.1 为什么上云

在当前竞争激烈的商业环境中，企业纷纷探索上云之路，寻求更高效的运营模式以应对迅速变化的市场需求。企业上云的驱动力是多方面的，这些驱动力深刻地影响着企业的战略决策和未来的发展方向。

1. 业务连续性和成本控制：关键的驱动因素

企业上云往往是被一系列关键业务事件所推动的。其中，老旧数据中心的关闭是一个重要因素。随着技术的不断更新换代，传统的数据中心可能面临设备老化、维护成本高等问题。当关闭老旧数据中心提上日程时，企业需要寻找一种可靠的替代方案来确保业务的正常运转，云服务便成为一个极具吸引力的选择。

经营压力也是促使企业上云的关键。在竞争激烈的市场环境中，企业需要不断寻求降低成本的方法。上云能够简化基础设施管理，将硬件维护、网络管理等烦琐事务交给云服务提供商，从而减少企业内部的人力和物力投入。同时，软件许可证费用也是企业运营成本的重要组成部分。云服务通常采用按需付费的模式，相比于传统的购买软件许可证的方式，可以为企业节省大量资金。

法规变化和数据主权要求同样不容忽视。随着法律法规的日益完善，企业在数据存储、隐私保护等方面面临着更为严格的要求。一些地区对数据主权有着明确的规定，要求企业的数据必须存储在特定的区域内。云服务提供商能够根据不同的法规要求，提供符合规定的数据存储和管理方案，以确保企业业务的合规性。此外，云服务还具备应对突发业务中断的能力。通过在云端的分布式存储和冗余备份，即使在遇到自然灾害、网络攻击等突发情况时，企业的业务也能够迅速恢复，从而保障业务的连续性。

2. 创新与市场需求：保持竞争力的必由之路

在快速变化的市场环境中，企业为了保持竞争力，必须不断创新并迅速响应市场需求。云平台为企业提供了获取新技术的便捷途径。云计算的灵活性使得企业能够根据地域或市场需求进行快速扩展。例如，一家电商企业在进入新的市场区域时，可以迅速在云平台上扩展其服务器资源，以满足当地用户的需求，而无须进行大规模的硬件采购和部署。

同时，企业借助云平台能够更快地推出新的产品和服务，从而改善用户体验。以在线视频服务为例，通过云服务，企业可以轻松地实现视频的存储、转码和分发，根据用户的观看习惯和需求，提供个性化的推荐服务。这种基于云的创新能力使得企业能够在市场中脱颖而出，吸引更多的用户，进而提升市场份额。创新的驱动力帮助企业以更快的速度适应不断变化的市场环境，满足用户日益多样化的需求。

3. 优化与弹性伸缩：提升运营效率的有效手段

企业上云有助于降低运维和多厂商管理的复杂性。在传统的IT架构下，企业可能需要与多个硬件供应商、软件开发商和网络服务提供商打交道，协调不同厂商之间的工作往往耗费大量的时间和精力。而云服务将这些复杂的管理工作整合起来，企业只需与云服务提供商进行沟通，大大简化了管理流程。

优化内部操作流程也是企业上云的重要目的之一。云服务提供了一系列标准化的工具和接口，使得企业内部的不同部门之间能够更加高效地协作。例如，企业的销售部门和研发部门可以通过云平台共享数据，提高工作效率。

云计算的弹性伸缩（AS）能力为企业带来了巨大的成本优势。企业能够根据业务需求快速调整资源投入。在业务高峰期，如在电商企业的“双十一”购物节期间，企业可以迅速增加服务器资源来应对海量的用户访问；而在业务低谷期，则可以减少资源使用，最大限度地利用资源，从而实现成本节约和运营效率的提升。

4. 数据驱动决策：挖掘隐藏价值

随着数据量的爆炸式增长，企业越来越意识到数据的重要性。上云为企业提供了强大的数据存储和分析能力。云平台能够处理海量的数据，并运用先进的数据分析工具，如机器学习和人工智能算法，帮助企业挖掘数据背后的隐藏价值。

企业可以通过分析用户行为数据来优化产品设计和营销策略。例如，一家旅游公司可以通过分析用户的搜索历史、预订记录和评价反馈，了解用户的喜好和需求，从而推出更符合市场需求的旅游产品，并制定精准的营销方案。这种数据驱动的决策能力能够使企业在市场竞争中占据有利地位，从而进一步推动企业的发展。

5. 人才吸引与协同：构建创新生态

在科技领域，人才是企业发展的核心竞争力。云服务的使用可以提升企业在人才市场的吸引力。年轻的技术人才往往更倾向于在采用先进技术的企业工作，而云技术作为当下最热门的技术之一，企业上云能够展示其在技术创新方面的积极态度，吸引更多的优秀人才加入。

此外，云平台还便于企业与外部合作伙伴进行协同工作。不同地区、不同专业领域的企业和团队可以通过云平台共享资源，共同开发项目。这种广泛的协同合作能够构建起一个创新生态，激发企业的创新活力，为企业带来更多的发展机遇。

综上所述，企业上云的驱动力是多维度的，这些驱动力相互关联、相互促进，共同推动企业走向数字化转型的道路，在日益激烈的市场竞争中立于不败之地。

1.2.2 上云迁移对象

上云迁移成为众多企业关注的焦点。然而，这一过程绝非简单地将单一对象，例如主机或者数据库，直接迁移至云端这般容易，实际上，它是一个复杂的系统工程，涉及多个组件的协同迁移。

不同的企业基于自身独特的需求，往往会采用不同的迁移策略。其中一种常见的方式是分阶段进行迁移。例如，有些企业会先着手主机的迁移，这一阶段主要聚焦于将企业内部运行各种业务的主机系统迁移到云环境中。主机作为承载众多业务应用的基础硬件设施，它的迁移是整个上云过程中的重要一步。在主机迁移完成且稳定运行之后，企业再进行数据库的迁移。数据库作为存储企业核心业务数据的关键部分，它的迁移需要更加谨慎细致，以确保数据的完整性、安全性以及在新环境中的可用性。当然，除了这种先主机后数据库的迁移顺序，企业也可以根据自身业务的特点和需求，逐步构建整体的云上架构，通过有序的步骤来实现整个企业业务向云端的迁移。

但需要明确的是，无论采用何种迁移策略，都应当从业务的视角出发。在这个过程中，迁移的基本单位是应用。这意味着不能仅仅局限于将主机或者数据库实例迁移到云端，而是要把应用作为一个整体来考虑。因为在企业的实际业务运营中，各个应用之间并非独立存在，而是存在着错综复杂的相互调用的关联关系。例如，一个电商企业的订单处理应用可能会调用库存管理应用的数据，同时又与用户认证应用相互协作以确保交易的安全性。如果在迁移过程中忽略了这些关联关系，很可能会导致业务流程的中断，进而影响企业的正常运营。

所以，在进行上云迁移时，必须充分考虑业务之间的相互调用关联关系，要深入分析每个应用的功能以及它与其他应用之间的数据交互、逻辑依赖等情况。只有这样，才能够尽可能地保障业务连续性。在迁移过程中，有效的规划和测试，可确保各个应用在新的云环境中能够像在原有环境中一样稳定、高效地运行，从而使企业在完成上云迁移后能够顺利地开展业务，实现数字化转型带来的诸多优势，如降低成本、提升灵活性、增强创新能力等。

1.2.3　上云迁移策略

上云迁移并不是简单地将单一对象（如主机或数据库）迁移到云端，而是一个系统工程，涉及多个组件的迁移。企业根据自身需求，可能会分阶段进行，比如先迁主机，再迁数据库，逐步实现整体的云上架构。

6 种常见的应用上云策略分别是 Rehost、Replatform、Refact/Rearchitect、Replace、Retire 和 Retain，每一种策略都有其独特的内涵和适用场景。

（1）Rehost 策略

Rehost 策略也被称为“重新部署”策略，是一种相对较为直接的应用上云策略。这种策略就像是把现有的应用程序原封不动地“搬”到云端。对于企业而言，如果其当前的应用在现有环境中运行稳定，并且没有太多需要进行大规模改造的需求，Rehost 策略是一个可行的选择。例如，一些传统企业内部基于简单架构运行的办公软件，在功能和性能方面都能满足企业的基本需求，只是随着企业发展，希望将其迁移到云端以获取云服务带来的诸如成本降低、易于维护等优势。通过 Rehost 策略，这些企业可以在不改变应用程序核心功能和架构的情况下，快速将应用迁移到云环境中的虚拟机或容器等运行环境中，从而实现应用上云的初步目标。

（2）Replatform 策略

Replatform 策略即“重新平台化”策略。当企业发现现有的应用虽然功能上基本满足需求，但运行的平台存在一些局限性时，Replatform 策略就可以发挥作用。这种策略主要是对应用所依赖的平台进行部分升级或优化，然后再将其迁移到云端。比如，企业有一个基于较旧版本操作系统和中间件开发的应用，这些旧版本可能在安全性、性能优化或者与其他系统的兼容性方面存在一些问题。在应用上云过程中，企业可以采用 Replatform 策略，将应用迁移到更新版本的操作系统或中间件平台上，同时将其迁移到云端。这样既解决了原有平台的问题，又实现了应用上云，使应用能够在云环境下借助新平台的优势，更好地运行并与其他云服务集成。

（3）Refact/Rearchitect 策略

Refact/Rearchitect 策略也就是“重构/重新架构”策略。这是一种较为激进且有深度的应用上云策略。当企业的应用在当前架构下难以适应未来的发展需求，或者无法充分利用云服务的高级特性时，就需要对应用进行重新架构。例如，一些传统企业的大型业务应用，随着业务的不断拓展和市场需求的变化，原有的单体架构变得臃肿、扩展性差，且难以与新兴的云技术（如微服务架构、无服务器计算等）相结合。采用 Refact/Rearchitect 策略，企业可以对应用进行彻底的重新设计，将其分解为多个微服务，利用云原生的架构理念进行重新构建，然后再将其迁移到云端。虽然这种策略需要投入大量的人力、物力和时间，但它能够使应用在云环境中获得高度的灵活性、可扩展性和性能优化，为企业的长期发展奠定坚实的基础。

（4）Replace 策略

Replace 策略即“替换”策略，意味着企业放弃现有的应用，直接采用云服务提供商提供的同类应用来替代。在某些情况下，企业现有的应用可能已经过时，或者自行开发和维护的成本过高，而市场上已经存在成熟的云应用能够满足企业的需求。例如，企业内部自行开发的一套简单的客户关系管理（CRM）系统，功能有限且维护困难。此时，企业可以考虑采用 Replace 策略，选择一款知名云服务提供商提供的功能全面、性能稳定的 CRM 云应用来替代原有的系统。这种策略能够快速提升企业的业务效率，并且借助云应用提供商的专业服务和持续更新能力，为企业提供更好的客户管理体验。

（5）Retire 策略

Retire 策略即“淘汰”策略。有些应用在企业的业务发展过程中可能已经变得不再必要或者使用率极低。对于这类应用，企业可以选择 Retire 策略，在应用上云的规划中直接停止使用并淘汰这些应用。这不仅可以简化企业的应用生态系统，减少不必要的资源浪费，还能够降低企业在应用维护和管理方面的成本。例如，企业早期开发的一些用于特定项目的临时性应用，随着项目的结束，这些应用已经没有继续存在的价值，此时就可以通过 Retire 策略对其进行处理。

（6）Retain 策略

Retain 策略即“保留”策略。尽管企业正在积极推动应用上云，但对于某些特殊的应用，可能由于合规性、安全性或者业务复杂性等原因，暂时不适合进行上云迁移。在这种情况下，企业可以采用 Retain 策略，将这些应用继续保留在原有的本地环境中。例如，一些涉及高度敏感数据的企业核心应用，由于法律法规对数据存储和处理的严格限制，或者企业内部对安全风险的特殊考量，暂时无法迁移到云端，那么就需要保留在企业内部的安全设施内。

表 1–1 从不同的维度对上述 6 种应用上云策略进行了对比和分析。

表 1–1　不同应用上云策略的对比与分析

策略	定义	典型场景	实施方法	优点	缺点
Rehost（重新部署）	将应用从本地数据中心直接迁移到云端，几乎不进行修改	适用于快速上云，应用不依赖本地硬件环境	通过云迁移工具直接迁移虚拟机或服务器镜像	快速实施，适合大规模迁移，成本较低	无法充分利用云的优势，性能可能不理想
Replatform（重新平台化）	对应用程序进行少量修改，以更好地适应云环境	部分利用云服务，降低运维成本	将部分组件迁移到云端托管	减少运营成本，适合对成本敏感的企业	不能充分利用云平台全部功能
Refact/Rearchitect（重构/重新架构）	彻底重构应用程序，使其基于云原生架构	对性能、可扩展性有较高要求的企业	重新设计应用为微服务或无服务器架构	最大化利用云的弹性和高可用性	投入大，风险高，迁移周期长
Replace（替换）	用云服务提供商的 SaaS 或 PaaS 解决方案替换现有应用程序	功能性标准化的应用，如 CRM 或 ERP	迁移数据，配置 SaaS 系统，替代旧应用	快速部署，减轻运维负担	SaaS 无法完全满足定制化需求
Retire（淘汰）	不再需要某些应用，直接关闭或淘汰	冗余或低使用率的应用	评估应用使用情况，关闭低使用率应用	减少运维成本，集中资源在关键业务上	可能误删重要服务，影响现有流程
Retain（保留）	保留现有应用，不进行上云迁移	性能要求高或合规限制的应用	继续在现有环境中运行应用	避免迁移风险，保持业务连续性	长期运维成本高，丧失云计算优势

对于企业来说，在选择应用上云策略时，必须平衡成本、时间、业务需求和技术复杂性。Rehost 策略和 Replatform 策略可以作为短期策略；Refact/Rearchitect 策略则是为了长期优化和利用云原生技术；Replace 策略是一个快速解决特定应用问题的办法；Retire 策略和 Retain 策略则是针对不适合上云的应用。综合考虑这 6 种策略的优缺点，企业可以更好地制定上云的整体计划。

1.3 应用上云架构的设计原则

1.3.1 云上架构设计的考虑因素

构建云上的软件系统与建造大楼非常相似。如果基础不牢固，则可能出现破坏建筑的完整性和功能的结构问题。在设计企业上云的解决方案时，如果忽略安全性、高可用性、可扩展性、性能和成本优化这些因素，则可能难以构建能满足要求的系统。

云上架构设计考虑因素主要包含以下内容。

① 安全性：系统在提供业务价值的同时应具备保护信息、系统和资产的能力，如网络安全、数据安全、主机安全、应用安全等安全方面的能力。

② 高可用性：系统应具备从基础设施故障或服务故障恢复、动态获取资源以满足需求以及减少服务中断的能力；在设计中考虑了单 AZ（可用区）可用性、跨 AZ 容灾、跨 AZ 双活及异地容灾部署等方面的能力。

③ 性能：系统应具备有效地使用资源以满足系统要求的能力，比如计算资源性能、网络资源性能、存储资源性能、数据资源性能等达到一定的要求。

④ 成本：设计时应避免或消除不必要的成本或不够理想的资源。

1.3.2 云上架构的设计原则

云上架构设计是企业上云成功与否的关键。在着手设计时，可扩展性、高可用性、安全性、性能和成本这 5 个方面必须全面纳入考虑范围。

可扩展性是云上应用适应企业发展的必备特性。随着业务的增长或变化，云上架构应能够轻松扩展或收缩资源，灵活应对不同阶段的需求。

高可用性原则直接关系到企业业务的连续性。云上架构应确保应用和服务能够持续稳定地运行，尽量减少因故障或维护导致的停机时间，以满足用户随时访问的需求。

安全性原则是首要的考量因素。在云环境中，企业数据的保护至关重要。从数据的存储、传输到访问控制，每个环节都需要强大的安全机制来防范各类威胁，如数据泄露、网络攻击等。

性能方面，要确保云上架构能够高效地处理各类业务操作，提供快速响应和流畅的用户体验。

成本也是不可忽视的因素。设计时，应合理规划云资源的使用，避免不必要的开支，同时权衡不同云服务的性价比，以实现成本效益的最大化。

这些设计原则相互关联，相互影响，是构建云上架构的基础。精心规划并合理配置各个原则的相关要素，将为企业上云提供有力的保障，助力企业稳健发展。

1. 可扩展性设计原则

在当今数字化转型的浪潮中，软件系统的可扩展性成为衡量其设计优劣与生命力强弱的关键指标。可扩展性不仅关乎系统能否灵活应对日益增长的业务需求，还直接影响到企业的竞争力和未来发展。下面将深入探讨软件系统的两种扩展架构设计方法：水平扩展与垂直扩展，以揭示它们如何助力系统实现高效、灵活的扩容需求。

（1）水平扩展：横向拓宽的力量

水平扩展，或称横向扩展，是软件架构设计中的一种重要策略，其核心思想在于通过增加更多具有相同功能的节点来增强系统的处理能力。这一方法允许系统管理员将多个服务器在逻辑上整合为一个强大的计算集群，实现负载的均衡分配。随着新节点的加入，系统能够自动或手动地调整各节点间的负载，确保即使在高并发场景下也能保持高效运行。

具体而言，水平扩展通常依赖于负载均衡器来实现。当新的服务器被添加到负载均衡网络中时，所有传入的请求都会根据预设的算法被分配到各个服务器上，从而实现请求的分流和处理能力的增强。这种方式的优势在于，它不需要对单个服务器进行深度改造或升级，仅需简单地增加硬件设备即可实现系统处理能力的线性增长，同时保持较低的时延和较高的吞吐量。

（2）垂直扩展：原地提升的力量

与水平扩展相对，垂直扩展则侧重于对现有服务器硬件资源进行直接的升级和扩容。这一方法通过提升单个服务器的 CPU 性能、增加内存容量、扩大存储空间或升级网络接口等方式，实现系统处理能力的提升。垂直扩展更像是“向内挖掘潜力”，旨在通过增强现有硬件的能力来满足更高的系统需求。

垂直扩展的优势在于实施相对简单，且在某些情况下成本效益较高。然而，它也存在明显的局限性。随着硬件性能的提升，系统可能会遇到“天花板效应”，即进一步升级所带来的性能提升不再显著，甚至硬件资源的过度集中会导致单点故障风险增加。此外，垂直扩展通常难以实现系统的线性扩展，且对于某些特定类型的应用（如高并发 Web 服务）而言，其扩展效果可能并不理想。

综上所述，水平扩展与垂直扩展作为软件系统扩展架构的两大支柱，各有其独特的优势和适用场景。在实际应用中，企业应根据自身业务需求、预算限制以及技术栈的实际情况来选择合适的扩展策略。对于追求高可用性和高可扩展性的大型企业级应用而言，将水平扩展和垂直扩展结合使用可能是一个更为明智的选择。通过灵活运用这两种扩展策略，企业可以确保软件系统在快速发展的业务环境中保持旺盛的生命力，持续为用户提供卓越的服务体验。

2. 高可用性设计原则

（1）高可用性的基本概念

在讲解高可用性设计原则前，我们先熟悉高可用性的基本概念。

高可用性（HA）指的是通过尽量缩短因日常维护操作（计划）和突发的系统崩溃（非计划）所导致的停机时间，以提高系统和应用的可用性。部署 HA 系统是目前企业防止核心计算机系统因故障停机的最有效手段。高可用性技术能自动检测服务器节点和服务进程出现的错误、失效，并且当发生这种情况时能够自动、适当地重新配置系统，使得集群中的其他节点能够自动承担这些服务，以实现服务不中断。高可用性采用的模式主要分为主备模式、双活/多主模式，见表 1-2。

表 1-2 主备模式、双活/多主模式对比

特性	Active/Passive（主备模式）	Active/Active（双活模式）/Multi-master（多主模式）
集群节点数量	通常为两个节点（主+备）	双活：两个节点；多主：两个以上节点
节点角色与状态	主节点（Active）：对外提供服务 备节点（Passive）：待命，不主动提供服务	所有节点（Active/Master）：同时处于活动状态，并行对外提供服务
单节点故障影响	主节点故障：导致服务中断	任一节点故障：不会导致服务中断
故障处理机制	需要故障切换： 1. 检测主节点故障； 2. 在备节点上启动服务； 3. 备节点接管成为新主节点	不需要切换： 1. 故障节点停止服务； 2. 剩余节点继续正常提供服务并自动分担负载
单节点故障影响	主节点故障：导致服务中断	任一节点故障：不会导致服务中断
故障恢复关键动作	启动服务（在备节点上）	不需要启动服务（服务在剩余节点上持续运行）
核心优势	架构相对简单	高可用性更强（无缝故障转移），资源利用率高
核心劣势	资源利用率较低（备节点闲置）；故障切换导致服务中断	架构、配置、数据同步通常更复杂

ICT 行业所指的灾难是由于人为或自然的原因，使一个或多个数据中心内的信息系统出现严重故障或发生瘫痪，使信息系统支持的业务功能停顿或服务水平令人不可接受的突发性事件。灾难的发生通常导致信息系统需要切换到备用系统运行。

灾难恢复是指当灾难破坏生产中心时在不同地点（本地或异地）的数据中心内恢复数据、应用或者业务的能力。

容灾是指，除了生产站点以外，用户另外建立的冗余站点。当灾难发生，生产站点受到破坏时，冗余站点可以接管用户正常的业务，达到业务不间断的目的。为了实现更高的可用性，许多用户甚至建立多个冗余站点。

在容灾领域，关键指标主要包括恢复时间目标（RTO）和数据恢复点目标（RPO）。这两个指标是衡量容灾系统建设效果以及是否符合等级保护要求的重要标准。

① 恢复时间目标：用户业务系统所能容忍的业务停止服务的最长时间。简而言之，它是从灾难发生到业务系统完全恢复并可以正常使用所需的时间。RTO 的值越小，表示系统恢复的速度越快，业务中断的影响也就越小。例如，如果 RTO 设定为 12h，那么意味着在灾难发生后，业务系统需要在 12h 内恢复并重新投入使用。

② 数据恢复点目标：业务系统所能容忍的数据丢失量。它反映了在灾难发生时，系统能够恢复到过去哪一个时间点的数据状态。RPO 的值越小，表示丢失的数据量越少，数据的完整性就越高。例如，如果 RPO 为 0，那么意味着在灾难发生时，不会有任何数据丢失，系统可以恢复到灾难发生前的最新状态。

③ RTO 与 RPO 的关系：RTO 和 RPO 并不是孤立的指标，它们从不同角度反映了容灾系统的能力。RTO 关注的是业务恢复的速度，而 RPO 关注的是数据恢复的完整性。在实际应用中，需要根据业务需求、成本投入等因素来平衡这两个指标。一般来说，RTO 和 RPO 的值越小，容灾系统的能力就越强，但相应的成本也会越高。

（2）高可用性设计原则

在上云过程中，云上系统的高可用性设计已成为企业确保业务连续性和竞争力的关键要素。高可用性设计不仅关乎技术层面的实现，更是企业战略规划中不可或缺的一环。以下，我们将深入探讨云上系统高可用性设计的核心原则及其关键点。

① 多层联动，共筑高可用防线。云上业务的高可用性，并非单一层面所能成就的，而是业务应用层、系统架构设计层与下层云服务层三者协同作用的结果。这三者紧密相连，共同构筑起一道坚实的防护墙，确保业务在任何情况下都能稳定运行。

- 业务应用层的高可用：聚焦于提升应用自身的健壮性和可靠性。这包括实现业务逻辑的重试与隔离机制，确保单一故障不会引发连锁反应；同时，优雅失败的设计也是关键，能够在遇到问题时平稳降级，减少对用户体验的影响。
- 系统架构设计的高可用：强调架构的冗余与容灾能力。无单点故障设计、HA（高可用）集群部署、DR（灾难恢复）容灾策略[涵盖跨 AZ（可用区）与跨 Region（区域）的部署]、数据备份与恢复机制的完善，以及云上安全措施的强化，共同构成了系统架构设计高可用性的基石。此外，规范的运维流程和工具也是保障系统稳定运行的重要手段。
- 云服务的高可用：依赖于云服务提供商提供的可靠基础设施和强大的环境恢复能

力。云服务提供商需确保基础设施的冗余部署、故障快速定位与修复，以及业务在环境修复后的自动恢复能力，从而为企业提供无间断的云服务支持。

② 云上系统高可用性设计的重要关键点。在实现云上系统高可用性设计的过程中，以下 4 个关键点尤为重要。

- 系统可靠性：通过无单点设计、负载均衡、冗余部署等手段，确保系统在面对单点故障时能够自动切换至备用资源，从而保持服务的连续性。
- 数据可靠性：实施定期的数据备份与恢复策略，采用多副本存储、数据校验等技术手段，确保数据的完整性和可用性。同时，跨 AZ 或跨 Region 的数据同步与容灾部署也是提升数据可靠性的重要措施。
- 运维可靠性：建立规范的运维流程，实现自动化的监控、告警、故障排查与恢复，降低发生人为错误的风险。同时，加强运维团队的专业技能培训，提高应对突发情况的能力。
- 演练可靠性：定期进行高可用性和灾难恢复演练，验证系统在高压力、高负载或故障情况下的表现，及时发现并修复潜在问题。演练结果应作为优化系统设计的重要依据，不断提升系统的可靠性和韧性。

综上所述，云上系统的高可用性设计是一个系统工程，需要从多个层面和角度进行综合考虑与规划。通过遵循上述原则与关键点，企业可以构建出既稳定又高效的云上环境，为业务的持续发展和创新提供强有力的支撑。

3. 安全性设计原则

在探讨云上系统的安全性设计时，我们首先需要深入理解云上用户所面临的关键安全诉求，这些诉求不仅关乎企业的业务稳定与合规运营，更是保障用户数据隐私与安全的基石。以下是对云上用户安全诉求的简要总结，以及围绕这些诉求构建的安全系统设计原则与具体防护方案的阐述。

（1）云上用户的安全诉求

在云时代，企业的业务运作愈发依赖于云平台的支撑，而随之而来的安全挑战也日益严峻。云上用户的核心安全诉求主要聚焦于以下几个方面。

① 业务连续性与合规性：确保业务在云端运行不受任何形式的网络攻击或黑客入侵干扰，是维护服务持续性和稳定性的首要任务。同时，严格遵守相关法律法规及行业标准，确保业务运营的合规性，是企业在全球化竞争中不可或缺的一环。

② 运维安全可控：实现对云服务运维过程的全面管控，确保安全策略的有效实施以及风险的及时识别与应对。此外，运维操作的可审计性与可追溯性，对于问题的快速定位与责任明确具有重要意义，有助于提升整体运维管理的安全性和效率。

③ 数据保护与隐私：在数据为王的时代，数据的保密性、完整性和可用性是企业最

宝贵的资产。加强数据保护措施，防止外部攻击者窃取数据，同时确保内部非授权人员无法访问敏感数据，是保护用户隐私和数据安全的关键。此外，还需确保云服务商在提供服务过程中严格遵守数据保护原则，不访问或滥用用户数据。

（2）安全系统设计原则与防护方案

针对上述安全诉求，安全系统的设计应以数据保护为核心，秉持“进不来、看不到、拿不走”的防护理念，构建全方位、多层次的安全防护体系。具体防护方案涵盖以下几个方面。

① 网络安全：采用 DDoS 高防 IP 服务，为游戏、金融、电商等高流量应用场景提供强大的防护能力。该服务能够精准识别并抵御海量的 DDoS 攻击，确保业务访问的极速可靠，有效保障网络层面的安全稳定。

② 主机安全：通过云主机安全服务，实现网络层、系统层和应用层的全面立体防护。该服务利用安装在主机上的插件与云端防护中心联动，精准防御各类攻击，为云上业务筑起最后一道坚实的防线。

③ 应用安全：部署云 Web 应用防火墙，针对紧急漏洞爆发等威胁提供即时防护。该方案能够有效降低因漏洞修复不及时导致的数据泄露和业务中断风险，保障应用层面的安全稳定运行。

④ 数据安全：采用数据库安全服务，实现敏感数据的发现、保护、动态脱敏和审计功能。该服务部署简便、功能丰富且防护实时，可为企业的敏感数据提供全方位的安全保障。同时，其结合密钥管理服务，实现关键数据的全生命周期管理，可进一步降低数据泄密风险，降低成本支出。

综上所述，云上系统的安全性设计需紧密围绕用户的安全诉求展开，通过构建全方位、多层次的安全防护体系，确保业务在云环境中能够安全、稳定、合规地运行。

4. 云上性能设计原则

在云计算环境中，云上应用的性能优化成为企业追求高效运营与卓越用户体验的关键课题。影响云上应用性能的因素错综复杂，但主要可归结为四大核心维度：时延、吞吐量、IOPS（每秒输入/输出操作次数）以及并发能力。这四大要素不仅直接关系着应用的响应速度、数据处理效率、存储访问速度以及系统承载高并发请求的能力，更是衡量云应用性能优劣的标尺。

首先，时延作为衡量应用响应速度的关键指标，其优化往往与计算资源的配置息息相关。强大的计算资源能够确保应用在处理请求时更加迅速，减少用户等待时间，从而提升整体用户体验。因此，在部署云上应用时，合理规划与扩展计算资源，如 CPU、内存等，是有效降低时延、提升应用性能的重要途径。

其次，吞吐量直接关系到应用处理数据流量的能力，这一性能因素主要受网络资源的制约。高速、稳定的网络环境能够确保数据在云端与用户之间顺畅传输，提升应用的数据处理效率与吞吐量。优化网络架构、采用负载均衡技术和增强网络带宽等措施，都是提升云应用吞吐量的有效手段。

再者，IOPS 作为衡量存储系统性能的重要指标，直接关系到应用的数据传输能力。在云环境中，高效的存储资源能够支持高并发的读/写操作，确保数据访问的及时性与准确性。因此，选择合适的存储解决方案，如固态硬盘、分布式存储系统等，对于提升云应用的 IOPS 性能至关重要。

最后，并发能力是衡量应用在高负载下稳定运行能力的重要指标，这一性能指标深受数据库资源能力的影响。强大的数据库系统能够支持大量并发用户的访问请求，保证应用在高并发场景下依然能够稳定运行。通过优化数据库结构、采用高性能数据库解决方案，以及实施有效的缓存策略，可以显著提升云应用的并发能力。

综上所述，云上应用的性能优化是一个系统工程，需要从计算资源、网络资源、存储资源以及数据库资源等多个维度进行综合考量与优化。只有全面把握这些关键要素，才能构建出高性能、高可用性的云上应用，为企业带来更加卓越的运营效果与用户体验。

5. 云上成本设计原则

在探讨云上应用成本优化的策略时，我们不得不深入剖析一系列高效且有前瞻性的设计原则，这些原则不仅是实现成本效益最大化的基石，也是企业在数字化转型浪潮中保持竞争力的关键。以下四大核心原则，共同构成了云应用成本优化的蓝图。

（1）拥抱成本效益的资源使用

在云环境中，资源的选择与配置直接关系到企业的运营成本与效益。使用成本效益的资源，意味着我们需精准识别业务需求，并据此选择最合适的服务、资源和配置方案。这不仅包括选择性价比高的云服务提供商，还涉及对计算资源（如 CPU、内存）、存储资源及网络资源等的精细规划。通过灵活调整资源规模，确保既能满足应用性能需求，又能避免浪费，是实现成本优化的首要步骤。

（2）实现供需精准匹配

供需匹配是成本优化的又一重要原则。它强调在资源配置上应避免“一刀切”的粗放管理，而是要通过深入分析业务需求的变化趋势，动态调整资源供给。这意味着我们需要消除对成本高昂且常常是浪费性的过度配置的需求。例如，通过自动伸缩技术，根据应用负载自动增减资源，确保在高峰时段有足够的资源支撑，而在低谷时段则自动释放多余资源，从而实现资源的高效利用与成本的合理控制。

（3）强化支出意识与透明度

支出意识的提升，是企业实现成本优化的内在驱动力。它要求企业建立起一套完善的成本管理体系，确保每一项云服务的支出都能得到准确的追踪与归属。通过实施精细化的成本核算，企业能够清晰地了解不同业务部门、不同产品的盈利情况，进而为决策提供更加可靠的数据支持。这种透明度不仅有助于企业及时发现并纠正成本超支的问题，还能激励各部门主动寻求成本节约的机会，形成全员参与成本优化的良好氛围。

（4）持续推动成本优化进程

持续成本优化是云应用成本管理的长期目标。它要求企业建立一种动态调整、持续优化的管理机制，根据系统利用率、业务需求变化等因素，不断对资源配置策略进行调整与优化。这包括但不限于定期审查云服务的使用情况，评估不同服务之间的成本效益，以及采用更先进的成本管理工具和技术来提升优化效率。通过这种持续不断的努力，企业能够确保在快速变化的市场环境中保持成本竞争力，为企业的可持续发展奠定坚实的基础。

综上所述，云上应用成本优化设计原则是一个系统工程，需要企业在多个层面进行综合考虑与实践。只有坚持使用成本效益的资源，实现供需精准匹配，强化支出意识与透明度，并持续推动成本优化进程，企业才能在云时代中乘风破浪，实现成本效益的双赢。

第 2 章
云上可扩展性设计

本章主要内容

可扩展性是现代信息系统设计中的一个核心概念，它描述了系统、网络或流程应对增长和变化的能力。在当今快速发展的技术环境中，尤其是在云计算领域，可扩展性已成为衡量系统设计优劣的关键指标之一。

从广义上讲，可扩展性指的是系统能够随着需求的增长而相应扩展其处理能力的特性。在云计算环境中，这一概念更为具体和精确——扩展性特指系统能够通过动态添加计算、存储或网络资源来处理不断增加的工作负载，同时保持或提高其性能水平的能力。

一个具有高可扩展性的系统展现出卓越的弹性和适应性。它能够在需求增长时轻松扩展，在需求减少时平稳收缩，始终保持资源利用的最优状态。这种特性不仅提高了系统的效率，还显著降低了运营成本。

作为一个重要设计目标，高可扩展性代表了一种强大的生命力。它使得系统能够在不断扩展和成长的过程中，始终保持其架构的完整性和性能的稳定性。在理想情况下，一个高度可扩展的系统应该能够通过最小化的代码修改，甚至仅仅通过增加硬件资源，就能实现处理能力的近乎线性增长。

本章将深入探讨云上可扩展性设计，将从以下 3 个关键方面展开讨论：一是云上可扩展设计的概念，我们将阐明可扩展性在云环境中的独特内涵，探讨其与传统 IT 架构的区别，以及为什么它对于现代应用的重要性；二是云上应用扩展性设计方案，我们将详细介绍各种可扩展性设计策略（包括水平扩展、垂直扩展、微服务架构、无服务器计算等），分析每种方案的优缺点，以及它们在不同场景下的适用性；三是云上可扩展性设计实践，我们通过实际案例和最佳实践，将展示如何在真实世界中应用这些设计原则（包括性能调优技巧、成本优化策略），以及如何利用云服务提供商的特定功能来增强可扩展性。

应当注意，可扩展性设计并非一刀切的解决方案，需要根据具体业务需求和技术栈进行定制，过度设计可能导致不必要的复杂性和成本增加，应当在可扩展性、复杂性和成本之间找到平衡。

通过本章的学习，读者将能够更自信地设计实现云上可扩展系统，为企业在竞争激烈的数字市场中赢得优势奠定坚实的技术基础。无论您是经验丰富的架构师，还是刚开始接触云计算的开发者，本章都将为您提供宝贵的洞见和实用知识。

【知识图谱】

本章知识架构如图 2-1 所示。

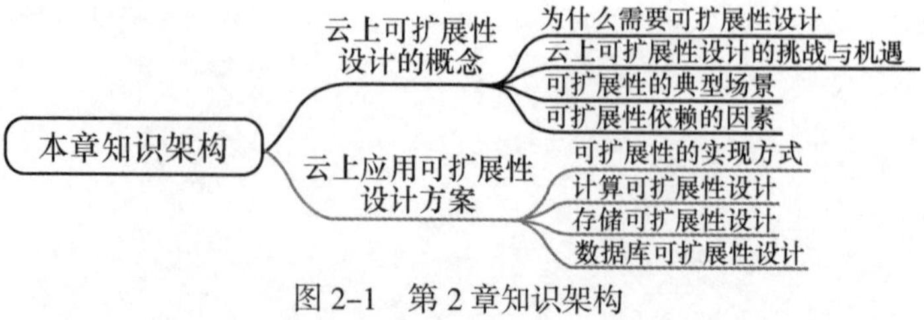

图 2-1　第 2 章知识架构

2.1　云上可扩展性设计的概念

2.1.1　为什么需要可扩展性设计

在当今快速发展的数字世界中，可扩展性设计已成为现代 IT 架构的核心要素。其重要性不仅体现在技术层面，更是一种战略性的商业决策。

首要的考虑因素是应对业务增长的需求。在数字经济时代，企业的用户规模和数据量可能会呈指数级增长，特别是在电子商务等领域，节日促销期间的流量激增就是一个典型例子。可扩展的系统能够平滑地适应这种增长，无须进行大规模重构或中断服务，从而确保业务的连续性和用户体验的一致性。

用户体验是另一个关键因素。随着用户数量的增加，维持系统的响应速度和可用性变得越来越具有挑战性。可扩展性设计可确保即使在高负载下，系统也能保持稳定的性能，提供一致的用户体验。在竞争激烈的数字市场中，用户体验往往是企业脱颖而出的关键因素。

从经济角度来看，可扩展性设计也带来了显著的成本优势。传统的过度配置方法常常导致资源浪费和成本上升。相比之下，可扩展性设计允许系统根据实际需求动态调整资源，实现更高的成本效益。在云计算环境中，这种优化尤为重要，因为它直接影响企业的运营支出（OPEX）。通过精确匹配资源与需求，企业可以在保证性能的同时最大限度地控制成本。

系统的可靠性和弹性也是可扩展性设计的重要考虑因素。可扩展系统通常具有更好的容错能力和冗余设计，这提高了整体系统的可靠性和可用性，减少了死机时间和数据丢失的风险。在关键业务应用中，这种弹性可以防止潜在的巨大经济损失。此外，高可靠性的系统有助于建立用户信任，这在当今数据驱动的商业环境中至关重要。

可扩展性设计还为创新和实验提供了坚实的基础。它为快速原型设计和 A/B 测试创造了条件，使企业能够更容易地尝试新功能或服务，而不必担心基础设施的限制。在快速变化的市场中，这种灵活性往往成为竞争优势的关键。能够快速验证新想法并根据市场反馈进行调整，对于保持市场领先地位至关重要。

适应技术变革是另一个重要方面。技术领域的发展日新月异，可扩展性设计使系统能够更容易地集成新技术。例如，从单体架构迁移到微服务，或者集成 AI 和机器学习功能。这种适应性确保了企业能够跟上技术发展的步伐，不断优化和升级其系统，以满足不断变化的市场需求。

随着业务的全球化，系统需要支持不同地理位置的用户。可扩展性设计允许在全球范围内部署和管理服务，同时保持性能和一致性。这不仅涉及技术挑战，还包括处理不同地区的法规要求和文化差异。能够灵活地适应这些需求，对于企业的国际化战略至关重要。

在数据管理和合规性方面，可扩展性设计也发挥着重要作用。随着数据量的增长和法规的变化，系统需要能够适应新的数据处理和存储要求。可扩展性设计为实现这种适应性提供了基础，使企业能够在不同的监管环境中灵活运营，同时保护用户数据的安全和隐私。

最后，可扩展性设计还体现了一种长期可持续发展的思维。它不仅关注当前需求，还考虑未来的增长和变化。这种前瞻性思维可以减少长期的技术债务，延长系统的生命周期。在商业环境充满不确定性的今天，拥有一个可扩展的系统意味着企业能够更好地应对突发事件和未知挑战。

可扩展性设计已经成为现代 IT 战略不可或缺的一部分。它不仅是一种技术选择，更是一种战略性决策，使组织能够在不断变化的商业和技术环境中保持竞争力，同时优化资源使用，提高运营效率。

2.1.2 云上可扩展性设计的挑战与机遇

在云计算时代，可扩展性设计既面临着前所未有的挑战，也带来了巨大的机遇。这种双重性质要求企业和技术专业人士以全新的视角审视系统架构,在应对复杂性的同时,充分利用云环境提供的创新可能性。

1. 挑战

随着系统规模的扩大，复杂性管理成为一个日益突出的问题。在云环境中，架构和组件之间的交互变得越来越复杂，传统的管理方法往往力不从心。这就需要采用更先进的管理工具和方法，如自动化配置管理、容器编排技术等，以应对这种复杂性。同时，还需要培养具有系统思维的技术团队，能够从整体角度理解和优化复杂系统。

数据一致性是另一个重大挑战，特别是在分布式环境中。随着系统的扩展，数据可能分散在不同的地理位置和多个数据中心，如何在高并发和跨地理位置的场景下保持数据的一致性成为一个棘手的问题。这需要深入理解分布式系统理论，如 CAP（一致性、可用性、分区容错性）定理，并在一致性、可用性和分区容错性之间做出权衡。同时，还需要采用先进的数据同步和复制技术，如最终一致性模型、多版本并发控制（MVCC）等，以在保证数据一致性的同时，不影响系统的性能和可用性。

性能优化在可扩展性设计中也扮演着关键角色。随着系统的扩展，确保端到端的性能变得越来越具有挑战性。这不仅涉及单个组件的优化，还需要考虑整个系统的性能表现，建立全面的监控和优化策略，包括实时性能监控、负载均衡、缓存优化、数据库查询优化等。同时，还需要考虑用户体验的一致性，确保不同地理位置的用户都能获得良好的服务响应。

安全性是可扩展性设计中不容忽视的另一个重要方面。随着系统规模的扩大和复杂性的增加，攻击面也随之扩大。需要在系统扩展的同时同步扩展安全措施，以保护更大范围的资源和数据，包括身份认证和访问控制、数据加密、网络安全、合规性管理等多个层面。特别是在多租户环境下，如何确保数据隔离和保护用户隐私变得尤为重要。云原生安全策略和工具，如微分段、安全组、WAF（Web 应用防火墙）等，都是我们需要考虑的重要组成部分。

最后，成本控制在云环境中也是一个不可忽视的挑战。虽然云计算提供了灵活的定价模型，但在大规模扩展时，如何有效控制成本仍然需要谨慎考虑。这需要深入了解云服务的计费模式，合理规划资源使用，利用自动缩放技术来优化资源配置，同时也要考虑使用预留实例或长期承诺的方式来降低成本。此外，持续的成本监控和优化也是必不可少的，需要建立有效的成本管理流程和工具，以确保在扩展的同时保持成本效益。

2. 机遇

尽管挑战重重，云环境也为可扩展性设计带来了前所未有的机遇。云平台提供的弹性资源使得系统可以根据实际需求快速扩展或收缩，实现真正的按需计算。这种弹性不仅提高了资源利用率，还使得企业能够更敏捷地响应市场变化和业务需求。通过自动缩放技术，系统可以在负载增加时自动增加资源，在负载减少时自动释放资源，从而在保证性能的同时优化成本。

全球化部署是云计算带来的另一个重要机遇。利用云服务提供商的全球基础设施，企业可以轻松地实现全球化部署，为不同地理位置的用户提供本地化的服务。这不仅提高了用户体验，还为企业开拓国际市场提供了技术支持。通过内容分发网络（CDN）、全球负载均衡等技术，企业可以确保世界各地的用户都能获得低时延、高可用的服务。

云平台还极大地加速了创新进程。丰富的云服务和工具，如机器学习、大数据分析、物联网平台等，使企业能够快速实现创新。这些预构建的服务大大降低了技术门槛，使得即使是小型企业也能够利用先进技术来创新产品和服务。例如，通过使用云厂商提供的 AI 和机器学习服务，企业可以快速将智能功能集成到自己的应用中，而无须从头开始构建复杂的 AI 模型。

自动化和智能化是云计算带来的另一个重要机遇。云平台的自动化能力和 AI 驱动的智能运维工具，可以大大简化系统管理和优化过程。从自动化部署、配置管理到智能故障检测和自愈，这些工具不仅提高了运维效率，还减少了人为错误，提高了系统的可靠性。通过持续集成和持续交付（CI/CD）管道，企业可以实现快速、可靠的软件发布，从而加快创新速度。

云计算的按需付费模式也为企业，特别是小型企业和创业公司，带来了巨大机遇。它显著降低了 IT 基础设施的前期投资，使得构建可扩展系统的门槛大大降低。企业无须大量投资购买和维护硬件，就可以获得企业级的 IT 能力。这种模式不仅降低了财务风险，还提高了资源利用率，使企业能够更灵活地应对业务波动。

云计算使企业能够更加专注于核心业务创新。通过将基础设施管理交给云服务提供商，企业可以将更多的资源和精力投入产品开发、市场拓展等核心业务活动中。这种专注不仅提高了企业的创新能力，还增强了其市场竞争力。

总的来说，云环境下的可扩展性设计虽然面临着诸多挑战，但同时也带来了前所未有的机遇。关键在于如何平衡这些挑战和机遇，充分利用云技术的优势，同时有效管理其带来的复杂性。通过深入理解这些挑战和机遇，企业可以制定更加有效的云战略，在数字化转型的道路上走得更快、更远。

2.1.3 可扩展性的典型场景

可扩展性在现代 IT 架构中扮演着至关重要的角色，其应用场景广泛而多样。

1. 自建电商解决方案——从容应对大促秒杀

在当今竞争激烈的电子商务环境中，一个强大而灵活的自建电商解决方案对于企业至关重要，尤其是在面对大促销和秒杀等高峰期时。如图 2-2 所示，华为云服务提供的自建电商解决方案正是为此设计的，可帮助企业从容应对各种挑战，确保业务的高可用性和稳定性。

这套解决方案可为不同规模的电商用户提供一站式的云端解决方案，帮助电商用户快速、低成本地部署业务，利用高弹性、高可靠、高并发、安全防护的特点，轻松应对促销、秒杀、爆款等电商业务场景。

该方案的核心在于其出色的弹性负载能力。系统能够根据用户的实际流量智能地进行负载均衡，自动扩展负载分发能力。这种动态调整方案不仅能够支持亿级的并发连接，还采用了冗余设计，确保即使单个服务节点出现故障，整体服务也不会中断。这种高度的可靠性设计保证了业务在高峰期的持续稳定运行，为用户提供无缝的购物体验。

动态扩展是该方案的另一大亮点。华为云服务提供的弹性云服务器和关系型数据库等产品，都具备根据伸缩策略进行动态扩展的能力。这意味着系统可以轻松应对大促销和秒杀等业务高峰，自动调整资源配置，以满足突然增加的需求。这种灵活性不仅确保了业务的平稳运行，还优化了资源利用，避免了资源浪费。

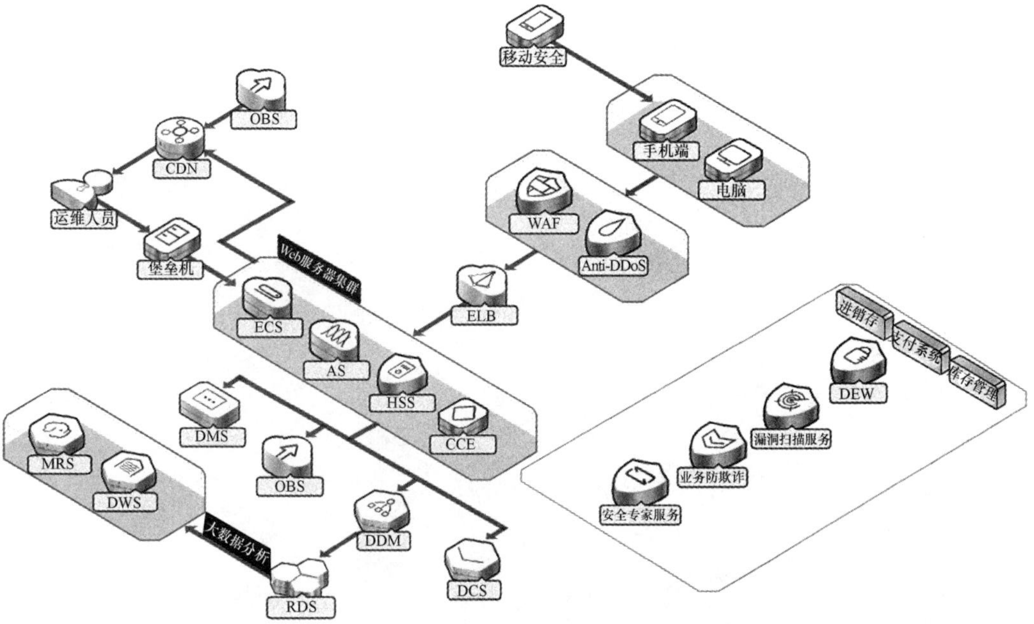

图 2-2　华为自建电商解决方案架构

此外，该解决方案还具备智能的资源调配能力。系统能够根据电商业务的具体需求和策略，自动调整弹性计算资源。这种智能化的资源管理不仅能够应对高并发场景，还能保证业务的平稳健康运行。通过精准的资源分配，企业可以在保证性能的同时，有效控制运营成本。

华为云服务提供的自建电商解决方案通过先进的弹性负载技术、动态扩展能力和智能资源调配，为企业提供了一个强大而灵活的电商平台基础。这套解决方案不仅能够从容应对大促销和秒杀等高挑战性场景，还能确保业务的持续稳定运行。对于寻求在激烈的电商市场中保持竞争优势的企业来说，该方案能够帮助它们构建可靠、高效且可扩展的电商系统，为用户提供卓越的购物体验。

2. 智慧充电解决方案——数字化高效运营

在电动车产业快速发展的今天，智慧充电解决方案正在引领充电基础设施运营的革新，如图 2-3 所示的解决方案通过全面的数字化转型，实现了充电设施的高效、智能运营，为行业带来了颠覆性的变革。

该方案的核心在于全面的数据采集与整合。系统全面记录和管理充电设备信息、运维人员状态、设备运行状况以及电动车使用数据等关键信息。这种全方位的数据收集为运营决策提供了坚实的信息基础，使得运营商能够全面掌握充电网络的运行状况。

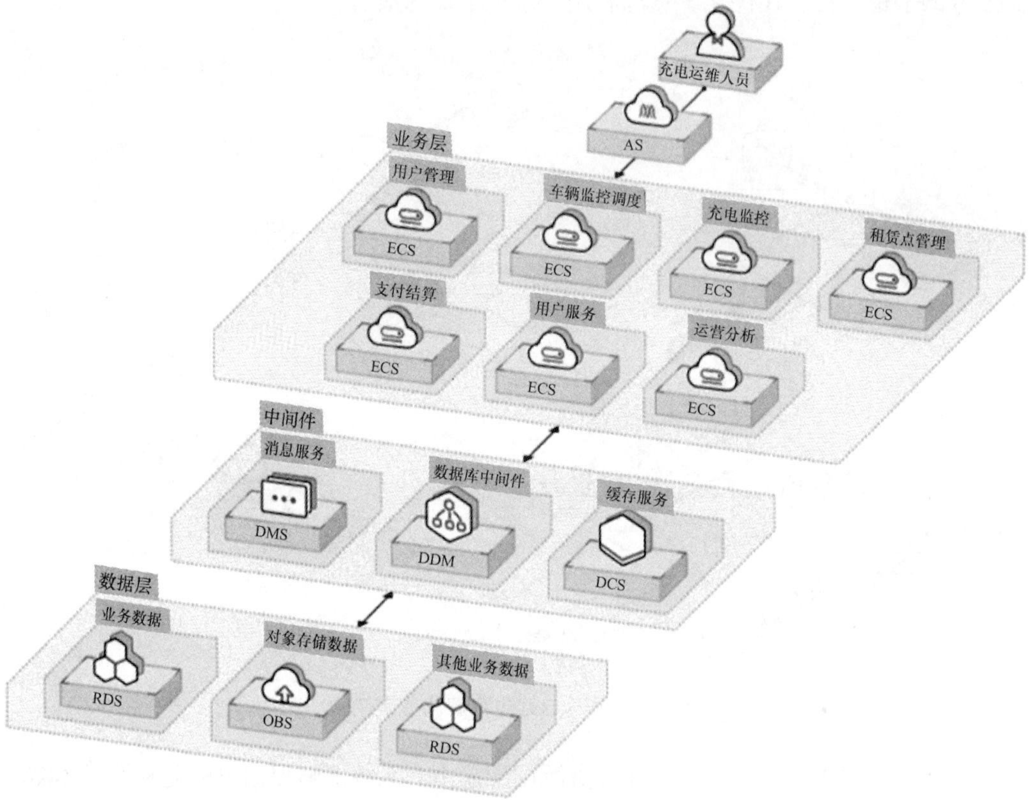

图 2-3　智慧充电解决方案的架构

基于这些海量数据，系统进行深入的挖掘和分析，从而优化运营策略，提高运营效率。这种数据驱动的方法使得充电业务的管理更加精细化，决策更加科学化。通过云服务模式，充电运营商可以实现轻资产运营，大大降低了技术门槛，同时提供了灵活、可扩展的服务能力。

无人值守运营是该解决方案的另一大特色。通过先进的数字化手段，实现充电站的远程监控和管理，不仅大幅降低了人力成本，还确保了充电站能够 7×24h 持续可靠运行。这种运营模式显著提高了运营效率，同时也降低了充电站和电动车的运营成本。

对于用户而言，这种智慧充电解决方案带来了更加便捷、智能的充电服务体验。系统通过持续的数据分析，不断优化服务流程和内容，提高用户满意度和忠诚度。这不仅提升了用户体验，也增强了充电服务在市场中的竞争力。

智慧充电解决方案通过数字化技术实现了充电设施的高效、智能运营，在优化运营成本的同时，显著提升了服务质量和用户体验。它代表了充电基础设施运营的未来发展趋势，有力推动了电动车行业的可持续发展。通过提高产品及服务的市场竞争力，这一解决方案正在重塑充电服务行业的格局，为更清洁、更高效的交通体系作出重要贡献。

3. 流媒体解决方案——从容应对全球化挑战

在数字娱乐快速发展的时代,一个强大而灵活的流媒体解决方案对于内容提供商至关重要，尤其是在面对全球化扩展的挑战时。如图 2–4 所示，流媒体解决方案正是为此设计的，旨在帮助企业从容应对全球化带来的各种挑战,确保服务的高质量和用户体验的一致性。

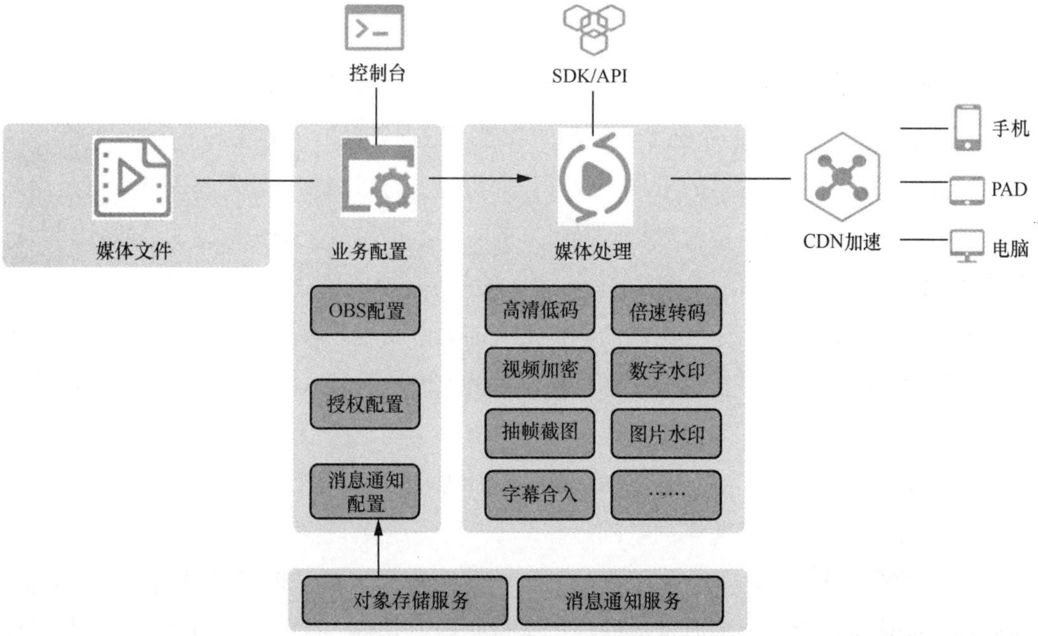

图 2–4　流媒体解决方案架构

该解决方案的核心在于其出色的内容分发能力。系统能够利用全球化的内容分发网络（CDN），根据用户的地理位置智能地进行内容缓存和传输。这种动态调整不仅能够支持全球范围内的大规模并发访问，还采用了多区域部署策略，确保即使某个地区的服务出现问题，用户也能从最近的其他节点获得服务。这种高度的可靠性设计保证了流媒体服务在全球范围内的持续稳定运行，为用户提供流畅的观看体验。

动态转码是该方案的另一大亮点。云服务提供的弹性计算资源和智能转码服务，能够根据用户的网络条件和设备类型，动态调整视频的编码和比特率。这意味着系统可以轻松应对不同地区、不同网络环境下的播放需求，自动优化视频质量，以满足多样化的观看需求。这种灵活性不仅确保了服务质量的一致性，还优化了带宽使用，提高了用户满意度。

此外，该解决方案还具备智能的个性化推荐能力。系统能够根据用户的观看历史、喜好和地区特征，自动调整内容推荐策略。这种智能化的内容分发不仅能够提高用户黏性，还能有效管理内容库，确保全球各地的用户都能获得最适合他们的观看体验。通过精准的内容推送，企业可以在全球市场中提高竞争力，同时提高内容投资回报。

云服务提供的流媒体解决方案通过先进的全球内容分发技术、动态转码能力和智能推荐系统，为企业提供了一个强大而灵活的全球化流媒体平台基础。这套解决方案不仅能够从容应对全球化扩展带来的技术挑战，还能确保服务质量的一致性和用户体验的优化。对于寻求在全球流媒体市场中保持竞争优势的企业来说，这无疑是一个理想的选择，能够帮助它们构建可靠、高效且可扩展的全球化流媒体服务，为全球用户提供卓越的观看体验。

4. 物联网数据处理解决方案——从容应对海量实时数据

在万物互联的时代，一个强大而灵活的物联网数据处理解决方案对于企业至关重要，尤其是在面对海量实时数据的采集、处理和分析时。物联网数据处理解决方案正是为此设计的，旨在帮助企业从容应对物联网带来的各种数据挑战，确保数据的高效处理和价值最大化。

该解决方案的核心在于其出色的数据接入能力。系统能够通过高吞吐量的消息队列系统，如 Apache Kafka，实现海量物联网设备的实时数据接入。这种动态接入机制不仅能够支持数百万设备的并发连接，还采用了分布式架构，确保即使部分节点出现故障，整体数据流也不会中断。这种高度的可靠性设计保证了物联网数据的连续性和完整性，为后续的数据分析提供了坚实的基础。

实时数据处理是该方案的另一大亮点。借助华为云的实时计算服务，如 Stream Service，企业可以对接入的海量数据进行实时处理和分析。这一能力使系统能够从容应对复杂的数据处理场景，如实时监控、异常检测和预测性维护等。通过实时处理，企业不仅能确保数据的时效性，还能及时发现潜在问题，为决策提供实时支撑。

此外，华为云还提供强大的数据存储和分析能力。通过高性能的时序数据库服务，如 GaussDB（for openGauss），系统能够高效存储和查询海量时间序列数据。这种专业化的存储方案不仅能应对高并发的写入和查询需求，还能实现数据的长期存储和快速检索。结合华为云的大数据分析服务，企业可以深入挖掘数据价值，在保留关键信息的同时有效控制存储成本。

华为云的物联网数据处理解决方案还具备智能的资源调配能力。系统能够根据业务需求和数据处理策略，自动调整计算资源。这种智能化的资源管理不仅能够应对数据处理的高峰期，还能保证服务的平稳运行，同时优化资源利用，有效控制运营成本。

物联网数据处理解决方案通过先进的数据接入技术、实时处理能力和专业化的存储方案，为企业提供了一个强大而灵活的物联网数据处理平台。这套解决方案不仅能够从容应对海量实时数据带来的技术挑战，还能确保数据的高效利用和价值挖掘。对于寻求在物联网领域保持竞争优势的企业来说，这无疑是一个理想的选择，能够帮助它们构建可靠、高效且可扩展的物联网数据处理系统，为智能决策和业务创新提供强大支持。

5. 在线教育解决方案——云助力教育数字化转型

在数字化学习日益普及的今天，华为云提供的在线教育解决方案为教育机构应对突发性用户增长和高并发访问带来的挑战提供了强大支持。这套解决方案旨在帮助教育平台快速适应需求变化，确保教学质量和用户体验，推动教育行业的数字化转型。

该解决方案的核心优势在于其卓越的弹性扩展能力。华为云弹性云服务器（ECS）能够根据实时流量和用户数量，自动调整计算资源。这种动态扩展机制不仅能够支持突发的大规模并发访问，还采用了负载均衡技术，确保即使在用户激增的情况下，系统也能保持稳定运行。这种高度的可扩展性设计保证了在线教育平台在面对用户突发增长时的持续可用性，为学习者提供了流畅的在线学习体验。

实时互动是华为云方案的另一大亮点。借助华为云的实时音视频服务，教育平台可以轻松地实现高质量的在线直播课程和师生互动。这一能力使系统能够从容应对各种在线教学场景，如大型网络公开课、小班互动教学等。通过低时延的音视频传输，确保了远程教育的即时性和互动性，大大提升了在线学习的效果。

此外，华为云还提供强大的内容分发能力。通过内容分发网络服务，系统能够高效地将教学视频、课件等学习资源分发到全球各地。这种专业化的内容分发方案不仅能应对高并发的资源访问需求，还能显著提升用户的访问速度，减少卡顿和缓冲，从而提升学习体验。

华为云的在线教育解决方案还具备智能的数据分析能力。通过大数据分析服务，平台可以深入洞察学习行为，个性化设计学习路径，并为教育机构提供决策支持。这种数据驱动的方法不仅能够优化教学内容和方法，还能提高学习效果和用户满意度。

安全性是该方案的另一个重要特点。华为云提供全方位的安全保护措施，如 DDoS 防护、Web 应用防火墙等，确保教育平台和用户数据的安全；同时，通过身份认证和权限管理服务，保障在线考试的公平性和可信度。

华为云提供的在线教育解决方案通过弹性扩展、实时互动、内容分发、智能分析和安全保护等先进技术，为教育机构打造了一个强大而灵活的在线教育平台。这套解决方案不仅能够从容应对突发性用户增长带来的技术挑战，还能确保教学质量和用户体验的持续提升。对于寻求在教育领域实现数字化转型的机构来说，这套解决方案能够帮助它们构建可靠、高效且可扩展的在线教育系统，为教育创新提供强大支持，最终推动教育行业的智能化发展。

2.1.4 可扩展性依赖的因素

可扩展性是现代 IT 系统设计中的关键考量因素，其成功实现依赖于多个方面。可扩展性依赖的因素一般分为两大类——健壮的网络架构设计和合适的应用架构设计。

1. 网络架构设计

在网络架构方面，可扩展性的实现高度依赖于网络容量的充足性。一个完整的网络架构包括云接入网络、云上网络和混合云网络等多个层面，如图 2-5 所示。其中涉及诸如 VPC（虚拟私有云）、ELB（弹性负载均衡）、DNS（域名系统）、NAT（网络地址转换）等关键组件。如果网络容量不足，例如 VPC 子网 IP 地址不足或物理网络带宽受限，将直接影响系统的扩展能力。因此，在设计初期就需要考虑预留足够的网络资源，以支持未来的扩展需求。

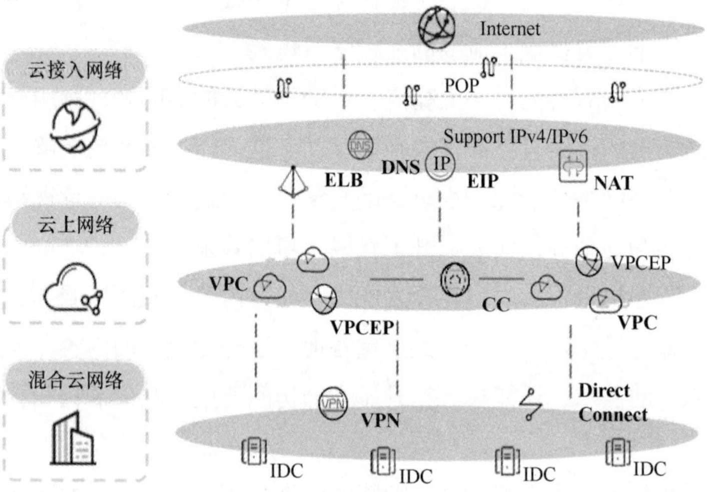

图 2-5 网络架构设计示意

（1）云接入网络

云接入网络是整个架构的前端，负责处理进出云环境的流量。它包含以下关键组件。

① ELB（弹性负载均衡）：在多个云服务实例之间分配网络流量，以确保无单点故障，提高应用的可用性和容错能力。

② EIP（弹性公网 IP）：为云服务提供静态公网 IP 地址，便于外部访问和管理。

③ NAT（网络地址转换）：允许私有网络中的实例访问互联网，同时保护它们不被直接从外部访问，增强安全性。

④ DNS（域名系统）：将域名解析为 IP 地址，简化资源访问和管理。

这些组件协同工作，确保云服务能够安全、高效地与外部网络通信，同时提供负载均衡和服务发现能力。

（2）云上网络

云上网络构成了云环境的核心网络基础设施。它包含以下关键组件。

① VPC（虚拟私有云）：为云上资源提供隔离的网络环境。VPC 允许用户定义自己的网络拓扑，设置子网、路由表和网络网关。

② VPCEP（VPC 终端节点）：允许创建私有连接，使 VPC 能够私密地访问其他云服务，无须通过公网。

③ CC（云连接）：提供不同 VPC 之间或 VPC 与本地数据中心之间的高速、低时延的连接。

值得注意的是，VPC 内实际使用的地址建议不超过 5000 个。这是为了避免 IP 地址耗尽和降低网络管理的复杂度。如果需要更多的地址，建议使用多个 VPC，这样可以更好地进行网络分段和管理。

（3）混合云网络

混合云网络旨在无缝连接云环境和企业现有的 IT 基础设施。它包含以下关键组件。

① IDC（互联网数据中心）：代表企业的传统数据中心，需要与云环境进行整合。

② VPN（虚拟专用网络）：通过加密隧道，安全地连接企业本地网络和云网络。

③ 云专线：提供企业数据中心和云环境之间的专用、高带宽、低时延的网络连接。

这部分设计使企业能够逐步迁移到云端，或长期维护混合 IT 环境，从而满足特定的业务需求或合规要求。

（4）应用场景

云上网络 VPC 与子网的设计至关重要，目的是避免网络容量或者网络架构问题导致的扩展失败。在进行网络架构设计时需要考虑两种场景，即应用云化部署和应用混合云部署。

1）场景 1：应用云化部署

在这种场景下，企业将其应用完全迁移到云端。这要求网络架构能够支持云原生应用，提供足够的弹性和可扩展性。VPC 数量和子网数量需要合理规划。VPC 互联，同 Region 内对等连接，不同 Region 用云连接或者 VPN 连接。

VPC 网络特性。VPC 网络是一种虚拟网络环境，相比物理网络更加灵活。尽管如此，VPC 仍需遵守 TCP/IP 等网络协议。与物理网络类似，VPC 中的 IP 地址冲突也会导致通信问题，因此合理规划 VPC 至关重要，以避免影响业务的连续性。

VPC 容量规划。每个 VPC 的实际使用 IP 地址建议不超过 5000 个。当需求超出此范围时，应考虑使用多个 VPC 来承载业务。

VPC 安全控制。VPC 是网络资源账号权限控制的最小单元，VPC 内部资源无法跨账号共享。VPC 间默认隔离，但可通过对等连接实现点对点通信。子网间默认连通，但可通过访问控制列表（ACL）实现隔离。

图 2-6 所示为一个简单的应用云化部署架构。

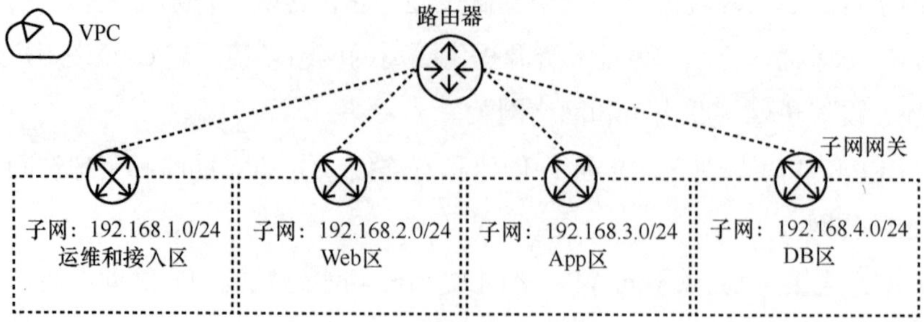

图 2-6　应用云化部署架构

该架构连通性高于隔离性。将所有服务器部署在同一个 VPC 内；业务子网分为 Web/App/DB 3 个区域，对应 Web 应用经典 3 层架构；设置运维和接入区子网，用于部署堡垒机或管理授权设备，便于远程接入和运维；通过子网 ACL 实现各功能区域间的隔离和互通控制。

2）场景 2：应用混合云部署

在这种情况下，部分应用保留在本地数据中心，部分迁移到云端。这需要网络架构能够支持跨环境的应用交互，以确保数据在不同环境之间安全、高效地流动。

数据层部署在 IDC（互联网数据中心）。VPC 数量和子网数量同样需要规划。VPC 互联同样是同 Region 内对等连接，不同 Region 用云连接或者 VPN 连接。VPC 与 IDC 互联，使用 VPN 或专线。

图 2-7 所示为一个大型车企业务上云架构。

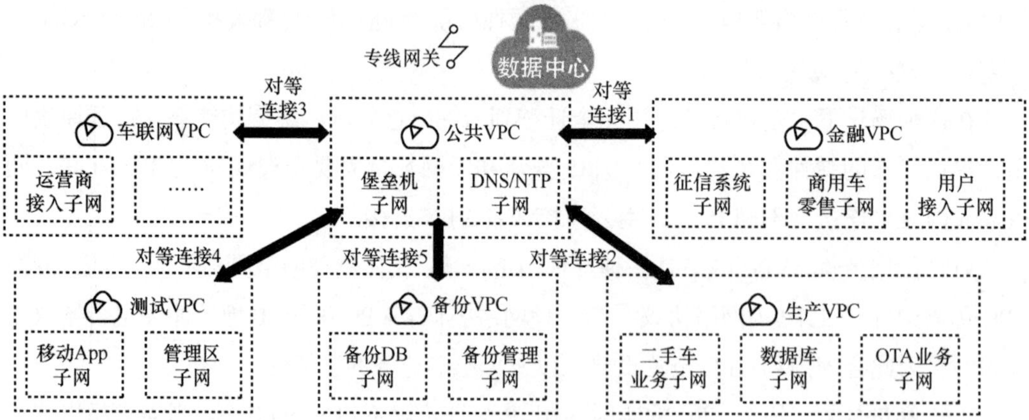

图 2-7　大型车企业务上云架构

多个 VPC 通过对等连接相互连接，具体如下。

- 车联网 VPC（运营商接入子网）；
- 公共 VPC（堡垒机子网、DNS/NTP 子网）；

- 金融 VPC（征信系统子网、商用车零售子网、用户接入子网）；
- 测试 VPC（移动 App 子网、管理区子网）；
- 备份 VPC（备份 DB 子网、备份管理子网）；
- 生产 VPC（二手车业务子网、数据库子网、OTA 业务子网）。

该案例中，不同业务要求独立且相互隔离，同时需要连接线下数据中心；将不同业务或部门部署在独立的 VPC 中，通过对等连接，将各 VPC 与中心公共 VPC 相连；在公共 VPC 中建立与数据中心的专线连接；其他 VPC 可共享该专线连接到数据中心。

这种设计方案既保证了不同业务间的隔离性，又通过公共 VPC 实现了资源共享和统一管理，同时还保持了与企业现有数据中心的连接，适合大型企业复杂的业务需求。

（5）设计考虑

在设计网络架构时，需要考虑以下几个关键因素。

① 可扩展性：网络架构应能轻松适应业务增长，支持快速添加或移除资源。

② 安全性：需要实施多层安全措施，包括网络隔离、访问控制和加密传输等。

③ 性能：确保低时延和高吞吐量，特别是在混合云环境中。

④ 可用性：通过冗余设计和故障转移机制确保服务的持续可用。

⑤ 管理简便性：提供统一的管理界面和自动化工具，简化网络操作和维护。

这种健壮的网络架构设计为云服务提供了坚实的基础，使企业能够灵活地部署和扩展其 IT 资源，同时保持对网络环境的掌控。它能够适应从全云化到混合云等各种部署模式，为企业的数字化转型提供强有力的支持。

2. 应用架构设计

应用架构设计同样是可扩展性的关键依赖因素。图 2-8 展示了应用架构的三代演进：第一代的单体架构；第二代的面向服务的架构；第三代的微服务架构。

图 2-8　应用架构设计示意

这种演进过程反映了应用架构在可扩展性设计上的不断优化。在早期的应用开发中，可能没有充分考虑到扩展性问题，导致后期在面对流量激增时需要大幅改造应用架构。因此，采用分层设计和模块化架构，如微服务架构，能够在应用层面实现更灵活的扩展。

合适的应用架构设计是云可扩展性的关键因素之一。根据图示，可以将应用架构设计分为 3 种主要类型：单体架构、面向服务的架构和微服务架构。在设计应用架构时，需要根据业务需求选择合适的架构模式。选定架构后，可以进一步进行分层设计，以实现灵活的层级扩展。每种架构都有其特点和适用场景，下面，我们将详细探讨这些架构及其在云环境中的应用。

（1）单体架构

单体架构是传统的应用设计方法，将所有的功能模块打包在一个应用程序中，如图 2-9 所示。

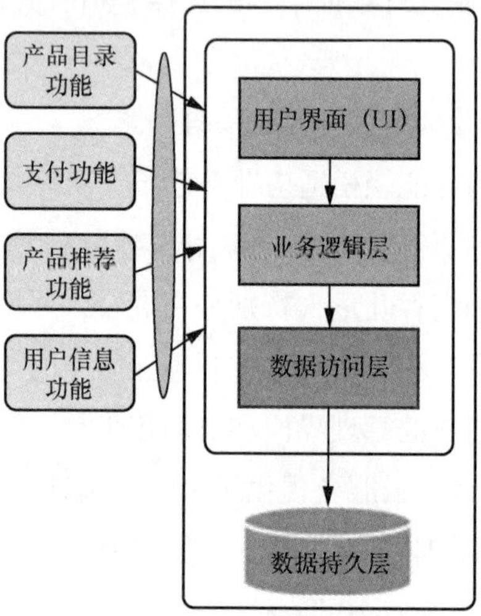

图 2-9 单体架构

这种架构适用于小型项目或原型开发场景，其架构设计包括以下内容。

① 层次结构：用户界面（UI）、业务逻辑层、数据访问层、数据持久层。

② 功能模块：产品目录、支付、产品推荐、用户信息等集成在一个应用中。

③ 典型特点：所有模块共用一个数据库，存储方式统一。

其缺点是所有模块集成在一起，代码量大，维护困难；而且随着项目规模增大，维护和扩展变得困难。

在云环境中，单体架构可能会限制应用的灵活性和可扩展性。然而，对于一些简单的应用或初创项目，单体架构仍然是一个快速开发和部署的选择。

（2）面向服务的架构

面向服务的架构是一种将应用程序的不同功能单元（称为服务）进行拆分和标准化的架构设计，如图 2-10 所示。

这种架构适用于中大型企业级应用，其架构设计包括以下内容。

① 服务层：包括安全、管理、数据、监控、服务注册等核心服务。

② 接口层：为员工、合作方、用户提供统一接口。

③ 应用层：多个独立的服务（服务 1、服务 2……服务 *N*）。

④ 通信层：服务间通过 ESB（企业服务总线）通信，服务粒度较大。

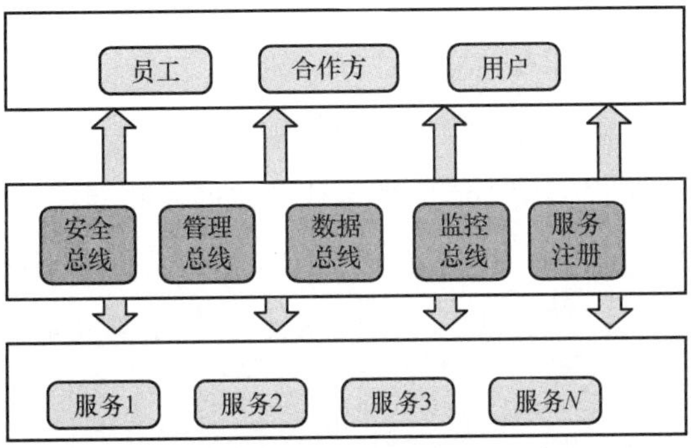

图 2-10　面向服务的架构

面向服务的架构将系统拆分为多个服务，服务之间通过接口通信，提高了系统的可重用性和可维护性。但是，面向服务的架构的服务粒度较大，部署和测试相对复杂。

面向服务的架构的特点有总线模式、技术栈强绑定、新旧系统难对接、切换时间长、成本高，且新系统稳定需要时间。尽管如此，面向服务的架构在企业级应用中仍然有其优势，特别是在处理复杂业务逻辑和集成遗留系统方面。在云环境中，面向服务的架构可以提供一定程度的灵活性和可扩展性，但可能无法充分利用云的弹性特性。

（3）微服务架构

微服务架构是近年来流行的应用设计方法，将应用拆分为一系列小型、独立的服务，每个服务都可以独立测试、部署和运行，如图 2-11 所示。

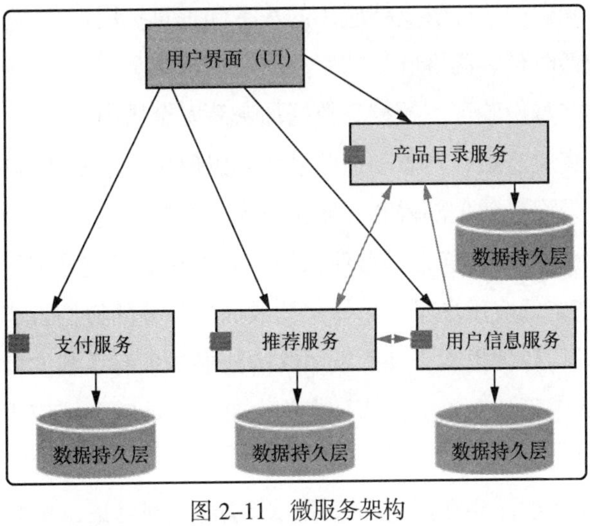

图 2-11　微服务架构

这种架构适用于需要高度灵活性和可扩展性的大型分布式系统，其架构设计包括以下内容。

① 独立服务：包括用户界面（UI）、支付服务、推荐服务、产品目录服务、用户信息服务等。

② 数据管理：每个服务拥有独立的数据存储。

③ 通信方式：服务间通过轻量级协议通信。

④ 特点：每个服务可以使用不同的技术栈和数据存储方式。

该架构具有灵活性、可实施性和可扩展性的特点。这种架构模式特别适合云环境，因为它允许更细粒度的资源分配和更高的可扩展性。但系统复杂度增加，对团队技术要求较高。

微服务架构的核心优势如下。

① 服务单元更小：每个微服务都专注于特定的业务功能，使得开发、测试和维护变得更加简单。

② 服务间轻量化通信：微服务之间通过轻量级协议（如 HTTP、REST）进行通信，减少了服务间的耦合。

③ 独立部署：每个微服务可以独立部署到生产环境中，不会影响其他服务的运行。

④ 技术多样性：不同的微服务可以使用不同的技术栈，可以选择最适合其功能的工具和框架。

⑤ 弹性伸缩：在云环境中，可以根据负载情况对单个微服务进行独立扩展，以提高资源利用效率。

在设计云应用架构时，需要考虑以下几个关键因素。

① 业务需求：评估应用的复杂度和预期增长，选择适合的架构模式。

② 可扩展性：确保架构能够支持应用的水平和垂直扩展。

③ 性能：设计低时延、高吞吐量的服务间通信机制。

④ 安全性：实施身份验证、授权和数据加密等安全措施。

⑤ 可观测性：集成监控、日志和追踪系统，以便快速诊断和解决问题。

⑥ 持续交付：采用自动化部署和容器化技术，支持快速迭代和发布。

在云环境中，微服务架构通常是最佳选择，因为它能够充分利用云的弹性和可扩展特性。然而，对于特定的应用场景，单体架构或面向服务的架构可能更为合适。选择合适的应用架构需要权衡各种因素，如开发团队的技能、现有系统的集成需求、业务复杂度以及长期的维护成本等。无论选择哪种架构，确保它能够支持应用的长期发展和云平台的高效利用都是至关重要的。

可扩展性的成功实现需要在网络和应用两个层面同时考虑。健壮的网络架构为系统提供了可靠的基础设施支持，而合适的应用架构则确保了软件系统本身的可扩展性。在实际设计中，需要前瞻性地考虑未来的增长需求，合理规划网络资源，并选择适当的应用架构模式。只有网络和应用架构协同优化，才能构建出真正具有高度可扩展性的系统，从容应对业务增长带来的挑战。

2.2　云上应用可扩展性设计方案

2.2.1　可扩展性的实现方式

在当今快速发展的数字时代，企业面临着不断增长的计算需求和数据处理压力。为了应对这些挑战，云计算技术提供了灵活且强大的解决方案。本节将深入探讨华为公有云平台上实现应用扩展性的两大核心策略：纵向扩展和横向扩展。我们将详细分析这两种方法的特点、实现机制以及它们在现代云架构中的应用。

1. 纵向扩展：提升单一资源能力

纵向扩展，也称为垂直扩展，是通过增强单个计算单元的能力来提高系统整体性能的方法。在华为公有云环境中，这种扩展策略主要体现在以下几个方面。

① 调整弹性云服务器（ECS）规格：华为云允许用户根据需求动态调整虚拟机的配置，如 CPU 核心数、内存容量和存储空间。这种灵活性使得企业可以根据业务负载的变化快速响应，无须重新部署应用。

② 升级数据库服务：对于云数据库服务，如关系型数据库服务（RDS）和文档数据库服务（DDS），用户可以在线调整实例规格，提升单个数据库节点的处理能力。这对于数据密集型应用尤为重要。

③ 提升存储性能：华为云提供多种高性能存储选项，如 SSD 云硬盘，允许用户根据 I/O 需求选择合适的存储类型，并支持在线扩容，以满足不断增长的数据存储需求。

纵向扩展的优势在于实施简单，对现有应用架构影响较小。然而，它也面临着硬件升级上限和潜在的高成本等挑战。因此，纵向扩展通常更适合于短期的性能提升需求或资源需求相对稳定的应用场景。

2. 横向扩展：分布式系统的力量

横向扩展，又称为水平扩展，采用增加计算单元数量的方式来提高系统的整体处理能力。华为公有云为实现横向扩展提供了丰富的工具和服务。

① 弹性伸缩（AS）：这项服务能够根据预定义的规则或实时负载自动调整 ECS 实例的数量。通过与负载均衡服务的结合，AS 可以实现应用的动态扩容和缩容，有效应对流

量波动。

② 容器服务：华为云容器引擎（CCE）基于 Kubernetes 构建，支持容器化应用的快速部署和自动扩缩容。这为微服务架构和云原生应用提供了强大的支持。

③ 分布式数据库：对于需要处理海量数据的场景，华为云提供了支持分片的分布式数据库解决方案。例如，文档数据库服务的分片集群模式允许数据分布在多个节点上，从而实现存储和查询能力的水平扩展。

④ 无服务器计算：函数工作流服务采用事件驱动的方式，根据请求量自动扩展计算资源，特别适合处理突发性的计算需求。

横向扩展的主要优势在于其几乎无限的扩展潜力和较高的成本效益。然而，这种方法要求应用具有良好的分布式设计，并可能引入数据一致性等新的挑战。

在华为公有云环境中，纵向扩展和横向扩展这两种策略并非互斥，而是相辅相成的。现代云架构通常采用混合方法，根据应用的特性和业务需求灵活选择扩展策略。例如，对于数据库系统，其可能会采用纵向扩展来提升主节点性能，同时使用横向扩展来增加只读节点，从而优化读写性能。

3. AKF 扩展立方体：构建可扩展系统的多维框架

随着用户基数的急剧膨胀和数据量的指数级增长，传统的单一扩展方法已难以满足现代应用的需求。在这个背景下，AKF 扩展立方体模型应运而生，如图 2-12 所示，为系统架构师和开发者提供了一个全面的思考框架。我们将深入探讨这个由 Martin Abbott、Michael Fisher 和 Tom Keeven 提出的创新概念，剖析其 3 个维度，并探讨其在现代云计算环境中的应用。

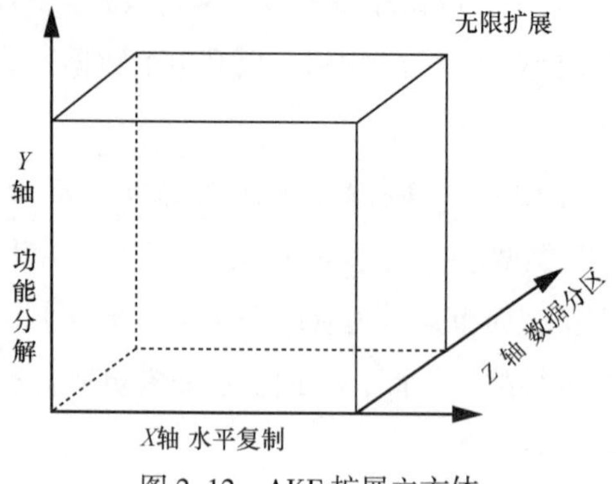

图 2-12 AKF 扩展立方体

AKF 扩展立方体的本质是一个三维模型，每个维度代表了系统扩展的一个关键方向。这 3 个维度分别是：*X* 轴（水平复制）、*Y* 轴（功能分解）和 *Z* 轴（数据分区）。这个模型的独特之处在于，它不仅关注如何提升系统的处理能力，更重要的是，它提供了一个全面的视角来审视系统架构的各个方面。

（1）*X*轴：水平复制的艺术

*X*轴扩展，也称为水平扩展，是最直观且广泛应用的扩展策略，适用的场景是产品初期。其核心思想是通过增加相同应用或服务的副本来分担系统负载。这种方法的优势在于其简单性和直接有效性。通过使用负载均衡器，系统可以将传入的请求均匀地分配到多个实例中，从而提高整体吞吐量和可用性。

然而，*X*轴扩展也存在挑战，最显著的是数据一致性问题。当多个实例同时操作共享数据时，如何保证数据的一致性成为一个关键问题。此外，这种方法对于解决数据存储容量问题的帮助有限。因此，*X*轴扩展通常需要配合其他策略来构建真正可扩展的系统。

（2）*Y*轴：功能分解的智慧

*Y*轴扩展代表了一种更加细致和策略性的方法。它的核心思想是将系统按功能或服务进行分解。这种方法与微服务架构的理念高度契合，强调将大型单体应用拆分为多个独立的、松耦合的服务，适用如业务逻辑复杂、数据关联性不是特别强、团队规模大、代码规模大等场景。

*Y*轴扩展的优势在于它能够提高系统的模块化程度，使得不同的团队可以独立开发和部署各自负责的服务。这不仅提高了开发效率，还增强了系统的可维护性和可扩展性。每个服务可以根据其特定需求进行独立扩展，从而实现更精细的资源分配。

然而，*Y*轴扩展也带来了新的挑战。服务之间的依赖管理、跨服务通信的复杂性以及整体系统的一致性维护都成为需要仔细考虑的问题。微服务架构虽然提供了更大的灵活性，但也增加了系统的整体复杂度。

（3）*Z*轴：数据分区的智慧

*Z*轴扩展聚焦于数据层面，其核心思想是将数据按照某种规则（如用户ID、地理位置等）进行分区或分片。这种方法特别适合处理大规模数据和高并发读写场景，如大型分布式系统、存在并发压力等。

通过*Z*轴扩展，系统可以显著地提高数据处理能力和存储容量。它允许数据分布在多个服务器或数据中心，从而实现更高效的数据访问和更好的地理位置性能优化。此外，*Z*轴扩展还为数据隐私和合规性提供了解决方案，使得系统能够更好地满足不同地区的数据主权要求。

然而，实施*Z*轴扩展需要面对复杂的数据管理挑战。数据分片策略的设计、跨分区查询的优化以及数据一致性的维护都需要深入的技术考量。此外，随着业务的发展，可能还需要进行数据重新平衡，这个过程往往复杂且具有风险。

在实际应用中，AKF立方体的3个维度并不是孤立的，而是相互补充、协同工作的。一个成熟的系统架构通常会在这3个维度上都有所布局。例如，一个电子商务平台可能会使用*X*轴扩展来处理突发的流量高峰，使用*Y*轴扩展将订单处理、库存管理等功能分离为独立服务，同时采用 Z 轴扩展来按地理位置分散用户数据。

这种多维度的扩展策略不仅能够应对各种类型的系统压力，还能为未来的增长和变化提供充分的灵活性。然而，要成功实施这样的架构，需要深入的技术洞察、精心的规划以及持续的优化。

现代云计算平台为实施 AKF 立方体提供了理想的基础设施。以华为云为例，其提供的一系列服务和工具直接支持了立方体的 3 个维度。

① 弹性伸缩（AS）和弹性负载均衡（ELB）服务支持 X 轴扩展，允许系统根据负载自动调整实例数量。

② 云容器引擎（CCE）和微服务引擎（CSE）为 Y 轴扩展提供了强大的支持，使得开发团队可以轻松地构建和管理微服务架构。

③ 分布式数据库服务和对象存储服务（OBS）则为 Z 轴扩展提供了基础，支持大规模数据的分区和管理。

这些云服务不仅简化了 AKF 立方体各维度的实施，还提供了灵活性和成本效益，使得企业可以根据实际需求快速调整其扩展策略。

AKF 扩展立方体为构建大规模、高性能系统提供了一个全面且富有洞察力的框架。通过在 X、Y、Z 这 3 个维度上进行深思熟虑的扩展，组织可以构建出能够应对几乎任何规模挑战的系统架构。然而，成功应用这个模型需要深入理解每个维度的特性，以及它们之间的相互作用。

在云计算时代，AKF 立方体的思想显得尤为重要。它不仅指导了系统的技术设计，还影响了组织结构和开发流程的优化。随着技术的不断演进，可以预见，基于 AKF 立方体的思想将继续指导未来的系统架构，推动更加灵活、可靠且高效的数字基础设施的发展。

2.2.2 计算可扩展性设计

计算可扩展性设计已成为构建现代分布式系统的核心要素。随着用户需求的不断增长和数据处理量的指数级攀升，系统架构师面临着前所未有的挑战，如何设计出能够灵活应对负载变化、保持高性能并具有成本效益的系统成为重要课题。

计算可扩展性的本质是系统适应负载增长的能力。它不仅关乎系统能够处理的请求数量，更涉及在不同负载水平下维持响应时间、吞吐量和资源利用率的平衡。一个良好的计算可扩展性设计应当能够在负载增加时线性地增加处理能力，同时在负载下降时释放多余资源，从而优化成本。

华为云作为领先的云服务提供商，通过其核心计算服务架构：弹性云服务器（ECS）、弹性伸缩（AS）和云容器引擎（CCE），如图 2-13 所示，为用户提供了强大而灵活的计算资源扩展能力。

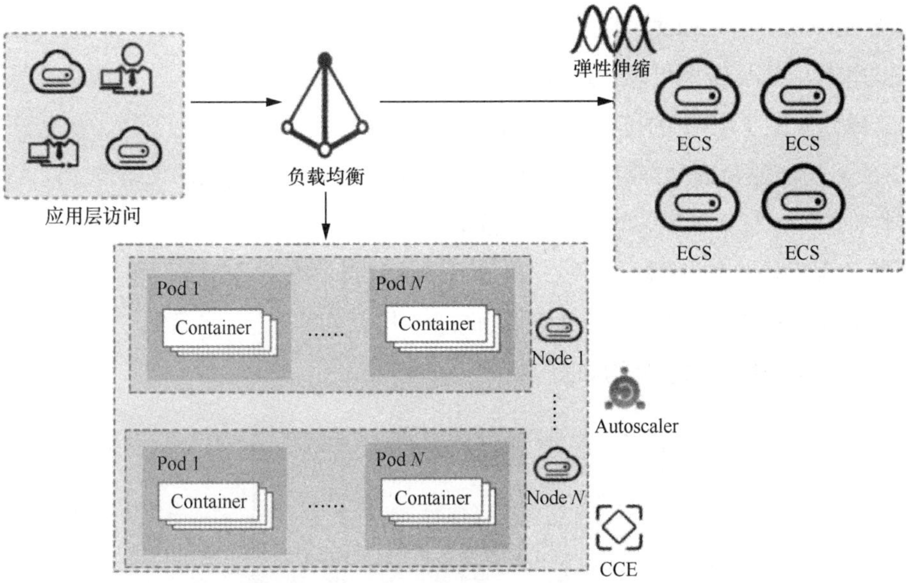

图 2-13　计算可扩展性设计典型架构

下面将深入探讨这 3 项服务的可扩展性设计，解析其如何应对现代企业的多变需求。

1. 弹性云服务器（ECS）的可扩展性设计

ECS 是华为云提供的可随时获取、弹性可伸缩的计算服务，是构建可扩展应用的基础。

当 ECS 规格无法满足业务需要时，可以通过变更规格升级 CPU、内存。同样，也可以通过变更规格降级 CPU、内存。ECS 的升级与降级如图 2-14 所示。

图 2-14　ECS 的升级与降级

需要注意，当云硬盘状态为“正在扩容”时，不支持变更所挂载的 ECS 规格；提升规格时有极限的，单 VM 不超过物理服务器的 CPU 和内存资源。

ECS 提供多种实例类型，如通用计算型、内存优化型、高性能计算型等，以满足不同应用场景的需求。这种多样性使得用户可以根据工作负载特点精确选择最适合的实例类型，从而实现资源的最优配置。

ECS 支持在线调整实例规格，包括 CPU、内存和存储容量。这种灵活性使得用户可以根据实际需求快速调整资源配置，而无须重新部署应用，真正实现了资源的动态伸缩。

通过在多个可用区部署 ECS 实例，用户可以构建高可用性的应用架构。这不仅提高了系统的故障容错能力，也为应用的地理扩展提供了基础。

ECS 允许用户创建和使用自定义镜像，这大大简化了大规模部署和扩展的流程。通过预配置的镜像，新增实例可以快速投入使用，减少了扩展过程中的人工干预和错误风险。

2. 弹性伸缩（AS）的可扩展性设计

AS 服务是实现 ECS 动态扩展的关键组件，它能够根据用户定义的策略自动调整计算资源。弹性伸缩是云计算环境中的一项关键技术，能够根据用户的业务需求和预设策略，自动调整计算资源或弹性 IP 资源，如图 2-15 所示。这种技术使云服务器数量或弹性 IP 带宽能够随业务负载的增长而增加，随负载降低而减少，从而节省云上业务资源，保证业务平稳健康运行。弹性伸缩服务系统架构如图 2-16 所示。

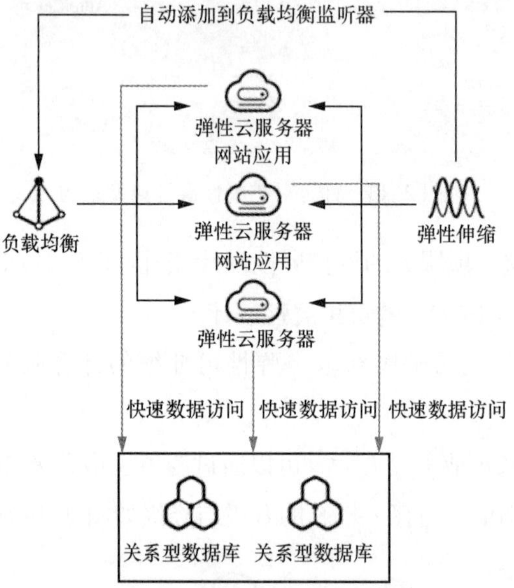

图 2-15 使用 AS 实现动态扩展

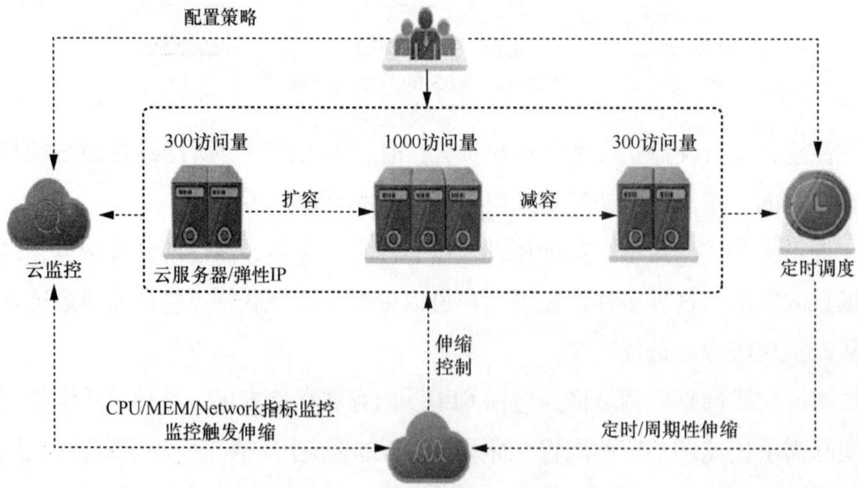

图 2-16 弹性伸缩服务系统架构

（1）弹性伸缩服务的优势

弹性伸缩的主要对象包括云服务器实例和弹性 IP 带宽。用户可以根据业务访问量的变化，配置伸缩策略，通过弹性伸缩服务控制云服务器的数量或弹性 IP 带宽，进行扩容和缩容操作，从而保证服务正常运行。

对于具有随机性的访问量波动业务，用户可以通过华为云监控服务，对 CPU、内存、网络等指标进行监控。这些指标达到预设阈值时，触发伸缩活动。这种多维度的监控和触发机制确保了系统能够准确捕捉到各种类型的负载变化，并作出相应的伸缩响应。

对于有规律或可预期的访问量波动业务，用户可以通过配置定时调度策略，使弹性伸缩服务在特定时间或周期进行自动伸缩，这对于具有可预测负载模式的应用尤其有用——可以在负载高峰前提前增加资源，在低谷期释放资源，从而实现更精细的成本控制。

弹性伸缩服务支持多种伸缩过程管理，包括生命周期挂钩、实例保护、实例备用等，可满足个性化管理需求。

（2）核心组件

弹性伸缩服务系统的核心组件如下。

① 配置策略：用户定义的伸缩规则和策略。

② 云监控：持续监控系统资源的使用情况。

③ 云服务器/弹性 IP：可伸缩的计算资源。

④ 伸缩控制：根据监控数据和策略执行伸缩操作。

⑤ 定时调度：按照预定时间执行伸缩任务。

为避免资源震荡，AS 还引入了冷却时间机制。在每次伸缩活动后，系统会等待一段指定的时间才会执行下一次伸缩，这有助于维护系统的稳定性。AS 允许将特定的实例标记为“受保护”状态，防止这些实例在缩减活动中被终止。这对于保护运行的关键服务或持有重要状态的实例尤其重要，确保了系统在扩缩过程中的连续性。在进行伸缩操作时，AS 会自动在多个可用区之间均衡实例分布，这不仅提高了应用的可用性，也优化了资源利用和性能。

（3）适用场景

弹性伸缩特别适用于以下场景。

① 企业官网：应对不定期的访问高峰。

② 电子商务平台：处理促销活动带来的流量激增。

③ 移动应用后端：适应用户活跃度的周期性变化。

通过使用弹性伸缩服务，这些场景下的应用可以在需要时动态增加新实例，并在不需要时自动释放，有效应对访问量起伏不定的特点，同时优化资源使用，降低系统稳定运行的成本。

弹性伸缩技术为云计算环境中的资源管理带来了革命性的变化。它不仅提高了系统的可用性和性能，还优化了资源利用，降低了运营成本。随着云计算技术的不断发展，弹性伸缩将在更多领域发挥重要作用，成为构建高效、灵活、经济的云端应用不可或缺的工具。

3. 云容器引擎（CCE）的可扩展性设计

云原生技术，特别是以 CCE 为代表的容器编排平台，为企业提供了构建可扩展系统的强大工具。通过采用云原生架构和最佳实践，企业可以构建出灵活、高效、可扩展的应用系统，从而更好地应对市场变化，推动业务创新。

云原生技术的发展已成为推动业务创新的重要力量。从技术角度来看，以容器、微服务以及动态编排为代表的云原生技术蓬勃发展，不仅赋能业务创新，还广泛应用于企业核心业务中。从市场的角度来看，云原生技术已在金融、制造、互联网等多个行业得到广泛验证，支持的业务场景也日益丰富，行业生态正在日渐繁荣。

华为云基于“云原生 IN 基础设施”的理念，打造了以应用为中心的云原生基础设施。这一基础设施的核心组件之一就是 CCE。CCE 的一些特性可以用于进行云原生架构的可扩展性设计。

（1）CCE 的核心功能

① 容器编排：自动化管理容器的生命周期。

② 服务发现：便于微服务之间的通信。

③ 负载均衡：优化资源使用，提高应用性能。

④ 自动扩缩容：根据负载自动调整资源。

（2）CCE 在可扩展设计中的应用

① 弹性伸缩：CCE 可以根据应用负载自动调整容器实例数量，保证服务质量的同时优化资源使用。

② 微服务治理：通过服务网格技术，CCE 可以简化微服务间的通信管理，提高系统的可扩展性和可靠性。

③ 容器资源隔离：CCE 提供的容器隔离技术确保了在扩展过程中各服务间不会相互干扰。

④ 持续集成/持续部署（CI/CD）：CCE 与 DevOps 工具链集成，支持应用的快速迭代和部署，有利于系统的持续扩展。

（3）CCE 节点伸缩

华为 CCE 通过其强大的节点伸缩功能，为用户提供了一种智能化的资源管理解决方案，如图 2-17 所示。

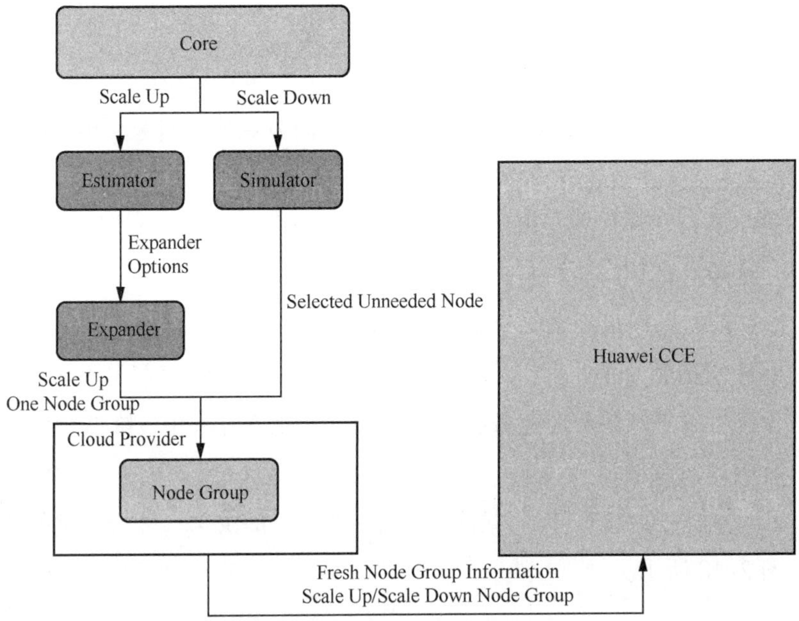

图 2-17 CCE 节点伸缩架构

Cluster AutoScaler（简称 CA）是 CCE 节点伸缩系统的核心组件，负责自动调整集群中的节点数量，以适应不断变化的工作负载需求。CA 的主要功能可以分为两个核心流程：Scale Up（扩容）和 Scale Down（缩容）。

Scale Up 流程：CA 会每隔 15 秒检查一次所有不可调度的 Pod（实例）。根据用户设置的策略，选择出一个符合要求的节点组进行扩容。这个过程确保了在负载增加时，系统能够及时地增加资源，保证应用的正常运行。

Scale Down 流程：CA 每隔 10 秒会扫描一次所有的 Node。如果某个 Node 上所有的 Pod Requests 小于用户定义的缩容百分比时，CA 会模拟是否能将该节点上的 Pod 迁移到其他节点。如果可以的话，当满足不被需要的时间阈值以后，该节点就会被移除。这种机制可以有效地回收闲置资源，提高资源利用率。

CA 的工作流程涉及多个关键组件，每个组件都有其特定的职责。

① Estimator。Estimator 负责在负载扩容的场景下，评估满足当前不可调度 Pod 时，每个节点池需要扩容的节点数量。这个组件的作用是为扩容决策提供准确的资源需求估算。

② Simulator。Simulator 在负载缩容场景下发挥作用，它的任务是找到满足缩容条件的节点。通过模拟 Pod 的迁移，Simulator 可以确保缩容操作不会影响现有工作负载的正常运行。

③ Expander。Expander 负责在扩容的场景下，根据用户设置的不同策略，从 Estimator 选出的节点池中，选择一个最佳的选择。Expander 支持多种策略，以适应不

同的业务需求。

- Random：随机选择一个节点池。如果用户没有设置特定策略，默认使用 Random。
- Most-Pods：选择扩容后能满足调度最多 Pod 的节点池。如果有相同的，再随机选择一个。
- Least-Waste：选择扩容完成后具有最小浪费的 CPU 或者内存资源的节点池。
- Price：选择此次扩容所需节点金额最小的节点池。
- Priority：根据用户自定义的权重，选择权重最高的节点池。

CCE 节点伸缩功能为企业提供了一种智能、高效的资源管理方式。通过自动化的扩缩容机制，企业可以更好地应对业务负载的波动，优化资源利用，降低运营成本。

（4）CCE 工作负载伸缩

华为 CCE 通过其强大的工作负载伸缩功能，为用户提供了一种智能化的资源管理解决方案，如图 2-18 所示。

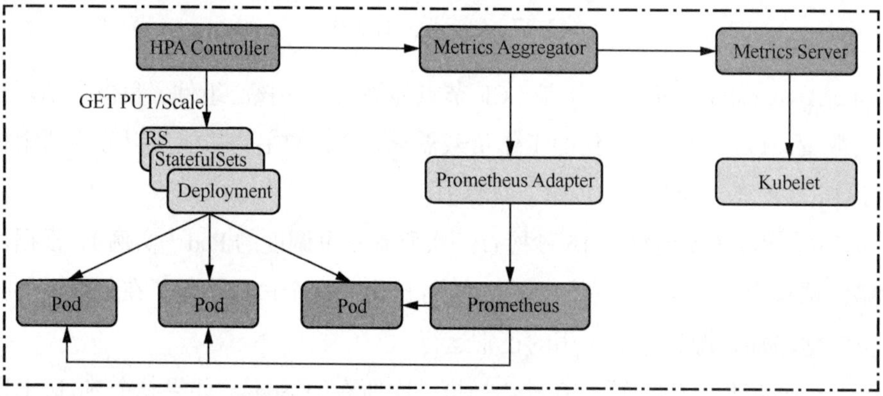

图 2-18　CCE 工作负载伸缩架构

CCE 工作负载伸缩系统主要由以下几个核心组件构成。

① HPA Controller：负责控制 Pod 水平伸缩的控制器。

② Metrics Aggregator：指标聚合器。

③ Metrics Server：指标服务器。

④ Prometheus Adapter：Prometheus 适配器。

⑤ Kubelet：Kubernetes 的节点代理。

这些组件协同工作，实现了从指标收集到决策执行的完整流程。

HPA（工作负载弹性伸缩）是用来控制 Pod 水平伸缩的控制器。它周期性地检查 Pod 的度量数据，计算满足 HPA 资源所配置的目标数值所需的副本数量，进而调整目标资源（如 Deployment）的 replicas 字段。

使用 HPA 配合 Metrics Server 可以实现基于 CPU 和内存的自动弹性伸缩。此外，其配合 Prometheus，还可以实现基于自定义指标的自动弹性伸缩。

CCE 工作负载伸缩功能为企业提供了一种智能、高效的资源管理方式。通过 HPA、Metrics Server 和自定义指标的结合，企业可以根据实际业务需求制定精细化的伸缩策略。同时，通过一系列的优化措施，如引入冷却时间和容忍度，CCE 确保了伸缩操作的平稳和高效。

（5）CCE HPA+CA 的工作流程

华为 CCE 通过结合水平 Pod 自动伸缩（HPA）和集群自动伸缩（CA）功能，为用户提供了一种全方位的智能资源管理解决方案，如图 2-19 所示。

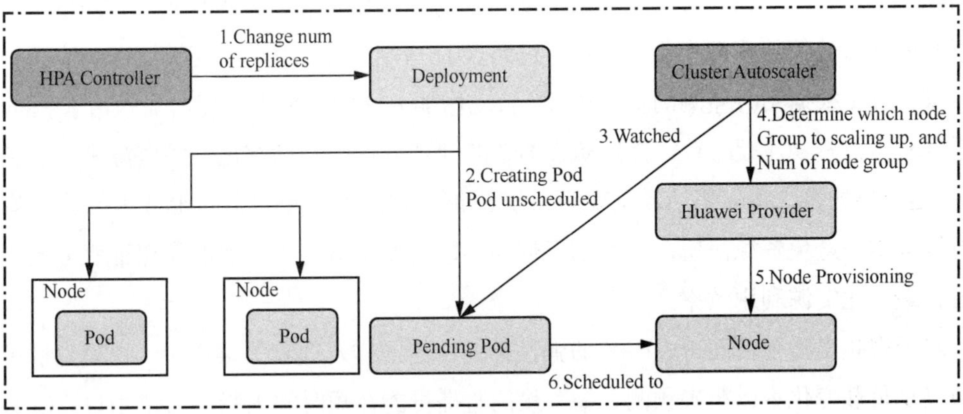

图 2-19　CCE HPA+CA 的工作流程

正如前述，CCE 中弹性伸缩主要包括两种机制，即主要用于 Pod 级别的水平伸缩的 HPA 和主要用于集群节点级别的弹性伸缩的 CA。这两种机制既可以单独使用，也可以结合使用，以实现更加灵活和高效的资源管理。

CCE HPA + CA 的核心组件如下。

① HPA Controller：负责 Pod 水平伸缩的控制器。

② Deployment：管理 Pod 副本的部署控制器。

③ Cluster Autoscaler：集群自动伸缩组件。

④ Node：集群中的工作节点。

⑤ Pod：应用程序的最小部署单元。

⑥ Pending Pod：等待被调度的 Pod。

HPA 和 CA 的协同工作流程如下。

① HPA 控制器持续监控 Pod 的资源使用情况。

② 当集群资源不足时，HPA 尝试扩展 Pod 数量。

③ 如果集群资源不足以满足新 Pod 的需求，这些 Pod 会处于 Pending 状态。

④ CA 检查所有处于 Pending 状态的 Pod，根据用户配置的扩容策略，选择一个合适的节点池进行扩容。

⑤ 新节点添加到集群后，Pending 状态的 Pod 被调度到新节点上。

CCE 的 HPA + CA 方案为企业提供了一种智能、高效的资源管理方式。通过 Pod 和节点级别的双重伸缩机制，企业可以更好地应对业务负载的波动，优化资源利用，降低运营成本。

（6）CCE 弹性伸缩的应用场景

华为 CCE 的弹性伸缩功能为不同行业和应用场景提供了智能化的资源调度解决方案。以下将探讨 3 个典型的应用场景，分析 CCE 如何应对不同的业务需求。

在电商平台促销活动中，CCE 展现出了其处理突发高流量的能力。电商平台经常面临诸如“双十一”“618”等大型促销活动带来的流量激增。在这些时期，访问量可能在短时间内暴增数倍甚至数十倍。CCE 通过结合 HPA 和 CA 的功能，能够迅速响应这种突发需求。HPA 根据实时监测的负载指标，自动增加 Pod 的数量以处理增加的请求。同时，如果现有节点资源不足，CA 会自动添加新的计算节点，确保有足够的资源来部署新的 Pod。更重要的是，在促销活动结束后，CCE 能够智能地缩减多余的 Pod 和节点，有效地控制成本，避免资源浪费。这种动态伸缩的能力使得电商平台能够在保证服务质量的同时，最大化资源利用效率。

对于视频直播平台而言，CCE 的弹性伸缩功能同样发挥着关键作用。视频直播平台的特点是负载变化难以精确预测，某个热门直播可能在短时间内吸引大量用户。CCE 通过 Custom HPA 功能，允许平台根据更贴近业务的自定义指标（如并发用户数、视频编解码负载等）来进行 Pod 的动态扩缩容。结合 Prometheus 等监控工具，CCE 能够收集和分析更多与业务直接相关的指标，从而作出更精准的扩缩容决策。此外，CCE 还提供 Virtual Kubelet 和 Virtual Node 的支持，使得资源的供给可以更快速、更好地应对直播平台瞬时且难以预测的负载变化。

在线游戏平台的场景则展示了 CCE 在处理周期性负载方面的优势。游戏平台通常有明显的访问高峰期，例如每天的 12:00 和 18:00–23:00。CCE 允许平台管理员配置基于时间的自动扩缩容策略，在预期的高峰期前自动增加 Pod 和节点数量，确保游戏服务的流畅运行。对于一些需要高性能计算的游戏逻辑，CCE 还支持使用 GPU Instance，以进一步提升处理能力。这种预见性的资源调度不仅确保了游戏体验，还通过在低峰期自动释放资源来优化成本。

通过这些典型场景，我们可以看到 CCE 弹性伸缩功能的多功能和效率。无论是应对突发流量、难以预测的负载变化，还是周期性的资源需求，CCE 都能提供合适的解决方案，帮助企业在保证服务质量的同时优化资源利用，从而实现更高效、更经济的运营。

4. 三者协同构建全面的可扩展性解决方案

ECS、AS 和 CCE 不是孤立的服务，而是可以紧密协作，形成一个全面的可扩展性的解决方案。

ECS 提供了基础的计算资源，AS 实现了这些资源的动态调度，而 CCE 则在这个基础上提供了更细粒度的容器级别优化。这种多层次的方法确保了从底层基础设施到应用层的全面优化。

通过组合使用这 3 种服务，企业可以有效地管理混合工作负载。例如，可以使用 ECS 和 AS 来处理传统的单体应用，同时利用 CCE 来部署和扩展微服务架构的应用。

这 3 种服务的结合也为应用的渐进式现代化提供了路径。企业可以从 ECS 开始，逐步引入 AS 来实现自动化，最终迁移到 CCE 以获得容器化的优势，整个过程可以平滑过渡，风险可控。

华为云提供了统一的监控和运维工具，可以跨这 3 种服务收集指标、设置警报和执行自动化操作。这种集中式的管理极大地简化了复杂环境下的运维工作。

随着技术的不断发展，华为云的计算服务可扩展性设计也在持续演进，具体表现在以下几个方面。

① 智能预测：利用 AI 技术预测负载趋势，实现更主动的资源调度。

② 无服务器扩展：进一步简化资源管理，使开发者可以完全专注于代码逻辑。

③ 跨云跨区域扩展：支持在多云和混合云环境中无缝扩展应用。

④ 绿色计算：优化扩展策略以平衡性能需求和能源效率。

华为云通过 ECS、AS 和 CCE 三大核心计算服务，为用户提供了全面而灵活的可扩展性解决方案。这些服务不仅各自具备强大的扩展能力，其协同效应更是能够满足从传统 IT 到云原生应用的广泛需求。

2.2.3　存储可扩展性设计

存储系统的可扩展性已成为企业 IT 基础设施的关键考量因素。随着数据量的指数级增长和应用需求的不断变化，传统存储解决方案难以满足现代企业的需求。华为云通过其核心存储服务——块存储服务（EVS）、对象存储服务（OBS）和弹性文件服务（SFS），如图 2-20 所示，为用户提供了高度可扩展、灵活且可靠的存储解决方案。我们将深入探讨这 3 项服务的可扩展性设计，剖析它们如何应对现代企业日益增长的存储需求。

1. 块存储服务（EVS）的可扩展性设计

云硬盘（EVS）是华为云提供的块存储服务，为云服务器、容器等计算服务提供持久性块存储。

EVS 支持在线扩容，用户可以在不中断业务的情况下增加卷的容量。扩容后，系统能够自动适应新的存储容量，无须额外的性能调优工作，大大减少了管理员的工作负担，降低了人为错误的风险。这种灵活性使得用户可以根据实际需求快速调整存储资源，避免了传统存储系统中常见的过度配置或容量不足的问题。

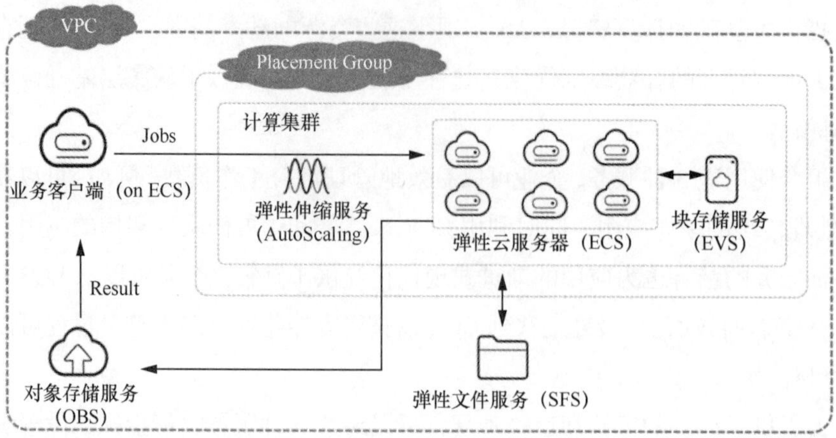

图 2-20　存储可扩展性设计的典型架构

图 2-21 所示为云硬盘扩容流程。EVS 提供 10GB 小容量起配，最小 1GB 步长扩容，这种精细化的容量调整能力使用户可以根据实际需求精确配置存储资源，避免资源浪费。单个 EVS 卷的最大容量可达 32TB，能满足大多数企业级应用的存储需求。

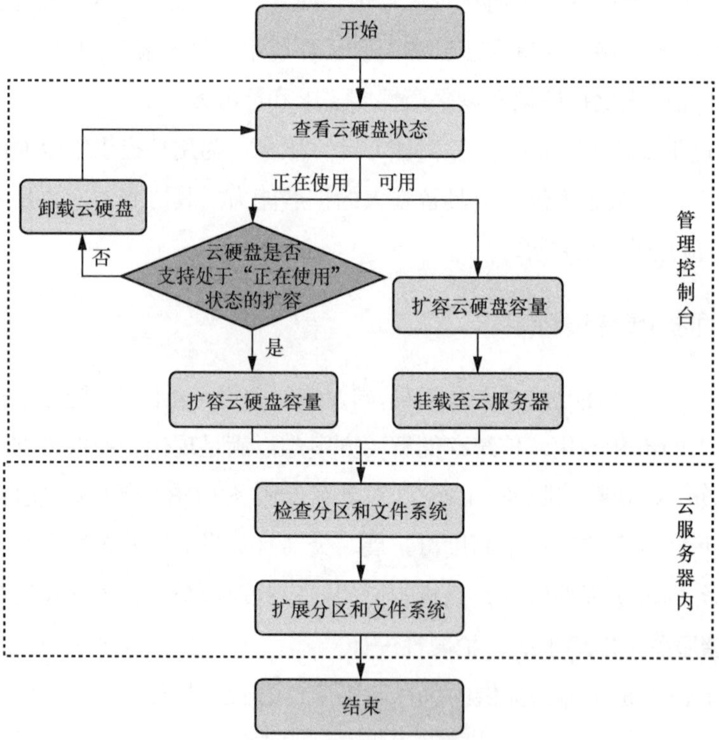

图 2-21　云硬盘扩容流程

EVS 提供多种性能层级的磁盘类型，如通用型 SSD、超高 I/O 型 SSD 等。用户可以根据应用的性能需求选择合适的磁盘类型，并且可以在不同类型间进行切换。这种设计确保了存储性能可以随着应用需求的变化而相应调整。

EVS 集成了快照功能，支持创建卷的时间点副本。这不仅提供了数据保护能力，也为存储扩展提供了便利。用户可以基于快照快速创建新卷，以实现存储资源的快速复制和扩展。

EVS 支持跨可用区部署，用户可以在不同的可用区创建卷的副本。这种设计不仅提高了数据的可靠性，也为跨地理位置的存储扩展奠定了基础。

2. 对象存储服务（OBS）的可扩展性设计

华为云 OBS 3.0 版本应运而生，为各行各业提供了一个几乎无限容量、高性能、低时延的云存储解决方案，广泛应用于多媒体服务、数据备份与归档、大数据与人工智能、科研与医疗、教育与内容分发、网站托管等场景。

OBS 3.0 版本在以下几个方面取得了突破性的进步。

① 无限容量：理论上可存储千亿级对象，可满足各种大规模数据存储的需求。

② 超高并发：支持每秒处理千万级别的事务。

③ 海量带宽：提供高达 100Tbit/s 的聚合带宽，能够应对大规模数据传输的场景。

④ 高性能：单流带宽可达 2.4Gbit/s，可满足高速数据传输的需求。

⑤ 低时延：平均时延低至 10ms，确保数据快速访问。

这些特性使 OBS 3.0 成为当前市场上最先进的云存储解决方案之一。OBS 是华为云提供的海量、安全、高可靠的云存储服务，适合存储任意类型的非结构化数据。OBS 的可扩展性设计主要表现在以下方面。

OBS 提供几乎无限的存储容量，用户无须预先规划存储空间。系统会随着数据量的增长自动扩展，真正实现了“按需付费”的存储模式。这种设计极大地简化了存储容量管理，使用户可以专注于数据本身而不是底层基础设施。

OBS 支持智能分层存储，可以根据数据访问频率自动将数据在不同存储类别间迁移，例如，将数据从标准存储转移到低频访问存储，再到归档存储。这种自动化的数据生命周期管理极大地优化了存储成本，同时保证了数据访问性能。

OBS 采用分布式架构设计，支持海量并发访问。系统会自动进行负载均衡，确保在数据量和访问请求增加时仍能保持高性能。此外，OBS 还支持多 AZ 存储，提供跨区域复制功能，进一步增强了数据访问的可扩展性和可靠性。

OBS 提供强大的元数据管理能力，支持自定义元数据。这种设计使得在存储规模不断扩大的情况下，用户仍能高效地组织和检索数据。

3. 弹性文件服务（SFS）的可扩展性设计

华为云 SFS 为用户提供了一种灵活、高效、易于管理的文件存储解决方案。华为云提供了完全托管的共享文件存储服务，可为多个计算实例提供共享访问。

在 SFS 出现之前，企业通常依赖于以下几种存储方案。

① 云服务器：虽然灵活，但存在数据“孤岛”问题，不利于数据共享和协作。

② 云硬盘：提供持久化存储，但缺乏文件系统级别的管理能力。

③ NAS 软件：虽然支持文件共享，但往往需要复杂的配置和管理。

这些方案各有优缺点，但都难以满足云时代对存储系统灵活性和可扩展性的要求。

SFS 的引入彻底改变了企业的文件存储方式，具体体现在以下几个方面。

① 集中化管理：SFS 提供了一个统一的文件存储平台，简化了 IT 管理。

② 无缝扩展：存储容量可以随业务需求动态调整，无须停机或中断服务。

③ 性能与容量解耦：文件系统的性能可以独立于容量进行优化，能满足不同应用的需求。

SFS 的可扩展性设计主要体现在以下方面。

① SFS 支持容量的动态调整，文件系统可以在不中断服务的情况下自动扩展。用户只需为实际使用的存储空间付费，无须预先配置大容量存储，有效避免了资源浪费。

② SFS 采用分布式架构，支持多个计算实例同时挂载和访问同一文件系统。随着挂载点数量的增加，系统会自动扩展带宽和 IOPS，以确保性能随着使用规模的扩大而线性提升。

③ SFS 支持 NFS（网络文件系统）和 CIFS（通用互联网文件系统）/SMB（服务器消息块）等多种协议，这种灵活性使得不同类型的应用和操作系统都能无缝集成 SFS，为异构环境下的存储扩展提供便利。

④ SFS 提供标准型和性能型两种服务类型。用户可以根据应用需求选择合适的类型，并且可以在不同类型间进行切换。这种设计确保了存储性能可以随着应用需求的变化而灵活调整。

SFS 弹性扩展的核心优势体现在以下方面。

① 支持主流文件协议。SFS 支持 NFS v3 等主流文件协议，这意味着用户可以在常用操作系统环境中无缝访问和管理文件。这种兼容性确保了 SFS 可以轻松集成到现有的 IT 基础设施中，实现应用的无缝迁移和部署。

② 容量按需分配，弹性伸缩。SFS 的一大亮点是其弹性容量管理能力。用户可以根据业务需求灵活设置文件系统的初始存储容量，并在业务增长时动态扩展存储空间。这种弹性伸缩的特性不仅满足了业务增长的需求，还避免了传统存储系统中常见的过度配置或容量不足的问题。

③ 线性扩展的性能。随着存储容量的增加，SFS 的性能可以线性扩展。这种设计特别适合高带宽要求的应用场景，如大数据分析、媒体处理等。性能的线性增长确保了即使在数据量急剧增加的情况下，系统也能保持高效运行。

4. 三者协同：构建全面的存储可扩展性解决方案

EVS、OBS 和 SFS 这 3 种存储服务不是孤立存在的，而是可以紧密协作，形成一个全面的存储可扩展性解决方案。

通过组合使用这 3 种服务，企业可以构建多层次的存储架构。例如，使用 EVS 存储关键业务数据，OBS 存储海量非结构化数据，SFS 用于共享文件的存储。这种方式可以根据数据的特性和访问模式选择最合适的存储服务，实现性能和成本的最优平衡。

结合使用这 3 种服务，可以实现完整的数据生命周期管理。例如，可以将热数据存储在 EVS 上以获得最佳性能，随着数据冷却可以将其迁移到 OBS 的标准存储，最后将其转移到 OBS 的归档存储以长期保存。

华为云提供了在不同存储服务间进行数据迁移的工具和服务。这种灵活性使得用户可以根据业务需求的变化，轻松地在不同存储服务间移动数据，而无须担心被特定存储解决方案锁定。

华为云提供了统一的管理界面和 API，使得用户可以集中管理和监控所有存储资源。这种集中式的管理大大简化了复杂环境下的存储运维工作，提高了管理效率。

随着技术的不断发展，华为云的存储服务可扩展性设计也在持续演进，具体表现在以下几个方面。

① 智能数据分级：利用 AI 技术预测数据访问模式，自动在不同存储服务间迁移数据。

② 软件定义存储：进一步抽象底层硬件，提供更灵活的存储资源池化能力。

③ 边缘存储集成：支持将云存储服务无缝扩展到边缘位置，满足低时延数据访问的需求。

④ 绿色存储：优化存储策略以平衡性能需求和能源效率，支持企业的可持续发展目标。

华为云通过 EVS、OBS 和 SFS 三大核心存储服务，为用户提供了全面而灵活的存储可扩展性解决方案。这些服务不仅各自具备强大的扩展能力，其协同效应更是能够满足从传统 IT 到云原生应用的广泛存储需求。

2.2.4　数据库可扩展性设计

在当今数据驱动的商业环境中，数据库系统的可扩展性已成为企业 IT 基础设施的关键考量因素。随着数据量的指数级增长、交易处理需求的不断上升以及分析复杂度的提高，传统的单体数据库架构难以满足现代企业的需求。华为云通过其核心数据库服务——关系型数据库服务（RDS）、分布式数据库中间件（DDM）、文档数据库服务（DDS）和 GaussDB，为用户提供了高度可扩展、灵活且可靠的数据管理解决方案。

1. 华为云数据库概述

华为云提供了全面的数据库服务产品线，涵盖关系型和非关系型数据库，可满足企业多样化的数据管理需求，如图 2-22 所示。

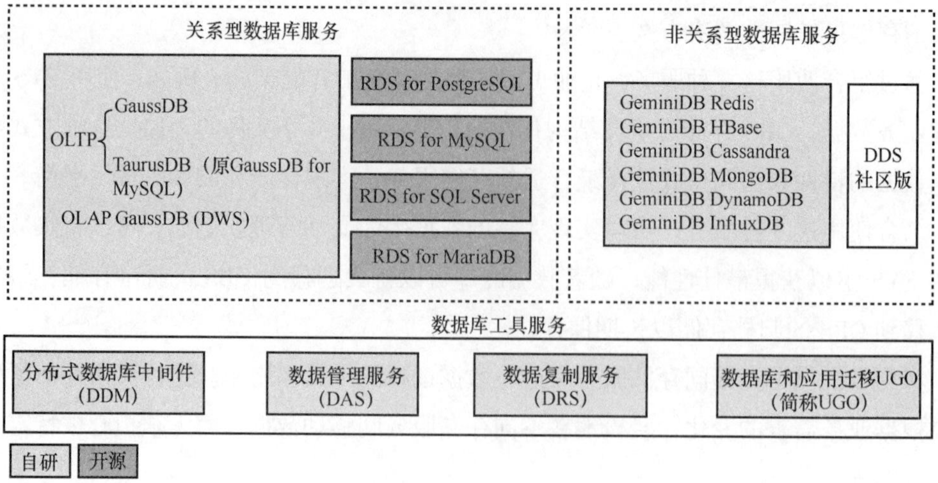

图 2-22 华为云数据库全景

华为云数据库的产品体系主要包括以下几个方面。

（1）关系型数据库服务

① GaussDB：华为自主创新研发的分布式关系型数据库。该产品支持分布式事务，同城跨 AZ 部署，数据 0 丢失，支持 1000+的扩展能力，PB 级海量存储。

② TaurusDB：华为自研的新一代企业级高扩展海量存储云原生数据库，兼容 MySQL。该数据库基于华为新一代 DFV（数据功能虚拟化）存储，采用计算存储分离架构，支持 128TB 的海量存储，数据 0 丢失，既拥有商业数据库的高可用和高性能，又具备开源低成本效益。

③ RDS 系列：提供主流关系型数据库的托管服务，其中包括 PostgreSQL、MySQL、MariaDB 和 SQL Server。

（2）非关系型数据库服务

1）GeminiDB 系列

云数据库 GeminiDB 是一款基于计算存储分离架构的分布式多模 NoSQL 数据库服务。其在云计算平台高性能、高可用、高可靠、高安全、可弹性伸缩的基础上，提供了一键部署、备份恢复、监控报警等服务能力。

云数据库 GeminiDB 目前兼容 Cassandra、DynamoDB、MongoDB、InfluxDB、Redis 和 HBase 主流的 NoSQL 接口，并提供高读写性能，具有高性价比，适用于 IoT、气象、互联网、游戏等领域。

2）DDS

DDS 完全兼容 MongoDB 协议，可提供高安全、高可用、高可靠、可弹性伸缩和易用的数据库服务，同时提供一键部署、弹性扩容、容灾、备份、恢复、监控和告警等功能。

（3）数据库工具服务

分布式数据库中间件（DDM）：一款分布式关系型数据库中间件。它兼容 MySQL 协议，专注于解决数据库分布式扩展问题，突破传统数据库的容量和性能瓶颈，实现海量数据高并发访问。

数据管理服务（DAS）：一种提供数据库可视化操作的服务，包括基础 SQL 操作、高级数据库管理、智能化运维等功能，旨在帮助用户易用、安全、智能地进行数据库管理。

数据复制服务（DRS）：一种易用、稳定、高效、用于数据库实时迁移和数据库实时同步的云服务。

数据库和应用迁移 UGO（Database and Application Migration UGO，简称 UGO）：专注于异构数据库结构迁移的专业服务。可通过数据库评估、对象迁移和自动化语法转换，提高转化率，最大化降低用户数据库的迁移成本。

（4）华为云数据库产品线的特点

① 全面性：覆盖关系型和非关系型数据库，可满足不同应用场景需求。

② 自主创新：多款产品均为华为自主研发，如 GaussDB 系列。

③ 兼容性：支持主流开源和商业数据库，便于用户迁移和适配。

④ 云原生：基于公有云架构设计，提供弹性扩展和即开即用的服务。

⑤ 高性能：针对海量数据和高并发场景进行优化。

⑥ 全生命周期管理：提供从迁移、部署到运维的全套解决方案。

通过这一系列产品和服务，华为云旨在为企业用户提供全面、高效、可靠的数据库解决方案。

2. 华为数据库可扩展性设计服务及特性选择

华为云提供了一系列具有高度可扩展性的数据库服务，以满足企业在不同场景下的数据管理需求。这些服务包括分布式数据库中间件、关系型数据库服务、文档数据库服务和云数据库 GaussDB。每种服务都有其独特的设计特点和应用场景，为用户提供了灵活多样的选择。

（1）数据库可扩展性典型架构

华为云提供了一种典型的可扩展性数据库架构，如图 2-23 所示，该架构融合了多种先进技术和服务，可满足企业不断增长的数据处理需求。以下是该架构的详细概述。

1）应用层访问

架构的起点是应用层，它代表了各种客户端应用程序。这些应用通过标准化的接口与数据库系统进行交互，确保了系统的灵活性和可扩展性。

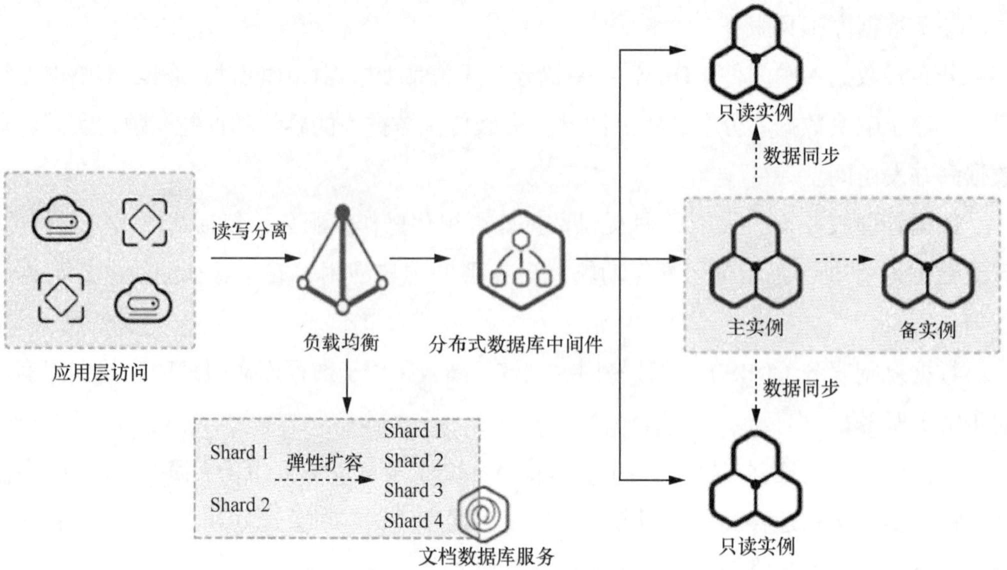

图 2-23　数据库可扩展性典型架构

2）读写分离与负载均衡

应用层的请求首先经过一个读写分离和负载均衡层。这一层的主要功能是：将读操作和写操作分流，提高系统整体性能；均衡分配请求到不同的数据库节点，避免单点压力；提高系统的可用性和响应速度。

3）DDM

DDM 是这个架构的核心组件之一。它的主要作用包括管理分布式数据库集群，提供透明的数据分片能力，处理分布式事务，实现智能路由，优化查询性能。

4）数据库服务层

这一层包含了多种数据库服务，主要有以下两种。

① 关系型数据库服务（RDS）：支持主实例和只读实例的部署模式，主实例负责处理写操作和核心业务，只读实例通过数据同步机制，分担读取压力。

② 文档数据库服务（DDS）：采用分片机制实现水平扩展，每个分片可以独立处理特定范围的数据，支持弹性扩容，可根据需求增加分片数量。

5）数据同步机制

在主实例与只读实例之间，以及不同分片之间，都实现了高效的数据同步机制，以确保数据的一致性和可用性。

6）可扩展性

该架构的可扩展性主要体现在以下几个方面。

① 只读实例扩展：MySQL、PostgreSQL、SQL Server 和 MariaDB 都支持直接挂载只读实例，用于分担主实例的读取压力，每个主实例可同时创建最多 5 个只读实例。

② 独立连接地址：MySQL 和 PostgreSQL 数据库的主实例和只读实例都具有独立的连接地址，便于灵活管理和负载分配。

③ 简便的扩展方式：用户只需通过添加只读实例的数量，即可不断扩展系统的处理能力，无须修改应用程序代码，大大简化了扩展过程。

这种架构设计的优势在于：高度的灵活性和可扩展性，能够适应不同规模的业务需求；良好的性能和可用性，通过读写分离和负载均衡提高系统的响应速度；简化运维管理，支持自动化的扩展和同步操作；成本效益，允许企业根据实际需求调整资源配置。

华为云的这种可扩展性数据库架构为企业提供了一个强大、灵活且易于管理的数据管理解决方案。它不仅能够满足当前的业务需求，还为未来的增长和扩展奠定了坚实的基础。

（2）RDS 的可扩展性设计

RDS 是华为云提供的全托管关系型数据库服务，支持 MySQL、PostgreSQL、SQL Server 和 MariaDB 主流数据库引擎。RDS 的可扩展性设计主要体现在以下几个方面。

1）垂直扩展能力

RDS 支持灵活的规格调整，用户可以根据业务需求在线升级或降级数据库实例的 CPU 和内存配置。这种垂直扩展能力使得用户可以快速应对性能需求的变化，而无须重新部署数据库或迁移数据。

2）只读实例扩展

对于读密集型应用，RDS 提供只读实例功能。用户可以创建多个只读实例，通过读写分离的方式分散读取压力。系统会自动同步主实例的数据到只读实例，确保数据一致性。这种水平扩展方式极大地提高了系统的读取性能和并发处理能力。

3）存储自动扩展

RDS 实现了存储容量的自动扩展。当数据量增长接近存储上限时，系统会自动增加存储空间，无须用户干预。这种设计无须手动扩容，降低了存储管理的复杂性。

4）备份与恢复的可扩展性

RDS 提供自动备份和时间点恢复功能，并支持跨区域备份。随着数据规模的增长，备份和恢复操作的性能和可靠性仍能保持一致，这得益于其分布式备份架构和增量备份技术。

只读扩展是 RDS 应对读密集型应用场景的关键策略。图 2-24 为 RDS 只读扩展示意。

在某些业务中，数据库可能面临有少量写操作但大量读取请求的情况。单一实例可能无法承受如此大的读取压力，甚至可能影响主业务的正常运行。为了解决这个问题，RDS 提供了以下功能。

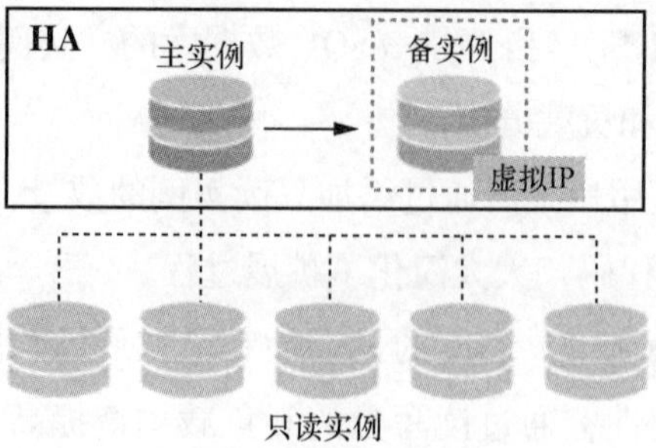

图 2-24 RDS 只读扩展

① 只读实例部署。允许在同一区域内创建一个或多个只读实例，最多支持创建 5 个只读副本，有效分担读取流量。

② 高可用架构。采用跨 AZ 的高可用设计，支持秒级主备切换，确保业务连续性。

③ 虚拟 IP 技术。备库对外呈现虚拟 IP，提高系统可靠性，用户无须关心底层架构变化。

④ 灵活部署。只读副本不能单独存在，需先购买单机或主备实例，为用户提供了资源利用的灵活性。

图 2-25 为 RDS 弹性扩容示意。RDS 的弹性扩容能力使其能够根据业务需求动态调整资源配置。

图 2-25 RDS 弹性扩容

这一特性极大地提高了系统的适应性和成本效益，主要特点如下。

① 按需扩展：根据业务情况弹性伸缩所需资源；支持按需开支，实现量身定制的资源配置。

② 智能监控：集成云监控服务；实时监测数据库压力和存储量变化；支持灵活调整实例规格，优化性能。

③ 支持全面扩容：一键支持 CPU/内存扩容，支持在线存储空间扩容，所有规格均支持高达 10TB 的存储空间。

④ 只读副本扩展：可添加最多 5 个只读副本，有效分散读取压力，从而提升整体性能。

⑤ 快速扩容：在线存储、CPU/内存扩容可在分钟级完成，最小化业务中断时间。

（3）DDM 的可扩展性设计

DDM 是华为云提供的数据库分片和分布式事务处理服务，旨在解决大规模数据库的水平扩展问题。DDM 的可扩展性设计主要表现在以下几个方面。

1）透明的数据分片

DDM 支持灵活的分片策略，可以根据业务需求将数据分布到多个物理数据库实例上。这种分片对应用层透明，使得应用可以像操作单个数据库一样操作分布式数据库，大大简化了开发复杂度。

2）动态扩容能力

DDM 允许在不停机的情况下动态添加新的数据库节点。系统会自动进行数据重分布，确保负载均衡。这种设计使得数据库系统可以随着业务增长而平滑扩展，无须进行大规模的数据迁移或应用改造。

3）分布式事务处理

DDM 实现了跨节点的分布式事务处理能力，确保了数据的一致性。随着节点数量的增加，系统仍能保持高效的事务处理性能，这得益于其优化的两阶段提交协议和事务管理机制。

4）智能路由与查询优化

DDM 内置了智能路由引擎和分布式查询优化器。随着数据规模和节点数量的增加，系统能够自动优化查询计划，选择最优的数据访问路径，确保查询性能随系统规模的扩大而保持高效。

图 2-26 展示了 DDM 的高可扩展性。

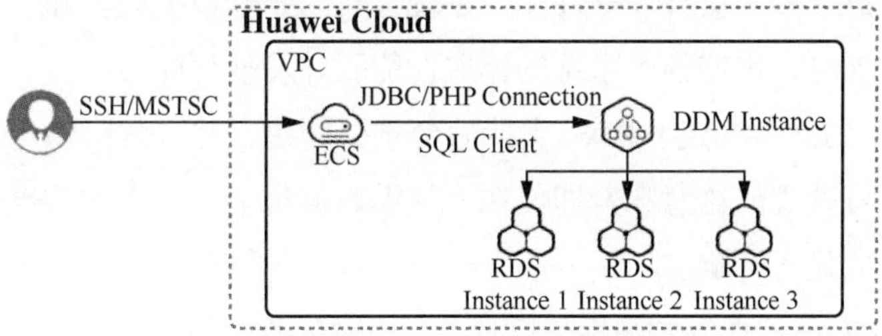

图 2-26　DDM 的高可扩展性

DDM 实现了卓越的扩展性，具体如下。

① 计算层扩展。通过增加 DDM 节点数量或提升节点规格，可以无缝扩展系统的计算能力。这种扩展对业务应用完全透明，无须修改应用代码。

② 存储层扩展。支持底层 MySQL 数据库的在线扩容，存储层扩容对业务秒级影响。提供两种扩容方式：平移扩容指保持总分片数不变，仅增加每个分片的存储容量；倍增扩容能增加分片数量，同时扩大存储容量。

③ 水平拆分能力。在创建分布式数据库时，用户可以选择拆分键。DDM 根据预设的拆分规则，自动实现数据的水平拆分。这种机制确保了数据分布的均衡性和查询效率的提升。

④ 高度集成的云服务架构。DDM 与华为云其他服务紧密集成，形成了一个完整的解决方案。VPC 提供安全隔离的网络环境；ECS 作为 SQL 客户端，支持 JDBC/PHP 连接；RDS 作为底层存储引擎，支持多实例部署。

⑤ 多样化的访问方式。支持 SSH/MSTSC 远程访问，兼容标准的 JDBC/PHP 数据库连接协议。

⑥ 简化的管理体验。DDM 实例作为中心节点，统一管理多个 RDS 实例。提供集中化的配置、监控和维护界面。

（4）DDS 的可扩展性设计

DDS 是华为云基于 MongoDB 提供的全托管 NoSQL 数据库服务。DDS 的可扩展性设计主要体现在以下几个方面。

① 自动分片。DDS 支持自动分片，能够将大型数据集分布到多个节点上。随着数据量的增长，系统会自动进行数据重平衡，确保各个分片的负载均衡。这种设计使得 DDS 能够轻松应对 TB 甚至 PB 级别的数据存储需求。

② 动态扩缩容。DDS 支持在线扩缩容，用户可以动态增加或减少节点数量。系统会自动处理数据迁移和重平衡，对应用透明。这种灵活性使得用户可以根据实际需求精确控制资源配置。

③ 读写分离与副本集。DDS 采用副本集架构，支持自动故障转移和读写分离。用户可以增加从节点数量来提升读取性能，系统会自动管理数据同步和一致性。这种设计在提高可用性的同时，也增强了系统的读取性能和并发处理能力。

④ 弹性伸缩的索引构建。DDS 支持后台索引构建，并且索引构建过程可以利用分布式架构进行并行处理。这意味着即使在大规模数据集上，索引构建也能保持高效，不会对系统性能造成显著影响。

华为云 DDS 展现了卓越的弹性伸缩能力，特别是在处理大规模数据和高并发访问场景时表现突出。以下是 DDS 弹性伸缩特性。

① 快速扩容能力。DDS 在数据量达到约 160GB 时，展现了显著的扩容效率，从 2 个分片扩展到 4 个分片；扩容时间从传统的 30h 大幅缩短至仅需 2min；扩容效率是原来的 100 倍左右。这种高效的扩容能力为企业提供了显著优势，极大缩短了系统停机时间，确保了业务的持续运行，提升了系统对突发流量的应对能力。

② 性能提升。扩容过程快速，随着显著的性能提升，系统吞吐量（OPS）在扩容后有明显提高，响应时延保持稳定，甚至有所下降。扩容后，系统可以处理更多的并发请

求，用户体验得到优化，响应时间更快。开源 MongoDB 在扩容过程中，性能波动较大，OPS 不稳定；华为云 DDS 在扩容过程中，OPS 稳步上升，性能提升明显。DDS 的时延曲线更加平稳，表明系统在扩容过程中保持了稳定的响应能力。

③ 业务连续性保障。DDS 的快速扩容特性确保了扩容过程对业务影响最小化，系统可以在短时间内适应业务增长需求，维护窗口大幅缩短，提高了系统的整体可用性。

④ 灵活的资源调配。企业可以更精准地根据实际需求来调整资源，避免了资源过度配置或不足的问题，优化了成本结构，提高了资源利用效率。

（5）GaussDB 的可扩展性设计

华为 GaussDB 作为新一代分布式数据库，凭借其创新的可扩展性设计，正成为企业应对海量数据与高并发挑战的核心利器。

1）分布式架构：分散计算，集中管理

GaussDB 的扩展性设计始于其独特的分布式架构。与传统单机数据库不同，GaussDB 采用了分布式存储和计算的架构，这种设计允许数据库资源在多个节点之间分布，确保系统能够灵活地扩展并处理大规模的数据流。

计算与存储分离：在 GaussDB 中，计算和存储资源被物理分开，这种架构设计具有显著的优势。计算资源和存储资源可以独立扩展，计算压力与存储压力不会互相影响。数据的存储在多个节点上，而计算任务则由多个计算节点分担，从而大幅提升系统的处理能力和扩展灵活性。

数据分片机制：GaussDB 利用数据分片技术将数据水平切分成多个小块（分片），这些分片被均匀地分布到不同的节点上。通过这种方法，数据库能够实现横向扩展，随着数据量的增加，只需简单地增加新的计算节点来扩展存储与处理能力，而不会影响现有数据和系统性能。

2）自动弹性伸缩：按需扩展，资源高效利用

GaussDB 在可扩展性方面的一大亮点是其自动弹性伸缩能力。随着业务需求的波动，GaussDB 可以自动调整计算资源和存储资源的分配，保证数据库始终能够应对负载变化。

计算资源自动扩展：在负载较高时，GaussDB 会自动增加计算节点，以分担日益增加的处理需求。这种扩展过程对用户完全透明，且不会中断任何正在进行的业务操作。当负载减轻时，GaussDB 同样能够自动缩减计算资源，避免不必要的资源浪费。

存储资源动态扩展：GaussDB 还支持存储资源的动态扩展。当数据量迅速增长时，GaussDB 会自动扩展存储空间，确保能够容纳更多的数据而不影响性能。此外，存储扩展并不会影响现有数据的完整性和一致性，且过程完全透明，用户无须进行手动干预。

这种按需扩展的机制大大降低了系统的复杂性，使企业能够根据实时的业务需求灵活调配资源，提高了资源的利用率。

3）容器化与微服务架构：灵活部署与管理

在现代云计算环境中，容器化技术和微服务架构已经成为企业 IT 基础设施的重要组成部分。GaussDB 在设计时充分考虑到了这一点，提供了对容器化部署和微服务架构的深度支持，进一步增强了其扩展性和灵活性。

容器化部署：GaussDB 支持在容器化环境中部署，借助容器技术，可以实现快速部署和动态调度。通过容器化，GaussDB 能够实现资源的精细管理和高效分配。特别是在云原生应用中，GaussDB 可以与 Kubernetes 等容器编排工具配合使用，自动管理和扩展计算资源。

微服务架构支持：GaussDB 还能够与微服务架构无缝集成，将数据库作为服务化组件与其他微服务协同工作。无论是计算资源的灵活调度，还是跨多个微服务实例的数据同步，GaussDB 都能提供稳定的支持，帮助企业快速响应业务变化。

4）跨地域部署与灾备扩展：全球化支持

GaussDB 充分考虑到企业业务的全球化需求，支持跨地域部署，使得数据库能够在不同地区进行扩展与部署。通过这种设计，GaussDB 不仅能够提升系统的高可用性，还能降低全球业务中的网络时延。

多区域部署：GaussDB 允许用户在多个地理区域之间部署数据库实例，确保数据能够根据用户需求分布在最合适的地区。这样，不仅提升了系统的可用性，还通过将数据靠近用户所在的区域，从而减少了访问时延。

灾备能力：跨区域部署还提供了更强的灾备能力。当某一地域的数据库发生故障时，GaussDB 可以自动将流量切换至其他区域的备份实例，以确保系统持续可用。与此同时，数据在多个区域之间保持同步，保证了灾难恢复时的数据一致性和完整性。

5）高并发处理与分布式事务：高效响应业务需求

在面对大规模用户访问和高并发事务时，GaussDB 提供了高效的分布式事务和并发处理能力，确保即使在系统负载非常高的情况下，也能够稳定运行。

分布式事务处理：GaussDB 支持分布式事务，能够保证跨多个节点、分片甚至跨地域的数据一致性和事务隔离。无论系统扩展到多大规模，GaussDB 都能够确保数据的原子性和一致性，避免因分布式架构带来的复杂性。

高并发支持：GaussDB 在设计时充分考虑到大规模并发的处理需求，采用了多层次的并发控制机制，有效减少了数据库锁的竞争，提升了高并发场景下的事务处理能力。

6）智能管理与资源调度：简化运维

GaussDB 还具备智能化的运维管理功能，其自动化的资源调度与监控机制可帮助用户更好地管理扩展过程。

智能资源调度：GaussDB 通过自动化的调度机制，确保数据库资源的最优配置，无论是在数据处理、存储分配，还是计算资源的分配上，都能动态响应业务需求，避免资源瓶颈。

自动化运维：通过与华为云的数据库服务平台结合，GaussDB 提供了自动化的监控、故障恢复、性能优化等功能，极大地简化了数据库的日常运维，减少了人工干预，提升了数据库管理的效率和可靠性。

7）与同类产品的扩展性对比

GaussDB 与同类产品的扩展性对比见表 2–1。

表 2–1　GaussDB 与同类产品的扩展性对比

特性	GaussDB（华为）	TiDB（PingCAP）	OceanBase（蚂蚁科技）
扩展架构	Shared–Nothing +计算存储分离	Shared–Nothing	Shared–Nothing
最大节点数	数千节点	数百节点	数百节点
扩容效率	分钟级在线扩容	小时级在线扩容	小时级在线扩容
跨数据中心扩展	支持同城/异地多活	支持多区域部署	支持多区域部署
自动化能力	AI 驱动弹性伸缩	半自动负载均衡	手动调整为主

华为云通过 RDS、DDM、DDS 和 GaussDB 四大核心数据库服务，为用户提供了全面而灵活的数据管理可扩展性解决方案。这些服务涵盖了从传统关系型数据库到现代分布式数据库的广泛需求，能够满足不同规模和类型的企业数据管理需求。图 2–27 为华为云典型的可扩展性架构设计。

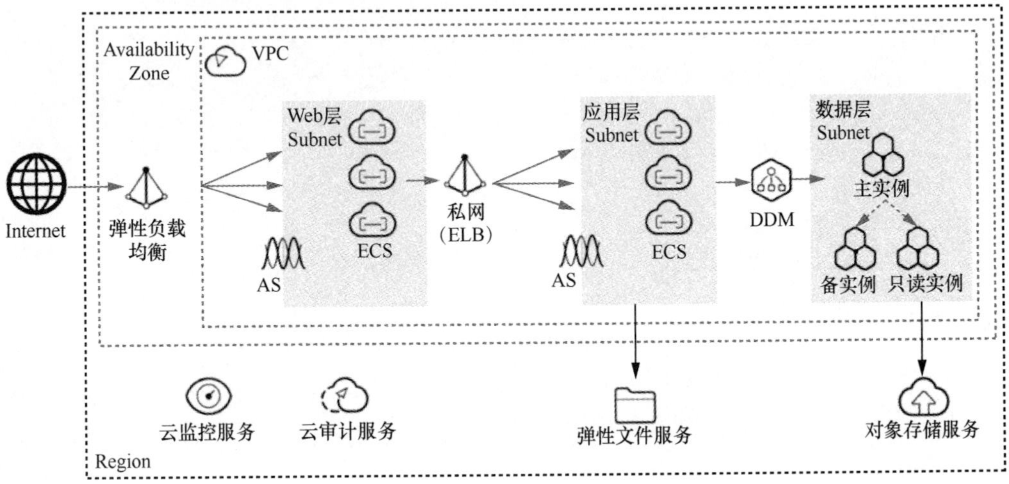

图 2–27　华为云典型的可扩展性架构设计

RDS 通过其垂直扩展和只读实例扩展能力，为传统关系型数据库应用提供了灵活的扩展选项。DDM 则解决了大规模关系型数据库的水平扩展问题，使得应用能够突破单机数据库的限制。DDS 凭借其自动分片和动态扩缩容能力，为非结构化和半结构化数据的管理提供高度可扩展的解决方案。而 GaussDB 代表了新一代分布式数据库的发展方向，其存储计算分离和多节点并行处理等特性，为大规模数据处理和分析提供了强大支持。

这些服务的可扩展性设计不仅体现在技术层面，更重要的是，它们为企业数字化转型和数据驱动决策提供了坚实的基础。通过这些服务，企业可以构建能够随业务增长而无缝扩展的数据管理平台，从而在竞争激烈的市场中保持敏捷性和创新力。

随着人工智能、物联网和 5G 等技术的快速发展，数据的规模、复杂度和价值将继续呈指数级增长。我们可以预见，华为云将继续在数据库服务的可扩展性设计上投入资源，推动创新，如进一步提升 AI-driven 的自动化运维能力，增强跨云和混合云环境下的数据管理能力，以及探索更高效的分布式事务处理机制等。这些创新将帮助企业更好地应对未来的数据管理挑战，充分释放数据的价值。

在数据已成为关键生产要素的今天，高度可扩展的数据库服务不仅是技术层面需求，更是业务创新和增长的基础支撑。华为云的这些数据库服务，通过其先进的可扩展性设计，正在为企业构建面向未来的数据基础设施铺平道路，助力它们在数据时代保持竞争优势。

第3章 云上高可用性设计

本章主要内容

本章聚焦于云上高可用性设计的核心要素，旨在为企业构建稳健、高效的云环境提供理论支撑与实践指导。首先，我们将深入剖析可用性领域的关键概念，如 MTBF（平均故障间隔时间）、MTTR（平均修复时间），这些指标不仅是衡量云服务质量的标尺，也是制定高可用策略时不可或缺的参考依据。

进而，我们将引入 KRE 理论[KRE 并非广泛认知的特定可用性设计理论，这里假设它代表了一种强调关键性（Key）、冗余性（Redundancy）及弹性（Elasticity）的设计理念]，通过这一视角，深入探讨如何通过合理的架构设计来增强系统的健壮性和恢复能力，确保业务连续性不受单一故障点的影响。

此外，本章还将详细阐述高可用、容灾与备份之间的微妙区别与紧密联系，帮助企业明确不同策略的应用场景与优先级，从而制定出既符合成本效益又满足业务需求的综合保障方案。

在此基础上，我们将具体解析云上单 AZ（可用区）、跨 AZ、跨 Region、两地三中心乃至混合云等多种高可用方案的设计思路与实践案例。这些方案各具特色，适用于不同规模、不同业务需求的企业，旨在为企业提供多样化的选择，助力企业根据自身实际情况，量身定制最适合的云上高可用架构。

【知识图谱】

本章知识架构如图 3-1 所示。

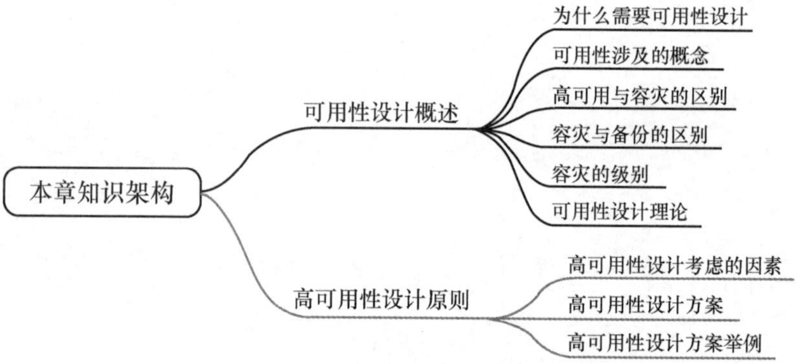

图 3-1 第 3 章知识架构

3.1 可用性设计概述

3.1.1 为什么需要可用性设计

企业上云时需要考虑可用性设计的原因主要有以下几个方面。

（1）业务连续性

企业的业务系统一旦迁移至云平台，其正常运行将依赖于云服务的稳定性。如果没有高可用的设计，一旦出现系统故障或云服务中断，企业的核心业务将受到影响，可能导致收入损失、声誉受损等。通过合理的可用性设计，企业可以确保即使在部分服务中断时，核心业务仍然能够继续运行。

（2）减少死机时间与损失

企业上云后，任何系统死机都会直接影响用户体验，并带来潜在的经济损失。高可用性设计（如自动化故障切换、冗余设计）可以帮助企业快速恢复业务，缩短死机时间，从而降低对企业的负面影响。云环境下常见的高可用性措施包括多可用区部署、负载均衡和自动扩展等。

（3）应对不可预测的事件

自然灾害、网络攻击、硬件故障等突发事件无法完全避免。通过可用性设计，企业可以提前建立灾备机制，确保在突发事件下快速恢复数据和服务。比如，采用跨区域备份或容灾设计，能够让企业在一个区域的服务中断时迅速将业务切换到另一个区域的服务上，从而确保系统的高可用性。

（4）用户体验与服务质量

上云后，应用和服务需要 7×24h 无间断运行。用户期望随时访问企业的服务，如果系统频繁死机或无法访问，用户满意度将大幅下降。因此，企业需要通过可用性设计来确保服务的稳定性，减少用户因系统问题带来的不满，从而提升用户的体验和忠诚度。

（5）满足合规性和服务水平协议（SLA）的要求

企业需要确保云服务的可用性达到行业规定的标准，尤其是在金融、医疗等对数据和服务可靠性要求极高的行业。此外，企业通常会向用户承诺一定的服务可用性（指 SLA），如果系统不能满足这些可用性要求，企业可能会面临赔偿风险。可用性设计能够确保企业实现 SLA 承诺，避免违约产生的法律或财务风险。

（6）增强系统弹性

企业上云后，业务量可能会随着时间和市场需求波动。通过可用性设计，系统可以根据业务需求自动扩展或缩减资源，确保在高峰期时依然能够平稳运行，而在低负载时则减少不必要的资源开销。这种弹性不仅确保了系统的持续可用性，还降低了成本。

（7）降低长期运维成本

虽然在初期设计高可用性架构时可能会增加一定的开发成本，但从长期来看，这种设计能够大幅降低运维和应急修复的成本。通过自动化的监控、告警和恢复机制，企业可以减少人工干预的需求，降低人为错误带来的风险。

综上所述，企业上云时考虑可用性设计是为了确保系统在故障或突发事件下的稳定性和连续性，减少业务中断对企业的影响，同时提高用户体验，满足合规要求，并优化长期成本。

3.1.2 可用性涉及的概念

可用性是衡量系统或服务在一定时间内能够正常运行的能力，通常以百分比表示。它是一个综合性的概念，涉及多个关键要素，如可靠性、可维修性、可用性、MTBF 和 MTTR。

（1）可靠性

可靠性是指系统在规定时间内无故障运行的能力，反映系统是否能够长时间稳定工作。一个具有高可靠性的系统会有较少的故障发生，故障间隔时间较长。可靠性与 MTBF 密切相关，MTBF 越长，系统的可靠性越高。

（2）可维修性

可维修性是指系统在发生故障时，能够快速修复并恢复正常运行的能力。系统的可维修性越高，修复时间越短，系统能在最短时间内重新投入使用。可维修性与 MTTR 密切相关，MTTR 越短，系统的可维修性越高。

（3）可用性

可用性是衡量系统在某一时间段内可用的程度，通常以“可用性百分比”来表示。可用性可以通过以下公式计算。

$$\text{可用性} = \frac{\text{MTBF}}{\text{MTBF} + \text{MTTR}}$$

该公式表明，系统的可用性不仅取决于其 MTBF，还与 MTTR 有关。提高 MTBF 或减少 MTTR 都可以提升系统的可用性。

（4）MTBF

MTBF 是系统在两次故障之间的平均时间，是衡量系统可靠性的重要指标。MTBF 越长，意味着系统在较长时间内能够稳定运行，发生故障的频率较低。因此，MTBF 是决定系统可靠性的关键因素。

（5）MTTR

MTTR 是指从系统发生故障到修复完成并恢复正常运行的平均时间。MTTR 越短，系统的可维修性越高，能够更快地从故障中恢复。MTTR 的优化可以通过提高运维人员的技能、使用自动化工具以及改善系统的诊断功能来实现。

总的来说，可用性是系统在故障发生和修复过程中表现出的综合能力。提高系统的可靠性（延长 MTBF）和可维修性（缩短 MTTR），可以显著提升系统的整体可用性，从而确保业务持续稳定运行。

3.1.3　高可用与容灾的区别

前面介绍了高可用性的基本概念，如高可用性、灾难、灾难恢复、容灾等。表 3–1 主要从 6 个维度对高可用与容灾进行了对比。

表 3–1　高可用与容灾对比

维度	高可用（HA）	容灾（DR）
场景	指本地/同城的高可用系统，即本地系统集群和热备份	指异地（一般 800km 以上，少见同城）的高可用系统（表示在灾害发生时，数据、应用以及业务的恢复能力）
存储	通常是共享存储，因此不轻易有数据丢失（RPO=0），更多的是切换时长考虑（即 RTO 约为 0），一般为秒级	异地灾备的数据备份部分使用的是数据复制，根据使用不同的数据复制技术（同步、异步），数据通常有损失（RPO>0）；异地的应用切换通常需要更长的时间，一般至少是小时级以上
故障	单组件的故障导致负载在集群内的服务器之间切换	异地数据中心之间切换的大规模故障
网络	LAN 规模	WAN 规模
范围	云环境内保障业务持续性的机制	多个云环境间保障业务持续性的机制
目标	保证业务高可用	业务在保证数据可靠的基础上可用

高可用：更注重日常运营中的系统稳定性和自动故障切换，适用于应对常见的局部故障，确保服务几乎不间断。

容灾：强调在灾难性事件下通过异地备份恢复系统和数据，适用于严重灾难场景，重点是灾后恢复的能力和时间。

两者通常是互补的，企业在设计云架构时会同时考虑高可用和容灾，以确保系统的健壮性和业务的持续性。

3.1.4　容灾与备份的区别

容灾和备份虽然都是保护数据和系统的重要手段，但它们的目的和实施方式有所不同。表 3–2 从 6 个维度对容灾与备份进行了对比。

表 3–2　容灾与备份的对比

维度	容灾（DR）	备份（Backup）
目的	在发生重大灾难或系统级别故障时，快速恢复业务和数据	定期保存数据的副本，以防止数据丢失或损坏
范围	通常包含整个 IT 基础设施的恢复，不仅是数据	只涉及数据本身的保存和恢复

续表

维度	容灾（DR）	备份（Backup）
复杂性	实施相对复杂，需要有完善的灾难恢复计划和相应的技术支持团队	实施相对简单，主要涉及选择合适的备份工具和技术，以及制定合理的备份策略
成本	相对较高	相对较低
存储方式	通常使用实时的同步技术，将数据从主站点复制到异地的灾备站点，以保证在灾难发生时能恢复最新的数据	通常是定期的、周期性的操作（如每日、每周备份），数据会存储在本地磁盘、磁带、云存储等介质上
场景	适用于应对重大灾难，如地震、火灾、水灾、网络攻击等）	适用于应对日常的数据损失事件，如人为误删、硬盘故障或小规模的数据损坏

总的来说，容灾和备份都是数据保护的重要手段，但它们的侧重点和应用场景有所不同。备份关注的是数据的可恢复性，容灾关注的是业务的连续性，备份是容灾的基础。在实际应用中，两者往往是相辅相成的，结合使用容灾和备份，可以更全面地保护企业的数据和业务。

3.1.5 容灾的级别

容灾系统可以分为 3 个级别：数据级、应用级和业务级。不同级别的容灾方案在定义、恢复时间目标（RTO）以及总拥有成本（TCO）上有明显的差异。以下从这 3 个维度进行分析。

1. 数据级容灾

（1）定义

数据级容灾主要聚焦于数据的保护和恢复，确保在灾难发生后，能够恢复关键的数据文件、数据库等。它通常通过异地数据备份、数据复制等方式实现，目标是在灾难发生后，确保数据完整且可恢复。

（2）RTO

数据级容灾的 RTO 通常较长，因为仅恢复数据无法立即恢复业务运行。在数据恢复后，系统和应用还需要重新配置或手动恢复。因此，这一层级的 RTO 可能从几小时到数天不等，具体取决于数据量、存储方式以及备份和恢复技术。

（3）TCO

数据级容灾的成本较低，因为它仅涉及数据的备份和存储，不需要考虑应用或系统的高可用性或冗余设备。所需的资源包括存储设备、备份软件和维护人员，TCO 相对较少。

2. 应用级容灾

（1）定义

应用级容灾不仅包括保障数据的完整性，还包括应用程序的恢复。该级别的容灾方案涉及应用的备份、应用环境的快速重建以及应用程序的配置恢复，确保灾难发生后，数据和应用能够一起恢复，并尽快投入运行。

（2）RTO

应用级容灾的 RTO 比数据级的短，通常在数小时到一天之间。因为它不仅恢复了数据，还能恢复与业务相关的应用程序，因此系统可以在较短时间内恢复部分或全部业务功能。RTO 需要取决于应用的复杂性和恢复方式。

（3）TCO

应用级容灾的 TCO 较数据级的更高，因为它需要更多的硬件和软件支持。除了数据备份之外，还需要准备应用程序的备份、恢复脚本、应用服务器的冗余环境等。该级别的容灾需要更多的资源、运维时间和管理成本。

3. 业务级容灾

（1）定义

业务级容灾是最高级别的容灾方案，旨在保障整个业务系统的全面恢复，确保关键业务能够在灾难发生后几乎无缝切换。业务级容灾包括数据、应用、网络、硬件和整个业务流程的冗余设计，常通过双活数据中心或灾备中心实现，确保业务连续性。

（2）RTO

业务级容灾的 RTO 最短，通常在几分钟到几小时之内。这种容灾方案可以通过自动故障切换或实时数据同步，保证在最短时间内恢复业务。对于部分关键业务，可以做到几乎无中断或“0 RTO”。

（3）TCO

业务级容灾的 TCO 最高，因为它需要大量的软硬件投入和维护成本。例如，双活数据中心、实时数据同步、高可用的应用架构以及专业的灾备团队，都是业务级容灾所需的核心资源。此外，业务级容灾还需要较高的运营和管理成本，以确保整个系统具备冗余和高可用性。

不同容灾级别的对比见表 3-3。

表 3-3　不同容灾级别的对比

容灾级别	定义	RTO	TCO
数据级容灾	聚焦于数据的保护与恢复，保证数据的完整性	长，几小时至数天	低，主要是存储和备份成本
应用级容灾	包括应用和数据的恢复，确保应用系统快速恢复	中，数小时到一天	中，涉及更多的硬件和应用软件成本
业务级容灾	涵盖业务系统、数据、应用、硬件和业务流程的全面恢复	短，几分钟至几小时，甚至“0 RTO”	高，涉及双活数据中心等高投入

3.1.6 可用性设计理论

KRE 是华为内部 IT 领域常用的一种系统高可用性设计方法，旨在通过有效的冗余设计，确保系统在面对故障时仍能稳定运行。KRE 通过对关键系统和业务环节的审视、规划和落地，帮助 IT 人员设计出既经济又高效的冗余机制，消除单点故障，确保业务连续性。

如图 3-2 所示，KRE 框架通过三大关键问题（KQ）引导 IT 人员进行全面的系统评估和改进。

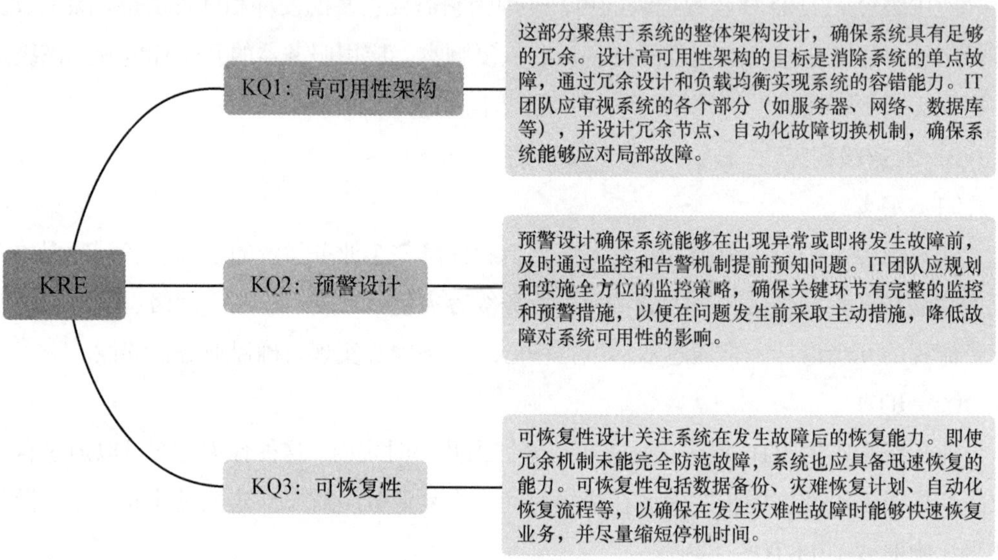

图 3-2 KRE 框架

通过 KRE 的三大问题分析，IT 团队能够系统性地识别现有架构中的单点故障及潜在风险，并提出改进方案。每个问题环节的深入审视和优化有助于形成完整的高可用性设计，最终实现业务的连续性与稳定性。

3.2 高可用性设计原则

3.2.1 高可用性设计考虑的因素

在云计算时代，高可用性是企业 IT 架构中的核心要素之一，它直接关系到业务的连续性和用户满意度。设计一个高可用的云上系统，需要从系统可用性、数据可用性、安全性以及运维可用性 4 个维度进行综合考量。以下是对这 4 个方面的深入分析与策略建议。

1. 系统可用性

系统可用性是高可用性设计的核心目标，旨在确保系统在任何情况下都能提供持续的服务。为了实现系统可用性，设计时需要重点考虑以下几个方面。

（1）冗余设计

冗余是消除单点故障的关键。通过在系统的各个层次（如计算节点、网络设备、负载均衡器等）设计冗余，确保任何一部分发生故障时，其他部分能够接管工作，保证服务不中断。云上高可用性架构通常采用多区域、多可用区部署，以防止区域级别的故障。

（2）自动故障切换

当系统某一部分出现故障时，自动故障切换机制能够迅速将工作负载转移到冗余的备用资源上。云平台通常提供自动化的故障切换服务，如华为云的自动故障检测与恢复机制。这不仅缩短了停机时间，还能确保服务对用户保持高可用性。

（3）负载均衡

在云上，负载均衡能够将流量均匀地分配到多个服务器或实例上，避免某一节点的过载或故障导致系统中断。负载均衡器不仅提升了系统的可用性，还能优化性能，确保用户获得一致的访问体验。

2. 数据可用性

在云上，数据的可用性同样至关重要。数据的丢失或损坏会对业务造成不可逆的影响，因此，保障数据在任何时间、任何情况下都可以访问是高可用性设计的关键之一。

（1）数据冗余与复制

云平台提供的数据冗余功能可以将数据自动复制到多个存储节点或数据中心。例如，云存储服务（如华为云 OBS）通过多副本存储确保数据在不同的地理位置均有备份，这样即使某个存储节点或区域发生故障，用户也能从其他区域访问数据。

（2）快照与备份策略

定期地快照和备份数据是确保数据安全与可用的重要手段。设计时需要根据数据的重要性，确定适当的备份频率与保留策略。此外，备份数据应存储在异地或跨区域的数据中心，以确保在区域性灾难中也能够恢复数据。

（3）分布式数据库与一致性

在高可用性设计中，分布式数据库通过将数据分布到多个节点，确保单个节点故障不会影响整体服务。为了在高可用性和一致性之间取得平衡，系统可以根据业务需求采用不同的一致性策略，如强一致性、最终一致性等，以适应不同的业务场景。

3. 安全性

高可用性设计不仅要保证系统和数据的持续可用性，还必须确保系统在发生故障或异常时，安全机制能够有效运行，防止系统在恢复过程中暴露于潜在的威胁中。

（1）统一身份认证与授权

在设计高可用性系统时，统一身份认证管理（IAM）和授权机制必须具备高可用性。云服务中的 IAM 服务通常支持分布式部署，确保用户在多个区域的认证请求都能得到及时处理，避免认证系统故障导致业务停摆。

（2）安全审计与日志

为了在故障或攻击发生时能够快速定位问题，安全审计和日志记录必须保持高可用性。即使系统出现部分故障，日志采集、监控和审计系统也应持续工作，以确保任何异常行为都能够被及时发现并处理。

（3）数据加密与安全传输

数据在传输和存储过程中应始终进行加密，以防止在故障或迁移过程中被截获或泄露。云平台通常提供内置的加密服务，如 KMS（密钥管理服务），以确保数据即使在跨区域或跨节点时传输，仍然安全。

4. 运维可用性

即使设计了冗余架构和完善的安全机制，云上系统的高可用性还需要依赖于高效的运维能力。运维可用性指的是在系统出现问题时，能够快速监控、诊断并恢复系统的能力。

（1）自动化运维与监控

高效的自动化运维是云上高可用性的重要保障。云平台提供了许多自动化工具，如自动扩展、自动恢复、自动打补丁等。这些工具可以在系统负载增加或出现故障时，自动采取相应的行动，减少人工干预的时间和错误风险。

（2）实时监控与告警

实时监控是确保高可用性的重要手段。通过监控系统性能、资源使用情况、应用健康状态等，运维团队可以及时发现潜在问题。告警系统应设计得足够灵敏，确保故障或性能下降能够及时通知相关人员，并且应支持冗余告警通道，避免告警系统本身的故障导致问题被忽视。

（3）运维恢复与流程管理

系统的可恢复性直接影响高可用性目标的实现。设计中应制定详细的运维恢复计划，其中包括应急响应、系统恢复流程和灾难恢复演练。定期的灾难恢复演练能够确保在发生灾难时，团队能够迅速、高效地执行恢复流程，最大程度地缩短停机时间。

综上所述，云上高可用性设计需要从系统可用性、数据可用性、安全性和运维可用性 4 个关键维度全面考虑。每个维度的设计与优化都对整体高可用性至关重要。通过合理的冗余架构、强大的监控与预警机制、健全的安全措施，以及高效的自动化运维，企业可以在云上构建一个高度可靠、稳定的业务环境，确保即使面对突发故障或灾难，仍能保持业务的连续性。

3.2.2　高可用性设计方案

在高可用性设计中，设计的核心目标是确保系统在发生故障、自然灾害或其他不可预见事件时，能够持续运行并迅速恢复业务。为了达到这个目标，企业通常使用多种容灾和备份方案。华为云提供跨云容灾、云上容灾和跨云备份 3 种主要的高可用性设计方案。

1. 跨云容灾

跨云容灾是针对用户本地 IT 系统应用上云容灾的整体解决方案，向用户提供容灾方案咨询、应用容灾、虚拟化容灾、数据库容灾、按需演练等容灾技术与服务；并且通过云服务化的方式，有效解决用户成本高、容灾难、演练难的困扰，为用户业务保驾护航。

跨云容灾时，用户的 IT 系统（即应用和数据库）部署在本地数据中心，容灾系统部署在公有云。跨云容灾适用于企业为提升数据库和应用的可靠性，在故障发生时通过切换保证业务正常运行的场景。

（1）跨云容灾的主要特点

① 高可靠性：多个云服务提供商（如华为、腾讯、阿里）互为备份，规避单个云服务商出现故障的风险。

② 异构性挑战：不同云平台的技术栈、API 和网络架构不同，需要定制化的解决方案来确保系统兼容。

③ 全球化部署：可以在不同的地理区域或国家实现全球范围的业务覆盖，降低区域性灾难的影响。

（2）跨云容灾的实现技术

① 云间网络互联：使用云互联技术（如云专线或 VPN）将不同云平台连接在一起，确保数据传输的稳定性和低时延。

② 多活架构：多个云平台同时运行相同的业务，通过负载均衡器动态分配流量，确保即使一个云平台故障，其他平台也能无缝接管。

③ 自动化故障切换：利用自动化工具（如 Terraform、Kubernetes）在故障发生时自动切换到其他云平台。

（3）跨云容灾的主要优势

1）节约成本

① 无须自建机房，基础设施免运维。

② 资源按需购买，业务弹性伸缩。

③ 数据压缩传输，降低网络开销。

2）优质服务

① 兼容传统 IT 架构，降低业务迁移难度。

② 提供多种容灾方案选择（热备容灾、冷备容灾、数据库容灾）。

③ 统一容灾管理，一键容灾演练。

3）全栈容灾技术

① 覆盖网络、存储、数据库、虚拟化、应用等多层次容灾。

② 生态合作伙伴完善，提供多样化的容灾服务。

4）优异的兼容性

① 支持主流操作系统。

② 支持主流虚拟化平台。

③ 支持主流数据库。

（4）跨云容灾的应用场景

1）数据库容灾

本地数据中心上的数据库，可能存在物理损坏导致数据不可用、病毒入侵破坏数据等情况，从而造成数据库的破坏。跨云容灾可在云端快速恢复数据，确保数据的真实和可靠，使业务系统正常运行。

如果只对数据库进行容灾，则采用此场景。

2）冷备容灾、热备容灾

本地数据中心上的应用，面临着各种意外的挑战，比如突然断电、物理损坏等，从而造成应用系统不可用。跨云容灾可在云端快速恢复应用系统，保证业务的顺利进行。

如果同时对应用和数据库进行容灾，则采用此场景。

① 数据库进行主备容灾，应用的容灾系统所使用的云服务器平时处于运行状态，为热备容灾。

② 数据库进行主备容灾，应用的容灾系统所使用的云服务器平时不启动，为冷备容灾。

3）跨云容灾的业务场景的对比

跨云容灾的业务场景的对比见表 3-4。

表 3-4 跨云容灾的业务场景的对比

容灾场景	容灾的项目	适用场景
热备容灾	对数据库和应用容灾	适用于对容灾可靠性要求较高的应用级容灾场景
冷备容灾	对数据库和应用容灾	适用于对 RTO 要求不高且对 TCO 有一定要求的应用级容灾场景
数据库容灾	仅对数据库容灾	适用于仅数据库容灾，不要求对应用进行容灾的场景

（5）跨云容灾的能力指标

跨云容灾的能力指标见表3-5。

表3-5 跨云容灾的能力指标

容灾场景	RPO	RTO
热备容灾	分钟级或小时级	小时级
冷备容灾	分钟级	小时级
数据库容灾	秒级	分钟级

注：RPO以时间单位（如秒、分钟、小时、天）来衡量，代表从最近一次数据备份到灾难发生之间可能丢失的数据量对应的时间窗口。

2. 云上容灾

云上容灾解决方案涵盖跨AZ容灾、跨Region容灾和云上两地三中心三大容灾场景。其提供的跨Region容灾与两地三中心容灾服务，可满足企业对跨地域容灾场景的诉求，有效预防地震、台风、海啸等自然灾害造成的事故。

（1）云上容灾的主要特点

① 较低的复杂性：依赖于同一云服务提供商的资源，无须处理多供应商的技术差异。

② 较低的成本：因为使用同一平台的内部网络和区域，网络带宽和管理成本相对较低。

③ 供应商锁定风险：由于所有服务都托管在一个云平台上，如果该供应商出现大范围故障（例如某个数据中心的故障），则会面临较大的服务中断风险。

（2）云上容灾的实现技术

① 区域间复制：使用云服务提供商的区域间复制服务（如华为云OBS、IMS跨区域复制），确保数据在不同区域之间保持一致性。

② 自动故障转移：利用云服务商提供的故障转移工具（如DNS故障切换、负载均衡）实现当某个区域发生故障时自动切换至其他区域。

③ 自动备份与恢复：使用云服务商的备份与恢复工具（如云备份、云服务器备份）来保证数据的快速恢复。

（3）云上容灾的主要优势

① 高可靠：跨AZ容灾，RPO等于0；两地三中心容灾，有效地应对地域灾害所导致的系统灾难。

② 低成本：不需额外购买第三方容灾软件；主系统正常运行时，容灾系统不需要启

动计算资源，有效降低成本。

③ 易演练：一键式演练，图形化操作；资源弹性使用，演练完即释放。

④ 易适配：存储层容灾与系统架构无关，无须对不同的应用系统使用不同的容灾技术，有效简化方案。

（4）云上容灾的应用场景

1）跨 AZ 容灾

将容灾系统部署在同一 Region 的另外一个 AZ 中，当业务系统所在的 AZ 发生故障时，将业务切换到容灾系统上。

在此情况下，两个 AZ 都在同一个城市，优点是网络切换时延低，数据同步速度快（RPO 等于 0，RTO 小于 30min）；不足的是，在极端异常情况下，同一城市的整个数据中心发生故障时，无法起到容灾的作用。

2）跨 Region 容灾

将容灾系统部署在另外一个 Region 的 AZ 中，当业务系统发生故障时，将业务切换到容灾系统上。在此情况下，业务系统和容灾系统部署在不同的城市，可靠性会更高；不足的是，网络切换时延和数据同步方面的性能会低于跨 AZ 容灾。

3）云上两地三中心

结合跨 AZ 同步复制能力和 OBS 跨 Region 能力，云上两地三中心方案可有效地应对超大规模地域级别的灾害，提高数据的可靠性和业务的连续性。

在此情况下，业务系统和容灾系统分别部署在不同的 Region，其中业务系统部署在同一 Region 的不同 AZ 上，容灾系统部署在另外 Region 的 AZ 上。该方案可通过跨 AZ 的复制能力，提升业务系统的可靠性，同时又通过跨 Region 的容灾能力，有效应对地域性灾难。

4）云上容灾的业务场景的对比

云上容灾的业务场景的对比见表 3-6。

表 3-6　云上容灾的业务场景的对比

容灾场景	容灾的项目	适用场景
跨 AZ 容灾	应用和数据库	云上同城容灾，适用于要求 RPO=0 的场景
跨 Region 容灾	应用和数据库	云上异地容灾，适用于要求对地域性灾难提供可靠性的场景
云上两地三中心	应用和数据库	同时兼顾业务持续性和地域性灾难恢复两个方面，是跨 AZ 容灾和跨 Region 容灾方案的结合

（5）云上容灾的能力指标

云上容灾的能力指标见表 3-7。

表 3-7　云上容灾的能力指标

容灾场景	RPO	RTO
跨 AZ 容灾	0	＜30min
跨 Region 容灾	＞30min	＞4h
云上两地三中心	同一 Region 内，RPO=0； 跨 Region，＞30min	同一 Region 内，＜30min； 跨 Region，＞4h

注：RPO 以时间单位（如秒、分钟、小时、天）来衡量，代表从最近一次数据备份到灾难发生之间可能丢失的数据量对应的时间窗口。

3. 跨云备份

跨云备份是指用户的数据存储在本地数据中心，可结合备份与归档软件，以及华为云基础服务，将本地数据备份或归档到云上，从而实现安全、经济、易管理的数据保护。

该方式适用于企业为提升数据可靠性，在故障发生后可快速通过备份的数据恢复业务的场景。在该场景下，企业为了降低成本，简化备份管理时，可将数据备份和归档到公有云上。

（1）跨云备份的主要特点

① 数据安全性提升：通过将数据备份到不同的云平台，规避了单一云服务商故障或数据丢失的风险。

② 成本相对较低：与跨云容灾相比，跨云备份的实时性要求较低，不需要进行复杂的跨云同步和数据复制，因此成本较低。

③ 恢复时间较长：由于只是备份而不是实时运行，故障发生后需要一定的时间将数据从备份平台恢复到生产平台，恢复时间可能较长。

（2）跨云备份的实现技术

① 跨平台数据传输：使用 API、脚本或数据同步工具，将数据从一个云平台定期备份到另一个云平台。

② 定期制定备份计划：根据业务需求，设置定期的自动备份计划，确保数据在两个平台之间同步，并保留不同时间点的备份。

③ 异地恢复计划：确保在主云平台出现重大故障时，能够从备份的云平台快速恢复业务。

（3）跨云备份的主要优势

1）TCO 明显降低

- 无须建设或租赁异地数据中心。
- D2C 场景，无硬件设备，免硬件维护。
- 存储服务化，按需申请，按量付费。
- 删除重复数据，节省带宽与空间。

2）提高业务可靠性和连续性

- 企业数据中心的数据异地备份，更安全。
- 细粒度恢复，RTO 可达分钟级。
- 公有云存储，多数据中心部署，具备“11 个 9”系统持久性。
- 多重数据加密，保障核心资产安全。

3）运维更简单，扩容更迅捷

- 一套备份软件统一管理云上/云下的备份业务。
- 计算、存储、网络资源按服务购买，无须专人运维。
- 资源按需分配，自动扩展，无须关心设备扩容。
- 轻松备份，用户可将精力集中在业务管理上。

（4）跨云备份的应用场景

① 本地数据备份上云：适用于中小企业数据量较小（5TB 以内）时，将线下的数据备份到云上；可根据实际资源满足情况，将备份软件安装在线下或云上。

② 数据分级备份上云：适用于大企业数据量较大（5TB 以上）时，将线下的数据进行相应的去重、压缩后，备份上云。

③ 云内测试及演练恢复：适用于需要定期使用业务数据进行测试、数据挖掘且没有额外预算在本地构建测试系统；或有异地容灾需求但没有额外预算构建异地容灾中心的场景。

综上所述，华为云混合云灾备解决方案，能够为用户提供多云以及跨云的容灾备份能力，满足企业业务部署、数据保护和管理的综合需求，实现“多云备份，云上容灾”的多重基础保障，有效提高企业业务连续性，保障关键数据安全可靠。

3.2.3 高可用性设计方案举例

1. 跨云容灾（热备容灾）

跨云容灾（热备容灾）的架构如图 3-3 所示。该架构适用于对容灾可靠性要求较高的应用级容灾场景。

正常工作时，业务系统和容灾系统都正常运行并对外提供业务，当业务系统发生故障时，容灾系统会通过 AS 服务弹性扩展出更多的资源来支撑业务运行。因为容灾系统一直运行并提供服务，容灾可靠性高。

该架构的方案实现如下。

① 通过 DNS 服务将用户的访问流量灵活引流。当业务系统正常时，将流量引流到业务系统；当业务系统不正常时，将流量引流到容灾系统。

② 应用服务器的数据同步：Web 服务和其他应用服务更新频率不高时，可在业

务系统更新的同时对容灾系统进行更新，并对应用服务器进行镜像。如果更新频繁，则可通过第三方软件，对应用的数据进行同步；容灾系统在日常工作中启动但不承担业务。

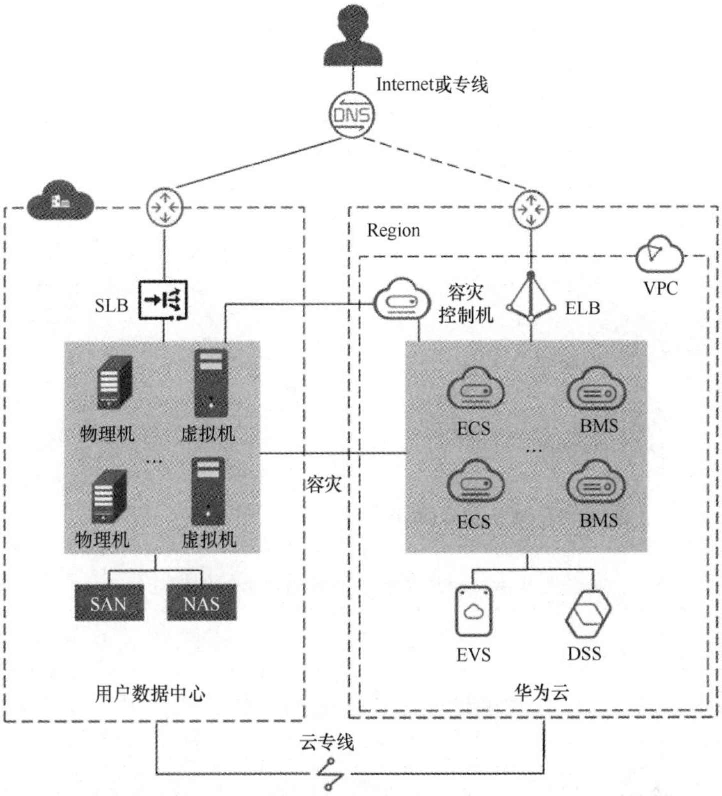

图 3-3　跨云容灾（热备容灾）的架构

③ 数据库的数据同步：数据库进行主备容灾，可以通过数据库原生的复制技术进行数据同步，也可以用第三方软件对数据库进行复制。

④ 容灾切换：当业务系统发生故障时，可通过人工方式或通过第三方软件，进行数据库主备切换，并将用户的访问流量全部引流到容灾系统。

⑤ 容灾演练：租户可自行通过人工方式和使用脚本的方式进行容灾演练，或基于第三方软件进行容灾演练。

2. 云上容灾（跨 Region）

云上容灾（跨 Region）的架构如图 3-4 所示。该架构适用云上异地容灾，可防止地域性质的灾难损害。

在该方案下，业务系统和容灾系统部署在不同的城市，可靠性更高。在平时业务系统正常运行时，容灾系统中的云服务器不启动，能够有效地降低容灾成本，同时提供一键容灾切换与演练功能，有效降低容灾管理难度。

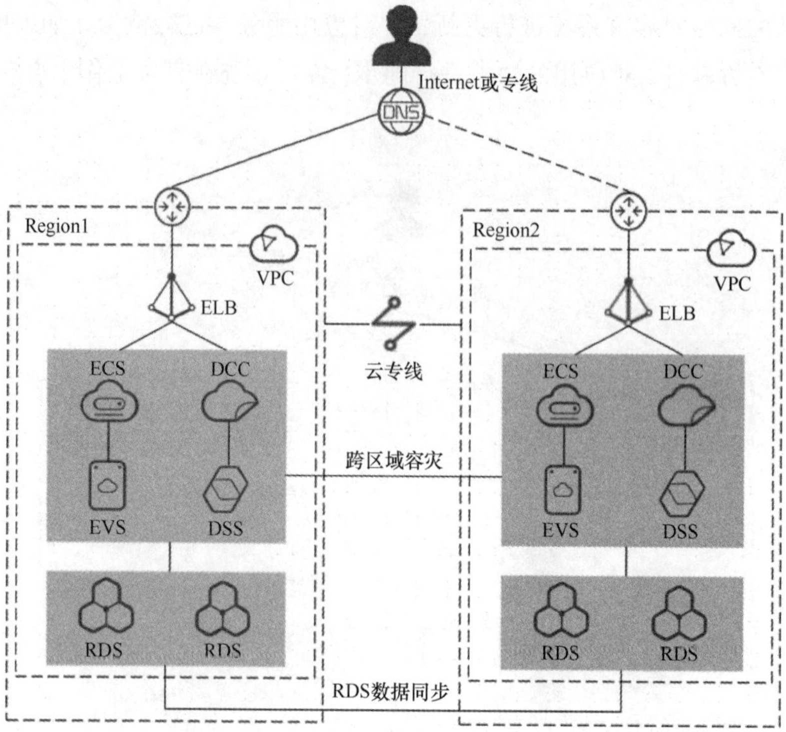

图 3-4　云上容灾（跨 Region）的架构

该架构的方案实现如下。

① 通过 DNS 服务，将用户的访问流量引流到业务系统；当业务系统不正常时，将流量引流到容灾系统。

② 应用服务器的数据同步：Web 服务和其他应用服务通过第三方工具进行数据的同步复制。业务系统正常运行时，容灾系统中的云服务器不启动。

③ 数据库的数据同步：使用 RDS 作为数据库，跨 Region 主备部署，跨 Region 数据同步。

④ 容灾切换：当业务系统发生故障时，可通过人工方式或通过第三方软件，切换数据库的主备状态；DNS 将用户的访问流量全部引流到容灾系统。

⑤ 容灾演练：用户可自行通过脚本方式或第三方工具进行容灾演练。

3. 跨云备份（本地数据备份上云）

跨云备份的架构如图 3-5 所示。该方案适用于中小企业数据备份上云（数据量在 5TB 以内）的场景。

在该方案下，业务系统和容灾系统部署在不同的城市，可靠性更高。在平时业务系统正常运行时，容灾系统中的云服务器不启动，能够有效地降低容灾成本，同时提供一键容灾切换与演练功能，有效地降低容灾管理难度。

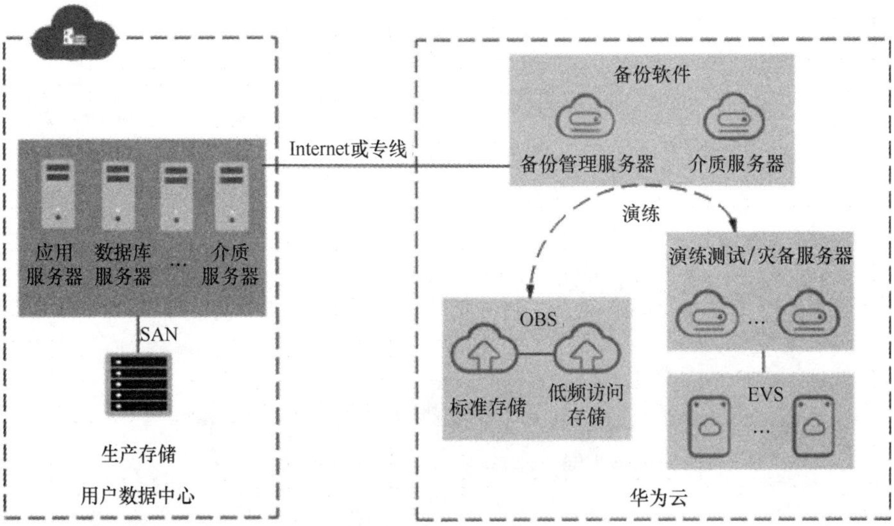

图 3-5　跨云备份的架构

该架构的实现方案如下。

① 介质服务器可部署在用户数据中心或云上，备份管理服务器部署在云上，备份所使用的 Agent 部署在用户数据中心的各服务器上。

② 备份 Agent 抓取数据后由本地部署的介质服务器重删和压缩、加密后备份至 OBS。

第 4 章
云上安全性设计

本章主要内容

4.1　云上安全概述

4.2　云上安全性设计

本章聚焦于云上安全治理的关键内容，旨在为企业构建安全、合规、可信赖的云环境提供全面的理论框架与实践方案。首先，我们将介绍华为云的 3CS 安全治理模型，系统阐述云上安全治理的全方位策略，其中包括云基础设施的安全保护、数据隐私保障及业务连续性管理。

在此基础上，责任共担模型将被详细解读，帮助企业明确云服务提供商与使用者在安全责任上的划分，确保双方在安全管理中职责清晰、高效协同。接着，安全管理组织的架构设计将为企业提供实践指导，帮助企业在内部建立强有力的安全管理体系，以应对云上复杂多变的安全威胁。

本章还将深入介绍华为云的 IAM 解决方案，解析如何通过身份和权限管理来实现安全、灵活的访问控制。除此之外，针对网络安全、数据安全、主机安全、Web 应用安全以及漏洞管理等具体领域，我们将分别介绍多种防护方案，包括网络安全防护方案、数据安全防护方案、主机安全服务（HSS）防护方案、Web 应用防火墙（WAF）防护方案以及漏洞管理服务防护方案等。

最后，CES（云监控服务）、CTS（云审计服务）、LTS（云日志服务）与 CBH（云堡垒机）解决方案的综合使用，将展示如何通过监控、审计和管控手段，全面提升企业的云安全能力，保障业务的可持续发展。通过这些内容，读者将能够掌握云上安全治理的核心理念与实践方法，从而为企业构建更具防护力和应变能力的云安全体系。

【知识图谱】

本章知识架构如图 4-1 所示。

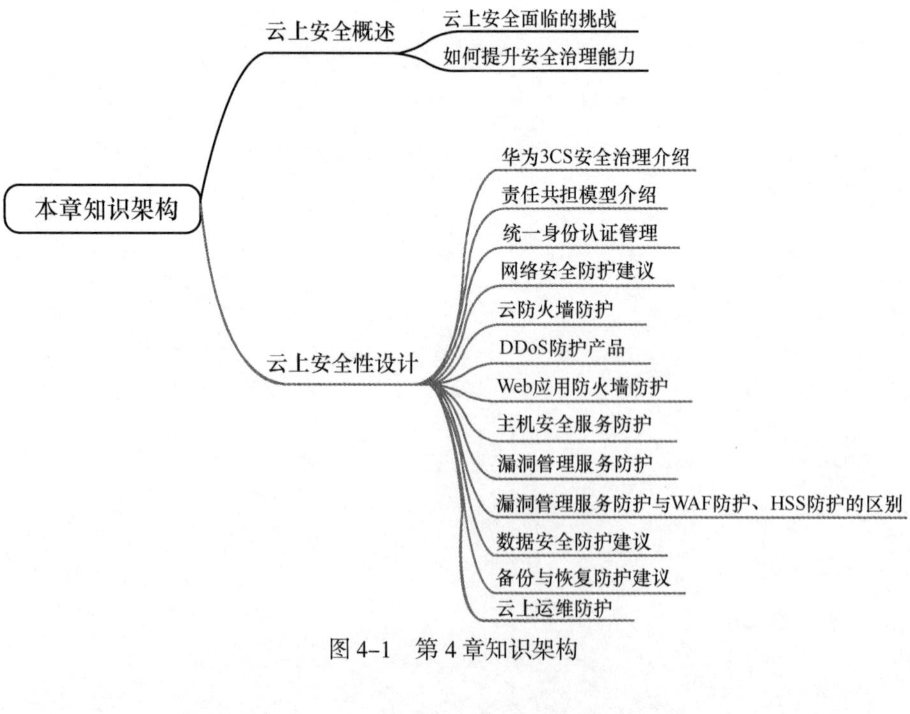

图 4-1 第 4 章知识架构

4.1　云上安全概述

4.1.1　云上安全面临的挑战

随着越来越多的企业将业务迁移到云端，安全问题变得愈加严峻。云上安全面临的挑战复杂多样，读者通过对云上安全挑战的理解，可以帮助企业更好地应对和管理云端环境的安全风险。

（1）共享责任模型带来的复杂性

在云服务中，安全责任由云服务提供商和企业用户共同承担。华为云等提供商负责基础设施的安全，而企业用户负责其数据、应用和虚拟资源的安全。然而，企业往往对责任的边界了解不清晰，导致安全事件发生时可能无法正确判断责任方。例如，若企业忽略了对应用层的安全监控或对数据加密的管理，就容易造成安全漏洞。

（2）数据隐私与合规性

数据隐私和合规性是云上安全的重要方面。全球各地对数据保护的法规要求不同，企业在跨国运营时，如何确保数据在不同国家传输、存储和处理时满足相关法规要求，是一项巨大的挑战。此外，企业在云上存储的数据往往会跨国流动，因此合规管理的复杂性也大大增加。

（3）身份与访问管理的复杂性

随着企业在云上部署越来越多的应用，用户、设备和服务的权限管理变得更加复杂。在动态的云环境下，传统的静态权限模型往往难以适应，从而增加了管理的难度。例如，权限授予过度或管理不到位可能导致恶意行为者获取不必要的访问权限，进而危害系统安全。

（4）多租户环境下的隔离风险

云服务提供商通常采用多租户架构，即多个用户共享同一物理基础设施。尽管云服务提供商提供了虚拟化技术来隔离各个租户的资源，但如果隔离机制设计或配置不当，就会造成安全漏洞，从而导致攻击者通过漏洞跨越租户边界，访问到其他租户的数据。

（5）数据泄露和安全事件的威胁

数据泄露是企业在云端面临的一个重大风险。数据在云上通常分布在不同的数据中心，并通过网络传输，如果未经过适当的加密保护，那么很容易被攻击者窃取。与此同时，企业在配置云存储或数据库服务时，如果权限设置不当（如错误地将存储桶设置为公开访问），也会造成数据泄露。

（6）DDoS 攻击和网络安全威胁

云的弹性架构虽然能帮助企业应对流量高峰，但也使其成为 DDoS（分布式拒绝服务）

攻击的目标。攻击者利用大量的虚假请求占用云资源，耗尽服务，使其无法为合法用户提供服务。此外，传统网络安全威胁（如恶意软件、钓鱼攻击等）仍在云环境下普遍存在。

（7）内部威胁

内部威胁不仅来源于恶意员工，还可能来自对云上系统配置的误操作。例如，员工的权限管理不当可能导致敏感数据被内部人员滥用或外泄。此外，未经授权的内部访问也可能导致系统故障或数据损坏。

（8）云服务商的安全控制的透明性不足

企业用户往往依赖云服务商提供的安全控制，但这些控制措施的透明性较低，使企业难以全面了解其数据和应用的安全状况。尤其是在多云或混合云环境中，企业需要整合来自不同云平台的安全控制措施，这就增加了管理的复杂性。

（9）快速发展的攻击技术

攻击者的技术不断演进，云上资源的开放性和规模使其成为攻击者攻击的主要目标。攻击手段从传统的漏洞利用和数据窃取，发展到资源滥用、勒索软件等定制化攻击。云环境资源弹性大、复杂度高，使得企业往往难以及时响应这些新兴的攻击手段。

综合上述，面对云上安全的复杂挑战，企业不仅需要依赖云服务提供商提供的基础设施安全，还需在自身的业务逻辑、数据保护和操作层面采取有效的安全措施（包括加强身份与访问管理、数据加密、实时监控和自动化安全策略配置等）。只有通过云服务商和企业的共同努力，才能有效地防御这些安全威胁，确保云端环境的安全与稳定运行。

4.1.2 如何提升安全治理能力

云环境具有高度的抽象化特性，与传统的 IT 基础设施有着本质的区别。在传统的本地环境中，企业对于 IT 基础设施的管理是直接且直观的。企业的 IT 团队可以深入硬件设备、网络连接以及软件运行的各个环节，清晰地掌握数据是如何在内部网络中流动的（各种资源如服务器、存储设备的使用情况，以及整个系统的安全状况）。每一个环节仿佛都是在眼皮底下进行的，一切都处于可预见、可掌控的状态。

然而，当企业将业务迁移到云端后，那种传统的直接管理方式变得不再适用。云服务提供商在背后提供了一系列复杂的基础设施和服务架构，这些对于企业来说就像是一个黑匣子。企业会担忧，在这个看似无形的“云”中，数据到底流向了哪里？资源是否被合理使用？安全是否得到了切实的保障？这种无法像在本地环境中那样实时掌握各种关键信息的状况，让企业在潜意识里认为云是一种不可见、不可控的存在。

这种认知上的障碍，恰似一道无形的鸿沟，横亘在企业与云环境之间，使得众多企业对上云的决策犹豫不决。毕竟，对于企业来说，失去对关键业务元素的可见性和控制，就如同在黑暗中摸索前行，充满了不确定性和风险。

那么，如何跨越这一障碍呢？答案在于企业需要从提升安全治理能力这个关键切入点入手。安全治理能力就像是一把万能钥匙，能够帮助企业开启云环境下的可见性和控制之门。通过多种手段的综合运用，企业能够逐步加强对云端环境的把握。例如，借助先进的监控工具，企业可以实时监测数据的流向和流量大小，从而清晰地了解数据在云端的活动轨迹；利用资源管理平台，详细统计资源的使用情况，确保资源分配合理且高效；运用完善的安全防护机制，从网络安全、数据安全等多个维度全面保障云端的安全状况。

接下来的章节，我们将详细介绍华为云安全治理框架。华为云作为云计算领域的重要参与者，其安全治理框架无疑为企业在解决云环境下的可见性和控制问题提供了一套极具参考价值的解决方案。通过深入了解华为云安全治理框架，企业有望找到适合自身的方法，打破上云的疑虑，在云环境中实现安全、高效的业务运营。

4.2　云上安全性设计

4.2.1　华为 3CS 安全治理介绍

目前业界广泛接受的云安全管理体系，大多基于传统安全概念来划分安全管理领域。但业界通用的安全管理框架难以满足华为云的治理需求。为了实现全面高效的安全与隐私保护合规治理，华为云以业界 16 个主流的全球安全标准为参考基础，同时融合了 30 年安全运营管理经验和技术积累，打造了云原生安全治理框架——服务网络安全与合规标准（Cloud Service Cybersecurity &ComplianceStandard，3CS）。3CS 体系的基础理念基于云服务各业务模块的流程，划分相应的安全控制领域，使安全控制要求得以嵌入云服务管理流程中，同步确保安全管理责任清晰明确、可度量、可追溯。

3CS 体系帮助华为云充分利用了其全球合规治理经验，大大提升了获得法规及行业标准认证的效率，从而实现了全面高效的安全治理，持续提升云服务可信能力。

在“3CS”框架中，各种安全控制活动可被划分为三大版块，涵盖云服务安全治理、云服务管理支撑、数据中心运营、云基础架构、云平台运维、云服务产品安全、安全运营、商业运营 8 个领域，如图 4–2 所示。

第一大版块涵盖“云服务安全治理”与“云服务管理支撑”两个领域。“云服务安全治理”领域包含了企业进行安全治理的各种职能，从确定安全战略与规划、安全管理组织到基于风险进行安全管理规划、高度重视数据安全和隐私保护的专项治理、持续执行评估与审计，形成了可持续优化的云安全治理循环机制。“云服务管理支撑”领域包含了人员安全管理、办公环境与设施安全、供应商安全管理、资产管理、业务连续性及灾难恢复计划管理等管理职能，为企业提供了通用的运营管理支持。云服务安全治理流程集对全公司的网络安全和隐私保护管理进行控制和指导，并结合云服务管理支撑流程集对各业务领域的安全管理提供支持。

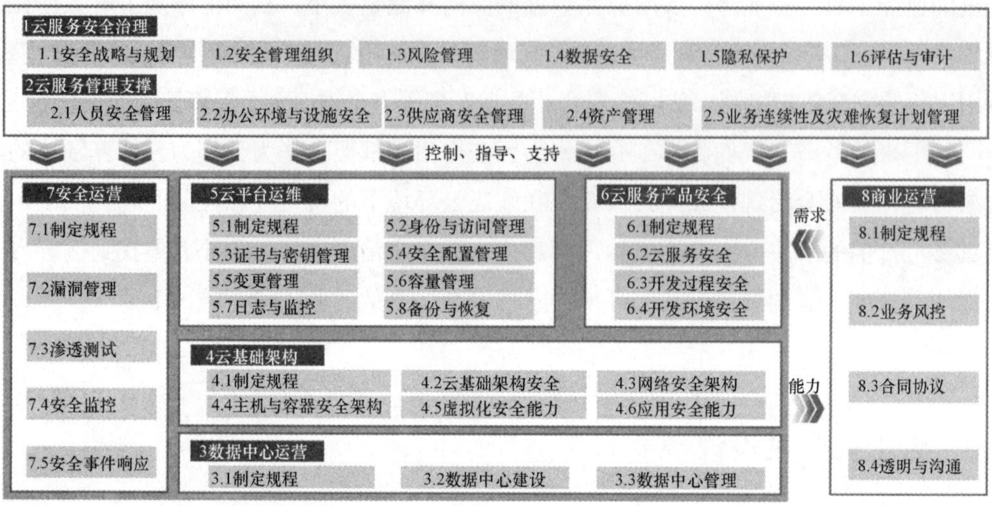

图 4-2 云服务网络安全与合规标准框架

第二大版块包括“数据中心运营”“云基础架构”“云平台运维”“云服务产品安全”“安全运营”5 个领域。企业的云平台及服务能力可由数据中心建设与运营、云基础架构的构建与运维、云产品的开发与运营、安全漏洞管理与攻击防护等一系列活动来实现。围绕这些活动流程的各个环节，识别需要进行安全控制的节点，明确需要采取的安全控制措施，企业便可根据不同的 IT 职能模块以及相应的管理流程集，划分出与云服务安全能力相关的 5 个领域。这 5 个领域之间有明确的分工，共同协力打造安全可靠的云计算服务能力。

第三大版块对应“商业运营”领域。技术部门提供云计算能力，商业运营部门则负责将这些能力向用户推广和交付，并且从用户中收集对云服务能力的新需求，促使技术部门提升云服务能力，以此不断推动企业云服务水平的提升。在进行业务运营的过程中，相关业务部门需要注意规避相关的业务安全与合规风险。“商业运营”领域明确了对云服务提供商业运营过程中需采取的控制措施，指导业务部门以安全、合规的方式向用户传递云服务的商业价值。

华为 3CS 安全治理体系的优势如下。

（1）与云服务各业务流程紧密结合

华为 3CS 体系能够深度集成到云服务的各个业务流程中，确保安全治理不是独立的操作，而是与业务运营紧密结合。这样不仅可以在业务执行的每个环节提升安全性，还能确保安全措施在实际运作中高效且无缝地进行。

（2）可审核、可追溯、可度量、长效优化

3CS 体系具备可审计、可追溯和可度量的能力，意味着所有的安全操作、事件和流程都能被有效记录和追踪，提供了强大的透明性。这为安全合规性提供了有力的支持，同时也为企业持续改进其安全策略奠定了基础，实现了安全治理的长效优化。

（3）参考多套主流安全管理标准，博采所长

3CS 体系在设计过程中，参考了全球主流的安全管理标准（如 ISO 27001），结合多种标准的优势，形成了一个全面而灵活的安全治理框架。这种做法确保了体系的兼容性和通用性，能够适应不同企业和行业的多样化需求。

（4）融入华为 30 年安全管理经验和技术积累

3CS 体系依托于华为 30 年来在信息安全管理和技术方面的深厚积累，将企业多年在全球范围内的安全管理实践经验融入其中。这样的经验积累不仅体现在技术层面，还包括对行业和用户需求的深刻理解，确保体系在实际应用中更加成熟和稳健。

整体而言，华为云安全治理框架通过一系列相互关联的措施和流程，构建了一个多层次、全方位的安全防护体系，旨在为用户提供安全、可靠、高效的云服务。

4.2.2　责任共担模型介绍

云安全责任共担模型明确划分了云服务商（CSP）与租户的职责：CSP 保障底层基础设施（物理数据中心、网络、虚拟化层）以及所提供云服务（IaaS、PaaS、SaaS）平台本身的高可用性、韧性与基础安全；租户则负责其云上工作负载（OS、应用、数据、配置）的安全。现代云数据中心采用用户中心化设计，提供纵深防御能力，具备全面、多维度、可定制、组合式的安全特性，覆盖基础设施至应用数据层。华为云通过深度集成的安全服务（如 WAF、HSS 等），支持租户按需配置高级安全策略（入侵防御、数据加密等），并借助无缝编排与自动化能力（策略下发、威胁响应）实现高效、安全运维闭环，从而提升整体安全态势。

华为云根据业界广泛的实践对责任共担模型进行了定义，如图 4–3 所示。

在图 4–3 中，深色部分由华为云负责，浅色部分由租户负责。华为云负责提供安全的云服务，租户负责云服务的内部安全和安全使用。

① 数据安全：对租户在华为云中的业务数据进行安全管理，包括数据完整性认证、数据加密、访问控制等。

② 应用安全：对华为云中支撑运维和用户业务的应用服务进行安全管理，包括应用的设计、开发、发布、配置和使用。

③ 平台安全：华为云微服务、管理、中间件等平台的安全管理，包括设计、开发、发布、配置、使用等。

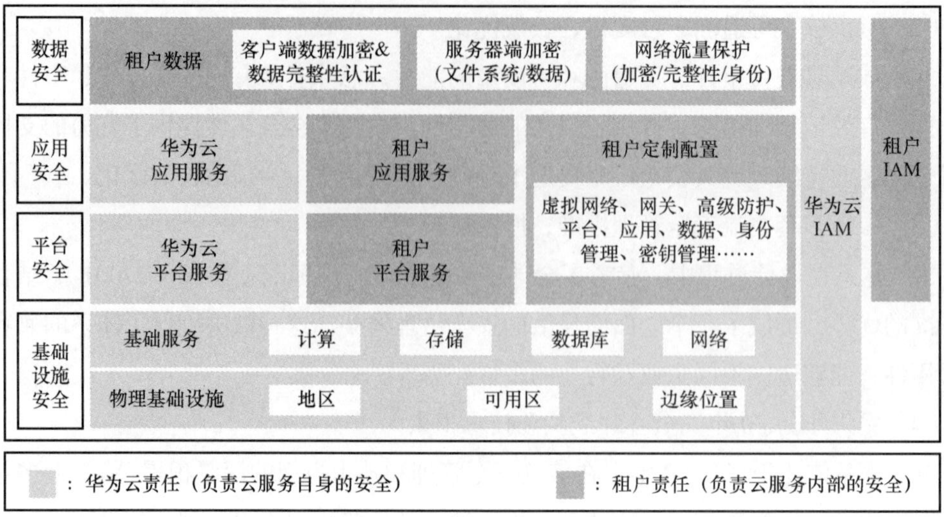

图 4-3　责任共担模型

④ 基础服务：华为云提供的计算、网络、存储的安全管理，包括云计算、存储、数据库等业务的底层管理（如虚拟化控制层）和使用管理（如虚拟机管理），以及虚拟网络、负载均衡、安全网关、VPN、专线等管理。

⑤ 物理基础设施：华为云区域、可用区、终端机房和环境的安全管理，包括物理服务器和网络设备的管理。

华为云的主要任务是研发并运维华为云数据中心的物理基础设施，华为云提供的各项基础服务、平台服务和应用服务，也包括各项服务内置的安全功能。同时，华为云还负责构建物理层、基础设施层、平台层、应用层、数据层和 IAM 层的多维立体安全防护体系，并保障其运维安全。

租户的主要责任是在租用的华为云基础设施与服务之上定制配置并且运维其所需的虚拟网络、平台、应用、数据、管理、安全等各项服务（包括对华为云服务的定制配置和租户自行部署的平台、应用、用户身份管理等服务）。同时，租户还负责其在虚拟网络层、平台层、应用层、数据层和 IAM 层的各项安全防护措施的定制配置、运维安全以及用户身份的有效管理。

4.2.3　统一身份认证管理

在现代企业的云端管理中，统一身份认证管理（IAM）解决方案为用户身份和权限提供了精细化的管理机制，确保在整个用户生命周期中，各类账户的访问权限能够得到严格控制和动态调整。通过 IAM 系统，企业可以基于不同的业务需求，针对用户的角色进行权限分配，从而确保只有经过授权的用户才能访问相应的资源与应用。IAM 资源分配如图 4-4 所示。

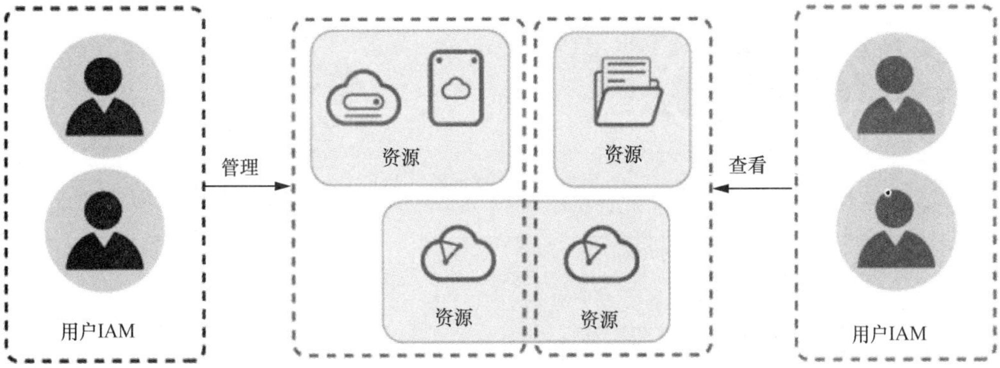

图 4-4　IAM 资源分配

IAM 系统涵盖了从用户创建到删除的全生命周期管理，包括入职、授权、转岗、离职等场景。在用户入职或角色变化时，IAM 可以自动或手动为其分配相应的权限，并根据岗位调整规则进行权限修改或转移。当用户离职时，系统能够通过一键操作清除其权限，或禁用其账户，确保不再存在任何未授权访问的风险。

此外，IAM 解决方案支持与企业的现有系统进行账户同步，实现跨平台、跨应用的统一管理，并提供全面的审计和记录功能，保证操作可追溯、可审核。这种高效、智能的身份管理机制，不仅增强了企业的安全防护能力，还显著提升了运营效率，确保企业在云环境中安全高效地管理用户身份和资源访问权限。

IAM 防护建议如下。

① 严格根据人员职责分配 IAM 账号，禁止所有用户统一使用 admin 权限，以避免误操作导致的资源删除、配置修改等隐患。

② 开启 IAM 登录保护功能，启用账号多因子认证登录方式，除需提供用户名和密码验证外，还需提供验证码进行二次身份验证，从而确保账户登录安全。

③ 开启 IAM 的敏感操作保护功能，用户在执行敏感操作时（如删除弹性云服务器、弹性 IP 解绑等），将通过虚拟 MFA（多因素认证）、手机短信或邮件等方式再次确认操作者的身份，从而进一步提升账号安全性。

④ 禁止 Console 平台管理员账户开启 AK/SK 凭证，避免因 AK/SK 泄露带来的安全隐患。

4.2.4　网络安全防护建议

虚拟私有云（VPC）服务为企业提供了隔离、安全、可自主配置的云上网络环境，如图 4-5 所示，可帮助企业简化网络部署并提升资源安全性。为了最大化保障 VPC 内的资源安全，以下是一些推荐的防护措施。

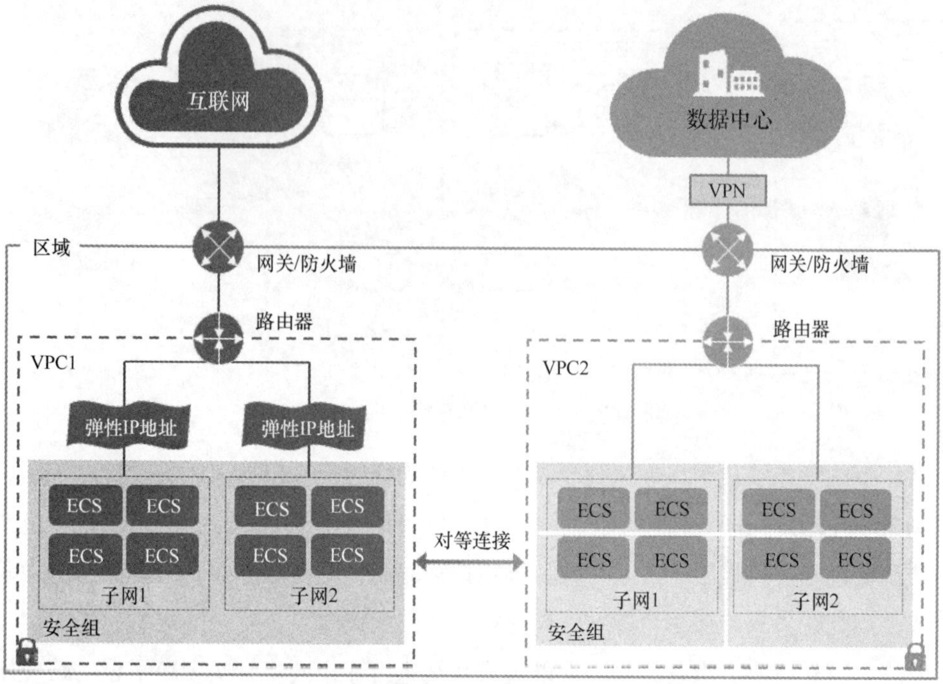

图 4-5 VPC 架构

① 不同部门的业务系统应划分至不同的 VPC 中，各 VPC 之间默认隔离，确保部门间的资源隔离性。企业可根据业务需求启用 VPC 对等连接，并在路由配置中严格限制源、目的地址，采用 32 位掩码，以提高网络访问的精确度和安全性。同时，建议启用 VPC 的流日志记录功能，通过日志记录检查安全组和网络 ACL（访问控制列表）规则下的业务流量，监控是否有可疑活动，并进行网络攻击分析。

② 将同一部门的不同业务系统进一步划分成不同的子网，确保不同业务间的地址规划相互独立，避免地址空间混用。同一 VPC 内，子网间的网络默认互通。为了保证不同业务系统间的权限控制，建议为不同的子网配置不同的子网 ACL 策略，并根据每个子网的业务需求严格控制网络访问权限，从而确保业务间的网络安全得到有效保障。

③ VPC 还提供了多项不同 OSI 层的网络安全防护功能，租户可以根据其在华为云上的网络安全需求定制配置。其中，对整个华为云和每个租户的 VPC 的网络安全都至关重要的非网络 ACL 和安全组这两款安全功能莫属。

通过这些防护措施，企业可以更加有效地管理其云上网络环境，确保 VPC 内资源的安全性和业务的连续性。

4.2.5 云防火墙防护

云防火墙（CFW）是新一代的云原生防火墙，提供云上互联网边界和 VPC 边界的防护，支持按需弹性扩容，可为用户业务上云提供网络安全防护的基础服务。其具体安全功能包括 VPC 间边界防护、访问控制策略、入侵防御策略、病毒防御、流量分析、系统管理等。

CFW 具备以下功能。

① 互联网边界防护：用于检测云资产与互联网之间的通信流量（即南北向流量）。

② VPC 间边界防护：用于检测和控制两个 VPC 间的流量通信，提供 VPC 之间资产保护、访问控制、全流量分析和入侵防护。

③ 访问控制策略：配置合适的访问控制策略能有效地对内部服务器与外网之间的流量进行精细化管控，防止内部威胁扩散，增加安全战略纵深。

④ 入侵防御策略：用户可以配置入侵防御模式，选择防御模式为仅检测并记录日志，或对攻击流量进行自动拦截。CFW 具备防病毒及勒索检测能力，支持 0day 攻击检测，可为用户提供基础防御功能；结合多年攻防实战积累的经验规则，可针对访问流量进行检测与防护；可覆盖常见的网络攻击并有效保护用户的资产。基础防御主要进行检查威胁及漏洞扫描，检测流量中是否含有网络钓鱼、特洛伊木马、蠕虫、黑客工具、间谍软件、密码攻击、漏洞攻击、SQL 注入攻击、XSS 跨站脚本攻击、Web 攻击，是否存在协议异常、缓冲区溢出、可疑 DNS 活动及其他可疑行为。

⑤ 病毒防御：通过病毒特征检测来识别和处理病毒文件，避免由病毒文件引起的数据破坏、权限更改和系统崩溃等情况发生，有效地保护用户的业务安全。病毒防御功能支持检测 HTTP、SMTP、POP3、FTP、IMAP4、SMB 等协议类型。

⑥ 流量分析：可以对所有出入 Internet 边界和 VPC 间的流量进行分析。

通过这些功能，CFW 为企业提供了全面且强大的网络安全防护能力，确保云端业务在受到复杂攻击时依然能保持高效、安全运行。

4.2.6　DDoS 防护产品

针对 DDoS 攻击，华为云提供多种安全防护方案，用户可以根据实际业务选择合适的防护方案。华为云 DDoS 防护服务提供了 DDoS 原生基础防护（Anti-DDoS 流量清洗）、DDoS 原生高级防护和 DDoS 高防 3 个子服务，如图 4-6 所示。其中，Anti-DDoS 流量清洗为免费服务，DDoS 原生高级防护和 DDoS 高防为收费服务。

DDoS 防护在企业重要业务连续性方面提供了有力保障。当用户的服务器遭受大流量 DDoS 攻击时，DDoS 防护可以保护用户业务持续可用。DDoS 防护通过高防 IP 代理源站 IP 对外提供服务，将恶意攻击流量引流到高防 IP 进行清洗，确保重要业务不因被攻击而中断。DDoS 防护服务于华为云、非华为云及 IDC 的互联网主机。

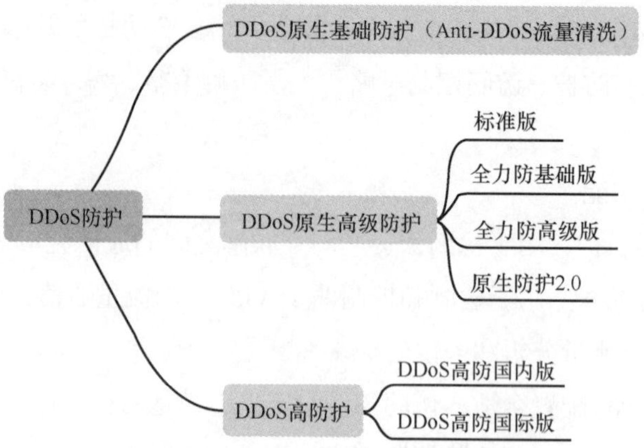

图 4-6 DDoS 防护产品分类

DDoS 防护具备以下功能。

① 免费 DDoS 攻击防护：华为云默认开启 Anti-DDoS，为普通用户免费提供 2Gbit/s 的 DDoS 攻击防护，最高可达 5Gbit/s（具体视华为云可用带宽情况）。该免费服务可以满足华为云弹性公网 IP（IPv4 和 IPv6）较低的安全防护需求。

② 高级 DDoS 攻击防护：DDoS 原生高级防护是华为云推出的针对华为云 ECS、ELB、WAF、EIP 等云服务的安全服务，直接提升了 DDoS 防御能力，防护能力不低于 20Gbit/s。

③ 自助解封封堵 IP：对进入封堵状态的防护 IP，用户可以使用自助解封配额提前解封黑洞。

④ 流量封禁：DDoS 原生高级防护和 DDoS 高防支持一键封禁 UDP（用户数据报协议）和海外访问源流量。

⑤ IP 黑白名单：DDoS 原生高级防护和 DDoS 高防支持通过配置 IP 黑名单或 IP 白名单来封禁或者放行访问的源 IP。

通过这些功能，华为云 DDoS 防护方案能够为各类云服务提供可靠的防护，帮助企业在遭受 DDoS 攻击时确保业务的连续性和安全性。

4.2.7 Web 应用防火墙防护

WAF 通过对 HTTP(S)请求进行检测、识别并阻断 SQL（结构化查询语言）注入、跨站脚本攻击、网页木马上传、命令/代码注入、敏感文件访问、第三方应用漏洞攻击、CC 攻击、恶意爬虫扫描、伪造跨站请求等攻击，保护 Web 服务安全稳定。

在 WAF 管理控制台添加用户网站并将其接入 WAF，即可启用 WAF。启用之后，用户网站所有的公网流量都会先经过 WAF，恶意攻击流量在 WAF 上会被检测过滤，而正常流量返回给源站 IP，从而确保源站 IP 安全、稳定、可用。

WAF 支持云模式-CNAME 接入、云模式-ELB 接入和独享模式 3 种部署模式。

WAF 具备以下功能。

① Web 基础防护：覆盖 OWASP（开放式 Web 应用程序安全项目）中常见的安全威胁，通过预置丰富的信誉库，对漏洞攻击、网页木马等威胁进行检测和拦截。

② WebShell 防范：华为云 WAF 通过对 HTTP(S)传输通道的内容检测，对各种类型的 WebShell 进行检测和阻断，用户可以一键启用该功能，防止其给业务带来的危害。

③ CC 攻击防护：CC 攻击（应用层 DDoS 攻击的一种）会占用大量的业务资源，影响正常业务体验。华为云 WAF 可基于 IP、Cookie 和 Referer 信息对用户进行标识，并通过灵活的阈值配置，精准识别 CC 攻击以及有效缓解 CC 攻击。

④ 自定义精准控制：用户可以通过华为云 WAF 提供的接口，设置自定义的检测规则，包括自定义的黑/白 IP 名单、用户代理黑名单、网站反爬虫规则、防敏感信息泄露规则及其他更复杂的检测规则。

⑤ 隐私过滤：可避免在 WAF 的事件日志中出现涉及用户隐私的信息，如用户名及密码等。用户可灵活自定义过滤规则，实现隐私过滤。

⑥ 集中管理：在后端对 WAF 节点进行集中管理，如策略下发、事件日志的查看处理等。

⑦ IPv6 防护：Web 应用防火墙支持 IPv6/IPv4 双栈，针对同一域名可以同时提供 IPv6 和 IPv4 的流量防护。

⑧ 内容安全检测：基于丰富的违规样例库和内容审核专家的经验，通过机器审核与人工审核结合的方式，帮助用户准确检测出 Web 网站和新媒体平台上的关于涉黄、涉赌、涉毒、暴恐、违禁等敏感违规内容，并提供文本内容纠错审校，帮助用户降低内容违规风险。

通过这些强大的功能，WAF 能够提供全面的、智能的 Web 防护应用，帮助企业有效抵御各种 Web 攻击和潜在威胁，保障业务系统的安全、稳定和高效运行。

4.2.8　主机安全服务防护

主机安全服务（HSS）是以工作负载为中心的安全产品，旨在满足现代混合云、多云数据中心基础架构中服务器工作负载的独特保护要求。它集成了主机安全、容器安全和网页防篡改功能。

HSS 具备以下功能。

① 主机资产指纹采集：提供主机资产指纹采集功能，支持采集主机中的端口、进程、Web 应用、Web 服务、Web 框架和自启动项等资产信息。

② 容器资产指纹采集：提供容器资产指纹采集功能，支持采集容器的账号、端口、进程、集群、服务和工作负载等资产信息。

③ 基线检查：提供基线检查功能，主动检测主机中的口令复杂度策略以及关键软件

中含有风险的配置信息，并针对所发现的风险为用户提供修复建议，帮助用户正确地处理服务器内的各种风险配置信息；检测系统口令复杂度策略、经典弱口令、风险账号，以及常用系统与中间件的配置，识别不安全因素，预防安全风险。

④ 漏洞管理：提供漏洞管理功能，检测 Linux 漏洞、Windows 漏洞、Web-CMS 漏洞、应用漏洞，提供漏洞概览（包括主机漏洞检测详情、漏洞统计、漏洞类型分布、漏洞 TOP 5 名单和风险服务器 TOP 5 名单），帮助用户实时了解主机漏洞情况。

⑤ 容器镜像安全：扫描镜像仓库与正在运行的容器镜像，发现镜像中的漏洞、恶意文件等并给出修复建议，帮助用户得到一个安全的镜像。应用防护：为运行时的应用提供安全防御。用户无须修改应用程序文件，只需将探针注入应用程序，即可为应用提供强大的安全防护能力。当前只支持操作系统为 Linux 的服务器，且仅支持 Java 应用接入。

⑥ 入侵监测：具备账户暴力破解、进程异常、网站后门、异常登录、恶意进程等入侵检测能力，用户可通过事件管理全面了解入侵检测告警事件，及时发现资产中的安全威胁，实时掌握资产的安全状态。

⑦ 恶意程序隔离查杀：采用先进的 AI、机器学习等技术，并集成多种杀毒引擎，深度查杀主机中的恶意程序。开启“恶意程序隔离查杀”后，HSS 对识别出的后门、木马、蠕虫等恶意程序，提供自动隔离查杀功能，帮助用户自动识别处理系统存在的安全风险。

⑧ 勒索病毒防护：支持已知勒索病毒检测能力，支持自定义勒索备份恢复策略。

⑨ 文件隔离箱管理：主机安全可对检测到的威胁文件进行隔离处理，被成功隔离的文件会添加到“主机安全告警”的“文件隔离箱”中，无法对主机造成威胁。被成功隔离的文件一直保留在文件隔离箱中，用户也可以根据自己的需要进行一键恢复。

⑩ 文件完整性管理：检查操作系统、应用程序软件和其他组件的文件，确定它们是否发生了可能遭受攻击的更改，同时，能够帮助用户通过 PCI-DSS 等安全认证。文件完整性管理功能是使用对比的方法来确定当前文件状态是否不同于上次扫描该文件时的状态，利用这种对比来确定文件是否发生了有效或可疑的修改。

⑪ 自定义安全策略：HSS 旗舰版提供灵活的策略管理能力，用户可以根据需要自定义安全检测规则，并可以为不同的主机组（或主机）应用不同的策略，以满足不同应用场景的主机安全需求。

⑫ 容器集群防护：支持在容器镜像启动时检测其中存在的不合规基线、漏洞和恶意文件，并可根据检测结果对未授权或含高危风险的容器镜像运行进行告警和阻断。用户可根据自身业务场景灵活配置容器集群防护策略，加固集群安全防线，防止含有漏洞、恶意文件和不合规基线等安全威胁的镜像部署到集群，从而降低容器生产环境的安全风险。

⑬ 集群 Agent 管理：如果用户想要为 CCE 集群或自建 K8s 集群下的所有容器开启安全防护，可以通过集群 Agent 管理功能为集群安装 Agent，使用该功能后，后续集群节点或 Pod 扩容时，无须用户手动安装 Agent。

⑭ 双因子认证：结合短信/邮箱验证码，对云服务器登录行为进行二次认证，增强云服务器账户的安全性。

具体防护建议如下。

（1）风险预防

① 漏洞检测与修复：利用 HSS 扫描 Linux、Windows 系统以及 Web-CMS 软件的漏洞，及时修复发现的漏洞，避免攻击者利用漏洞进行横向渗透。同时，HSS 支持批量漏洞修复，加快修复进程。

② 弱口令检测：HSS 可以检测云主机中 MySQL、FTP 及系统账号的弱口令问题，建议提升口令复杂度，以降低账号被攻击的风险。

③ 风险配置修复：HSS 可发现并提示修复 Tomcat、SSH、Nginx、Redis 等服务的风险配置，防止因配置不当引发安全事件。

④ 风险账号检测：针对非 root 账号拥有管理员权限等问题，HSS 能够及时发现并修复，以防止攻击者利用这些漏洞入侵系统。

（2）入侵检测

优化 HSS 的高危命令监控规则，针对攻击者常用命令进行补充，提升针对操作系统和应用程序关键文件的监控能力。

（3）自动化运维

建议启用 HSS 的自动告警功能，确保在攻击事件发生时，运维人员能够及时收到通知并作出应对，提升响应效率。

4.2.9 漏洞管理服务防护

漏洞管理服务是针对网站、主机、移动应用、软件包或固件进行漏洞扫描的一种安全检测服务，目前提供通用漏洞检测、漏洞生命周期管理以及自定义扫描多项服务。扫描成功后，该服务提供扫描报告详情，用于查看漏洞明细、修复建议等信息。

漏洞管理服务具备以下功能。

① Web 网站扫描：采用网页爬虫的方式全面深入地爬取网站 URL，并结合多种不同能力的漏洞扫描插件，模拟用户真实浏览场景，逐个深度分析网站细节，帮助用户发现网站潜在的安全隐患。同时，该扫描工具内置了丰富的无害化扫描规则，以及扫描速率动态调整能力，可有效避免用户网站业务受到影响。

② 主机扫描：经过用户授权（支持账密授权）访问用户主机，漏洞管理服务能够自

动发现并检测主机操作系统、中间件等版本漏洞信息和基线配置，实时同步官网更新的漏洞库以匹配漏洞特征，帮助用户及时发现主机安全隐患。

③ 移动应用安全：对用户提供的安卓、鸿蒙应用进行安全漏洞、隐私合规检测，基于静态分析技术，结合数据流静态污点跟踪，检测权限、组件、网络、App 等基础安全漏洞，并提供详细的漏洞信息及修复建议。

漏洞管理服务通过其全面的漏洞扫描功能，为网站、主机和移动应用提供了强有力的安全保障。无论是通过网页爬虫技术深度分析网站细节，还是通过实时同步漏洞库来检测主机安全，或者通过静态分析技术检测移动应用的基础安全漏洞，漏洞管理服务都能够有效地帮助用户发现并修复潜在的安全隐患，从而提升整体系统的安全性和可靠性。

4.2.10 漏洞管理服务防护与 WAF 防护、HSS 防护的区别

漏洞管理服务支持主机和 Web 漏洞扫描，从攻击者的视角扫描漏洞，提供详细的漏洞分析报告，并针对不同类型的漏洞提供专业可靠的修复建议。HSS 是提升主机整体安全性的服务，通过安装在主机上的 Agent 守护主机安全，全面识别并管理主机中的信息资产。

漏洞管理服务中的主机漏洞扫描与 HSS 的区别如下。

① 漏洞管理服务功能：远程漏洞扫描工具，不用部署在主机上，包括 Web 漏洞扫描、操作系统漏洞扫描、资产及内容合规检测、安全配置基线检查等功能。从类似黑盒的外部视角，对目标主机网站等进行扫描，发现暴露在外的安全风险。

② HSS 功能：终端主机安全防护工具，部署在主机上，包括资产管理、漏洞管理、基线检查、入侵检测、程序运行认证、文件完整性校验、安全运营、网页防篡改等功能，注重的是运行在主机上的业务的安全防护。

WAF 防护是对网站业务流量进行多维度检测和防护，降低数据被篡改、失窃的风险。

漏洞管理服务、HSS、WAF 的主要区别见表 4-1。

表 4-1 漏洞管理服务、HSS、WAF 的区别

服务名称	所属分类	防护对象	功能差异
漏洞管理服务	应用安全、主机安全	提升网站、主机整体安全性	• 多元漏洞检测 • 网页内容检测 • 网站健康检测 • 基线合规检测 • 主机漏洞扫描

续表

服务名称	所属分类	防护对象	功能差异
HSS	主机安全	提升主机整体安全性	• 资产管理 • 漏洞管理 • 入侵检测 • 基线检查 • 网页防篡改
WAF	应用安全	保护 Web 应用程序的可用性、安全性	• Web 基础防护 • CC 攻击防护 • 精准访问防护

华为云提供的漏洞管理服务、HSS 以及 WAF 服务，可帮助用户全面从网站、主机、Web 应用等层面防御风险和威胁，提升系统安全指数。建议 3 个服务搭配使用。

4.2.11　数据安全防护建议

为了确保企业在云端业务的安全性，数据安全防护应从安全审计、访问控制以及数据加密 3 个方面进行系统性保障。具体建议如下。

（1）安全审计

① 数据库安全防护：所有涉及云上业务的自建或云数据库应开启 DBSS（数据库安全服务）防护，以确保数据库安全防御。

② 高危操作监控：建议配置自定义安全规则，针对数据库中的高危操作（如库删除、表删除等命令）进行实时监控，及时预警和处理。

③ 日志记录与溯源：启用 OBS 桶日志记录功能，记录外部请求的访问日志，为核心文件的访问提供操作溯源，以提升权限管理的透明度。

（2）访问控制

① 限制数据库外部访问：禁止数据库直接绑定 EIP 对公网开放，避免通过 ELB 或 NAT 网关直接对外提供访问权限。

② 严格控制网络权限：通过安全组严格限制数据库的访问权限，确保仅业务系统的应用服务器通过非 root 权限进行访问，禁止除云堡垒机内网 IP 地址外的其他主机以 root 身份登录数据库。

③ 管理员权限管理：数据库管理员权限仅能通过堡垒机访问，所有操作需通过工单审批并记录，保证对数据库操作的可追溯性和合规性。

（3）数据加密

① 传输加密：建议启用 SSL（安全套接字层）加密连接，确保 MySQL 数据库中的

数据加密传输，防止敏感信息在传输过程中泄露。

② 核心数据加密：对于核心业务数据，建议开启 OBS、MySQL 以及云硬盘的服务端加密功能，确保数据在上传、下载和存储过程中的安全性，避免未经授权的访问。

通过这些措施，企业可以实现对数据库和数据访问的严格控制、全面的日志审计与溯源，并通过加密手段有效保障数据在传输和存储中的安全性，从而构建起坚实的云端数据防护体系。

4.2.12 备份与恢复防护建议

数据备份是确保业务连续性和数据安全的重要防线。为提高云上数据的可靠性和灾难恢复能力，建议实施以下备份措施。

① 数据库备份：确保 RDS、DDS、DCS 实例已启用自动备份功能，RDS 默认每天进行自动备份，从而保障数据的可靠性。

② 跨区域复制：针对核心文件的 OBS，建议开启跨区域复制功能，将数据自动复制到不同区域，增强核心数据的容灾能力。

③ 数据库审计备份：建议开启 DBSS 审计的自动备份功能，确保在安全事件发生时，有详细记录可供查证。

④ 云硬盘备份：对于核心业务系统的主机，建议启用 VBS 进行云硬盘的在线备份，防范病毒入侵、人为误删或硬件故障等情况，并能够快速恢复到任意备份点。

⑤ 云服务器备份：为核心业务系统主机启用 CSBS（云服务器备份），确保云服务器所有硬盘的一致性在线备份，保障在故障或数据丢失时快速恢复业务。

通过这些措施，企业能够有效地提升数据的可靠性和安全性，确保在突发事件或发生故障的情况下，数据和业务能够迅速恢复。

4.2.13 云上运维防护

1. 云监控服务

云监控服务（CES）为用户提供一个针对弹性云服务器、带宽等资源的立体化监控平台。CES 提供实时的监控告警、通知以及个性化报表视图，可帮助用户精准掌握业务资源状态。需要强调的是，CES 的监控对象是基础设施的资源使用数据，不监控租户数据。

具体防护建议如下。

① 所有主机安装 CES 客户端，并根据业务可能存在的增量设置阈值，之后通过 CES 对云上主机的资源使用率进行实时监控，其中包括内存、CPU、读写速率等。

② 配置 CES 站点监控指标：网站业务可用性小于 95%时，则需要及时响应是否受

到攻击、网络等情况造成的站点服务不可用。

CES 能够有效地实时监控云上资源的使用情况，及时告警并响应异常，确保业务资源稳定运行和网站服务的高可用性。

2. 云审计服务

云审计服务（CTS）为用户提供一个针对云资源操作的安全审计和追踪平台。CTS 能够记录用户在云上进行的操作日志，帮助用户了解资源操作的详细信息，提升安全合规性。CTS 提供了对云资源操作行为的全面审计、实时追踪以及日志存储功能，确保用户可以及时掌握并追溯操作历史。需要强调的是，CTS 主要用于记录操作日志，不涉及数据内容的监控。

具体安全建议如下。

① 启用 CTS：确保所有云资源的操作日志都能被记录，并配置日志的保存周期，以满足审计要求。

② 定期审查日志：根据业务需求，定期检查关键资源的操作日志，及时发现并处理潜在的安全威胁或异常操作。

③ 配置告警通知：对于敏感操作（如删除、修改关键资源），设置告警规则，确保在发生异常操作时能够快速响应。

通过 CTS，用户能够有效地审计和追踪对云资源的操作行为，提升业务资源安全性并确保合规性，有助于快速排查和处理潜在的安全风险。

3. 云日志服务

云日志服务（LTS）为用户提供一个针对云上资源和应用程序日志的集中化管理平台。LTS 能够收集、存储、分析和检索日志，帮助用户快速定位问题和优化系统性能。LTS 可提供实时日志监控、智能分析、日志告警以及定制化的报表功能，确保用户能够全面掌握日志信息并快速响应异常。需要强调的是，LTS 侧重于日志数据的管理和分析，不直接干预用户的业务数据。

具体使用建议如下。

① 启用日志收集：将所有重要的云资源和应用程序接入 LTS，集中管理日志并设定存储周期，以满足不同场景的审计与分析需求。

② 设置告警阈值：针对关键日志内容设定告警规则（例如错误日志或异常操作日志），确保及时响应潜在风险。

③ 日志分析与优化：通过 LTS 的日志分析功能，定期检查性能指标和异常日志，以发现潜在的系统性能瓶颈或安全隐患。

通过 LTS，用户能够高效管理和分析日志数据，及时发现并响应系统异常，从而确保云资源和应用程序的安全性与稳定性。

4. 云堡垒机

云堡垒机（CBH）为用户提供一个安全的云资源访问和管理平台。CBH 通过统一管控与审计功能，确保用户在访问和运维云上服务器时的安全性与合规性。CBH 提供多重身份验证、操作审计、权限管理等功能，防止未经授权访问并保障运维操作的可追溯性。需要强调的是，CBH 主要对服务器的远程运维操作进行保护，不涉及业务数据的直接操作。

具体防护建议如下。

① 所有主机运维通道严格控制在云堡垒机侧，通过 ACL、安全组进行内网网络权限控制，只允许云堡垒机内网 IP 地址访问主机、数据库等资产的管理端口。

② 云堡垒机开启多因子认证方式登录，建议采用“用户名+密码+短信验证码”的方式登录，以防范密码泄露导致的运维权限丢失的风险。

③ 云堡垒机开启工单审批功能，运维人员通过提工单的方式申请访问权限，并严格控制访问目的范围以及访问时间。

④ 通过云堡垒机对高危命令进行控制，重点针对提权、登录、创建账号等权限进行封堵。

CBH 服务能够有效地保障云资源的安全访问与运维操作的合规性，及时记录和审计操作行为，确保云运维过程安全、可控并符合安全要求。

第5章 云上性能设计

本章主要内容

本章将聚焦于云上性能设计的关键内容，旨在帮助企业在云计算环境中构建高效、稳定的业务系统。首先，我们将探讨为什么需要云上性能设计，以及如何衡量云上系统的性能高低，帮助读者理解在资源弹性与快速扩展的云环境中，性能优化的重要性及其对业务的直接影响。

接下来，本章将详细阐述云上性能优化的具体实现方式。我们将介绍性能调优的基本流程，以及如何通过华为云提供的性能测试工具进行性能测试。随后，华为云应用性能优化流程的详细解析，将展示如何在实际场景中发现并解决性能瓶颈，最终实现系统性能的全面优化。

在此基础上，本章还将深入探讨针对高并发和低时延业务的性能设计方案。通过对常见性能瓶颈的分析，我们将提供针对性的优化方案，帮助企业在云上应对复杂的业务场景。此外，性能测试与监控的全流程设计，将展示如何通过持续的测试和监控，确保系统的长期高效运行。

通过以上内容，读者将能够全面掌握云上性能设计的核心理念与实践方法，从而为企业构建一个弹性、高效、稳定的云上业务架构。

【知识图谱】

本章知识架构如图 5-1 所示。

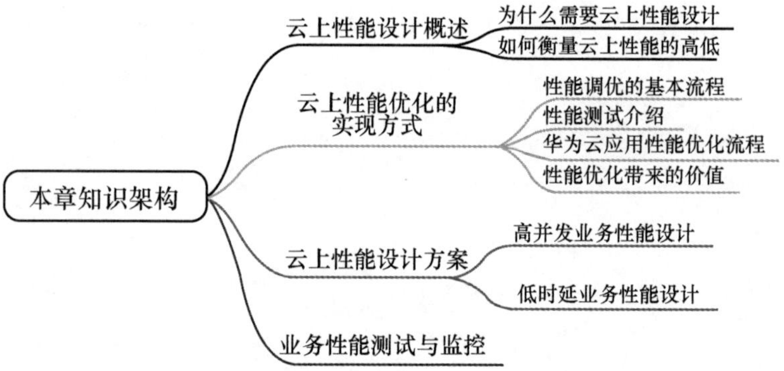

图 5-1　第 5 章知识架构

5.1　云上性能设计概述

5.1.1　为什么需要云上性能设计

在云计算环境中进行性能设计是确保系统在复杂、多变的云端场景中高效、稳定运行的关键环节。随着企业越来越多地依赖云平台提供的计算、存储和网络资源，性能设计的优劣直接影响到系统的响应速度、扩展能力、成本控制以及用户体验等多个维度。下面将详细阐述云上需要性能设计的几个主要原因。

（1）按需扩展与灵活性

云计算的核心优势之一是能够动态调整资源，按需扩展或缩减。这要求在设计时必须考虑性能因素，确保系统能够应对各种规模的负载。没有合理的性能设计，系统可能在负载激增时无法及时扩展，导致服务响应变慢甚至中断；在负载下降时，未能及时释放多余资源，则会导致增加不必要的成本。

性能设计不仅可保证应用能应对当前的需求，还可以让系统具备弹性，能够快速响应流量变化。例如，应用在高峰时段需要自动扩展更多计算实例，而在低峰期则可以自动释放这些资源，从而减少浪费。这种弹性设计在电商大促、直播等高峰流量场景尤为重要。

（2）优化成本管理

在云上，资源的使用量直接与成本挂钩。如果没有良好的性能设计，系统可能会因资源配置不当导致过高的成本。性能设计通过优化计算、存储和网络资源的分配，帮助企业在性能和成本之间找到最佳平衡点。例如，通过使用合适的实例类型、缓存优化和数据库调优，既能提高系统性能，又能避免资源浪费。

（3）高可用性与容灾能力

云平台提供了跨区域、多可用区的架构部署，这为系统的高可用性和容灾设计提供了基础。性能设计的一个重要目标是确保系统在发生部分故障时能够迅速恢复或维持正常运行。例如，系统可以通过跨区域部署来防止某一特定区域的故障影响整体服务。这种性能设计不仅确保了响应时间，还提高了系统的可靠性和服务连续性。

（4）提升用户体验

性能设计直接关系到用户体验，尤其是在处理大量用户请求时，系统的响应速度和稳定性至关重要。通过良好的性能设计，应用可以在高并发的情况下依然保持快速响应，从而提升用户满意度。这对于需要实时响应的应用（如金融交易、实时游戏、视频流媒体等）尤为重要。

（5）应对突发流量和业务增长

云端应用常常需要应对不可预测的突发流量，比如促销活动、病毒式传播内容或新闻热点。如果没有事先进行性能设计，系统可能在流量激增时出现瓶颈或死机，影响业务的正常运行。性能设计可以通过自动扩展、负载均衡等手段，确保系统能够及时响应这些突发流量。

（6）满足服务等级协议要求

云服务通常会通过服务等级协议（SLA）与用户明确系统的可用性和性能指标。如果系统设计无法达到 SLA 的要求，可能会导致企业赔偿和声誉受损。性能设计是确保系统能够持续满足 SLA 要求的关键，通过监控、预警和优化，保障服务质量。

（7）确保数据安全与合规

性能设计不仅要关注速度和效率，还需要确保系统在高负载下能够保证数据的安全性和隐私安全。这包括在数据传输和存储过程中对性能的优化，同时也需确保符合行业和法律法规的要求。例如，在高流量时段，如何在不影响加密性能的情况下处理大量数据是一个重要的设计考量。

综上所述，云上性能设计不仅是为了提升系统的速度和效率，更是为了确保系统能够应对复杂多变的业务场景，并且具备弹性、稳定性和成本效益。一个优秀的性能设计能够帮助企业在提升用户体验的同时，降低运营成本，减少风险，并为未来的扩展和演进打下坚实的基础。

5.1.2 如何衡量云上性能的高低

衡量云上性能的高低是确保系统稳定、高效运行的关键步骤。首先，需要明确关键性能指标，如系统的并发用户数、响应时间、吞吐量和系统负载。并发用户数指系统同时处理请求的能力，而响应时间是衡量每个请求从发出到收到响应的时长。吞吐量反映单位时间内系统处理的请求数量，而系统负载则监控 CPU、内存、网络带宽等资源的使用情况。

验证系统是否达到预期性能，常用的方法是通过负载测试和压力测试模拟实际场景下的高并发用户访问，检测系统在极限条件下的响应速度和稳定性。分析测试结果可以发现可能的性能瓶颈，如网络时延、CPU 或内存资源耗尽、数据库查询慢等。此外，系统的容量测试能够帮助确定系统的资源上限，评估其应对突发流量的能力。

如果系统性能未达到预期，还可以通过监控工具实时跟踪资源的使用情况，找到瓶颈并进行优化，如使用更高规格的实例、引入缓存机制、优化数据库的查询或通过水平扩展增加计算资源。总体而言，云上性能的高低不仅取决于单个指标的表现，还依赖于整体系统在高负载下的综合能力和稳定性，确保在各种场景下都能高效地为用户提供服务。

5.2 云上性能优化的实现方式

5.2.1 性能调优的基本流程

云上性能调优是确保业务系统在复杂多变的云计算环境中高效、稳定运行的关键步骤。合理的性能调优可以提升系统的响应速度、并发处理能力以及资源利用率。下面详细阐述云上性能调优的基本流程，涵盖压力测试、业务系统优化，以及性能报告的生成与分析。

1. 确定性能目标

性能调优的首要步骤是明确性能目标，通常包括以下内容。

① 并发用户数：系统需要同时支持多少用户访问。

② 响应时间：每个请求的最长允许响应时间（如 200ms 内）。

③ 吞吐量：每秒处理的请求数。

④ 系统可用性：确保系统在高负载下保持高可用性，如 99.99%的服务可用性。

明确的目标有助于后续调优工作的进行，并为调优效果提供衡量标准。

2. 基准测试与分析

在正式压力测试和性能调优前，应进行基准测试，了解系统在当前配置下的性能表现。这一步能识别系统初始状态的瓶颈和潜在问题。

基准测试步骤如下。

① 选择测试场景：根据实际业务场景模拟常见的请求模式，如读取操作、写入操作、文件上传等。

② 使用压测工具：通过性能测试工具（如 Apache JMeter、k6、LoadRunner 等）运行一系列请求，监控系统的各项性能指标。

测试结果生成后，分析系统的响应时间、CPU 和内存使用率、I/O 速率等指标，初步找出影响系统性能的瓶颈部分。

3. 实施压力测试

压力测试是整个性能调优的核心部分，目的是通过模拟大量并发用户对系统施加压力，观察系统的表现并找到可能的性能瓶颈。压测过程通常分为 3 个阶段。

① 逐步增加并发量：从少量用户开始，逐步增加并发用户数，直至系统性能下降或崩溃。

② 观测系统行为：在不同的并发用户数下，监控系统的响应时间、资源利用率、错误率等指标。

③ 捕捉瓶颈位置：通过监控工具分析 CPU、内存、磁盘 I/O、网络带宽、数据库响应时间等资源的消耗情况，找出具体的瓶颈。

性能测试是华为云为基于 HTTP、HTTPS、TCP、UDP、HLS、RTMP、WEBSOCKET、HTTP-FLV、MQTT 等协议构建的云应用提供性能测试的服务。

常见的压力测试工具如下。

① Apache JMeter：开源的负载测试工具，能够模拟高并发用户访问，并生成详细的

性能报告。

② Sysbench：一款开源的、多功能的基准测试工具，主要用于测试和评估系统在不同负载下的性能表现。它支持对多种系统资源（如 CPU、内存、磁盘 I/O 和数据库等）进行压力测试，广泛应用于服务器性能分析、数据库基准测试等。

③ k6：轻量级的性能测试工具，专注于 API 和微服务的负载测试，适合云原生架构。

④ LoadRunner：企业级性能测试工具，支持多种协议和场景，适合大型复杂系统。

⑤ Gatling：专注于 HTTP 的负载测试工具，支持大规模并发测试，适合 Web 应用。

4. 业务系统优化

在压力测试中识别出系统瓶颈后，下一步是对系统进行具体的优化。

（1）应用层优化

① 代码优化：检查应用代码中的性能瓶颈，减少不必要的计算，优化算法，避免重复性查询和计算。

② 异步处理：对于耗时较长的任务，采用异步处理，避免阻塞主线程或主服务。

③ 微服务拆分：将单体应用拆分为多个微服务，每个微服务专注于特定的业务逻辑，从而减少单个服务的负载压力。

（2）数据库优化

① 索引优化：为频繁查询的数据表增加适当的索引，缩短查询时间。

② 查询优化：通过分析慢查询日志，优化复杂 SQL 查询的执行效率，避免全表扫描等影响性能的操作。

③ 读写分离：对于读多写少的业务场景，通过读写分离提高并发处理能力。

④ 分片技术：将大数据表按一定规则分片存储，减少单个数据库的负载压力。

（3）缓存机制引入

① 应用缓存：对于频繁访问的静态数据，利用内存缓存（如 Redis、Memcached）减少对数据库的直接访问，提升响应速度。

② CDN（内容分发网络）：对于静态文件（如图片、视频等），利用缓存加速全球访问，减少回源压力。

（4）基础设施优化

① 水平扩展：通过增加更多的服务器或实例分担流量，提升系统的并发处理能力。

② 垂直扩展：升级现有实例的配置（如增加 CPU、内存等），提高单实例的处理能力。

③ 负载均衡：通过负载均衡器将用户请求均匀分布到多个服务器，避免单一服务器过载。

5. 性能报告的生成与分析

在完成压力测试和业务系统优化后，性能报告的生成与分析是评估调优效果的重要一步。

① 响应时间分布：记录不同并发情况下的响应时间，分析各个阶段的响应时间变化。

② 吞吐量（QPS）：测试不同并发量下系统的处理请求能力，看是否能达到目标的吞吐量。

③ 资源使用情况：包括 CPU、内存、网络、磁盘的利用率，查看是否有资源瓶颈。

④ 错误率：测试过程中请求的成功率与失败率，是否存在错误请求或者超时现象。

⑤ 性能报告工具可以使用压力测试工具自带的功能。

- 性能测试工具（如 CodeArts PrefTest）：提供实时、离线两种类型的测试报告，供用户随时查看和分析测试数据（如并发用户、响应时延、访问累计、响应结果校验失败、响应超时等多种细分维度统计）功能。
- JMeter Reports：提供详细的测试报告，其中包含响应时间、吞吐量、成功率等。
- Grafana + Prometheus：搭建性能监控系统，通过 Grafana 展示数据，结合 Prometheus 实时抓取系统性能指标。

6. 迭代优化与持续监控

性能调优不是一次性的工作，运维人员通常需要进行多轮测试和优化，每次测试后分析瓶颈原因并逐步解决。调优结束后，还需引入持续性能监控工具，实时监控系统在实际运行中的性能表现，如华为云 CES。通过监控数据，运维人员能够及时发现性能问题，并做出快速响应，确保系统的持续高效运行。

综上所述，云上性能调优是一个复杂的过程，涵盖了从性能测试、业务系统优化到报告生成与持续监控的多个环节。合理使用压力测试工具（如 JMeter）、性能测试工具（如 CodeArts PrefTest），以及深入分析性能报告，可以帮助开发团队识别并解决系统瓶颈，提升整体性能。调优不仅是对系统当前表现的优化，更是为未来的业务增长打下坚实的基础，确保系统能够应对复杂多变的工作负载。

5.2.2　性能测试介绍

性能测试是一项为基于 HTTP、HTTPS、TCP、UDP、HLS、RTMP、WEBSOCKET、HTTP-FLV、MQTT 等协议构建的云应用提供性能测试的服务，如图 5-2 所示。服务支持快速模拟大规模并发用户的业务高峰场景，可以很好地支持报文内容和时序自定义、多事务组合的复杂场景测试，测试完成后会为企业提供专业的测试报告，呈现服务质量。

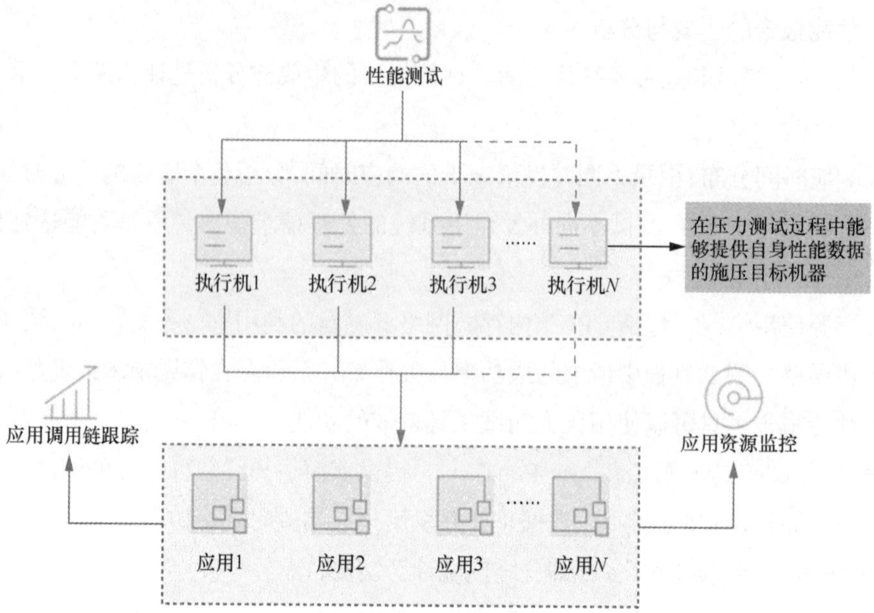

图 5-2 性能测试

通过性能测试服务，企业希望将性能压力测试本身的工作持续简化，将更多的精力回归到关注业务和性能问题本身，同时降低成本，提升稳定性，优化用户体验，从而提升商业价值。

性能测试服务的主要优势如下。

（1）低成本的超高并发模拟

① 能够为用户提供单执行机支持万级并发、整体千万级并发的私有性能测试集群。

② 秒级千万并发能力，模拟瞬间发起大量并发，不仅可让企业提前识别高并发场景下应用的性能瓶颈，防止应用上线后访问量过大导致系统崩溃，而且易于操作，极大地缩短了测试时间。

③ 支持多任务并发执行，让用户可以同时完成多个应用服务的性能测试，大幅提升测试效率。

（2）性能测试灵活快捷

① 协议灵活自定义：支持 HTTP/HTTPS 测试，适应基于 HTTP/HTTPS 协议开发的各类应用和微服务接口性能测试；支持 TCP、UDP、WEBSOCKET 测试，支持字符串负载与十六进制码流两种模式，满足各类非 HTTP 类协议的数据构造；支持 HLS、RTMP、HTTP-FLV、MQTT 测试。

② 多事务元素与测试任务阶段的灵活组合：提供灵活的数据报文、事务定义能力，结合多事务组合，测试任务波峰波谷，可模拟多用户多个操作的组合场景，轻松应对复杂场景的测试；支持针对每个事务指定时间段的定义并发用户数，模拟突发业务流量。

（3）性能测试（压力测试）资源管理，按需使用

① 私有资源组：用户按需创建测试集群，支持用户间流量隔离和内网（华为云 VPC）、外网压测能力，完成测试后可以随时删除集群；同时，提供测试集群的实时扩容、缩容、升级能力。

② 共享资源组：不需要用户创建，可直接使用，调试和小并发压测更方便。

（4）快速定位性能瓶颈

① 提供专业性能测试报告，其中包括事务并发、RPS、吞吐量、响应时延等多维度统计，客观反映用户体验；支持实时报告和离线报告，方便用户无人值守测试后对测试数据进行分析。

② 无缝对接应用性能管理（APM）、应用运维管理（AOM），通过智能分析功能关联多个监控对象，展示应用资源使用情况、应用调用全链和拓扑关系，帮助用户实时了解应用的运行状态，快速定位性能瓶颈。

5.2.3　华为云应用性能优化流程

华为云的应用性能优化流程为企业用户提供了系统化的优化路径，确保应用在云环境中达到预期的性能目标，并在未来保持高效、稳定运行。整个流程可以分为两个主要方向：自助优化和专家服务。华为云应用性能优化流程如图 5-3 所示。

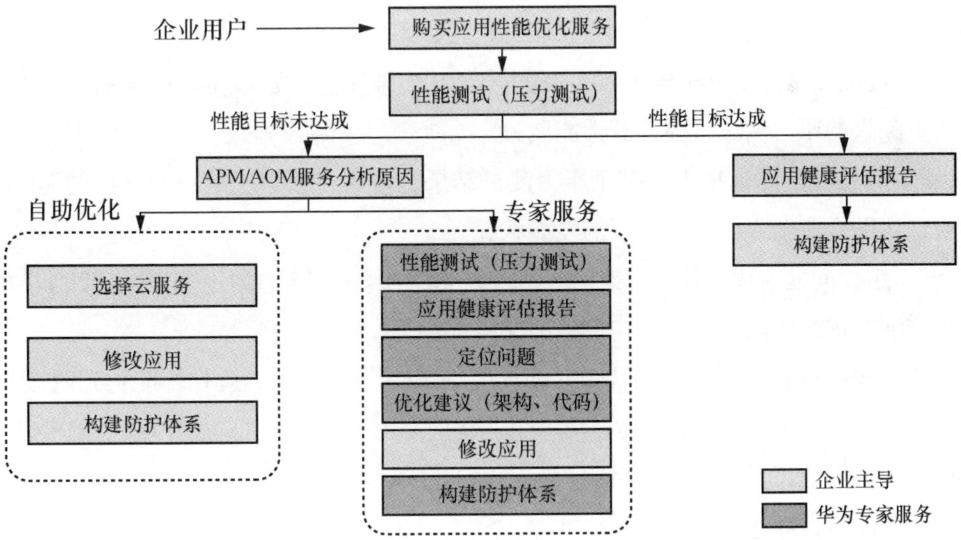

图 5-3　华为云应用性能优化流程

（1）性能优化服务的触发

首先，企业用户在日常业务运行过程中，可能会发现应用未能达到既定的性能目标。

此时，企业可以通过购买华为云的应用性能优化服务，来启动性能评估和优化流程。

（2）性能测试（压力测试）

在优化流程的初期，企业会使用性能测试工具（如 CodeArts PerfTest）对应用进行全面的压力测试，评估其在高并发、高负载下的表现。通过压力测试可以识别出应用的性能在特定负载条件下是否能够达成预期的目标。

（3）两种优化路径：自助优化与专家服务

1）自助优化

如果性能测试结果显示应用的性能未达到预期目标，企业可以选择自助优化的路径。该路径主要由企业用户主导，具体步骤如下。

① 选择合适的云服务：企业根据测试结果，调整和选择更适合的云资源配置，优化基础设施的性能。

② 修改应用：企业根据性能测试反馈的瓶颈，优化应用的代码或架构，以提升性能。

③ 构建防护体系：在优化完成后，企业还需搭建一个性能防护体系，确保在未来业务增长或突发流量的情况下，应用依然能够稳定运行。

在自助优化的过程中，企业可以利用华为云提供的 APM（应用性能管理）、AOM（应用运维管理）服务，深入分析性能不佳的原因，找出系统的瓶颈点并进行针对性优化。

2）专家服务

对于需要更多支持的企业，华为云提供了专家服务路径。企业用户可以选择由华为的专业团队进行应用性能优化。专家服务包括以下内容。

① 性能测试（压力测试）：专家团队会使用专业工具（如 CodeArts PerfTest）对应用进行更深入的压力测试，验证其性能瓶颈。

② 应用健康评估报告：基于压力测试结果，华为专家会生成一份详细的健康评估报告，帮助企业全方位了解应用的性能状况。

③ 定位问题与优化建议（架构、代码）：专家会深入分析应用的架构、代码等方面，提出详细的优化建议，涵盖架构调整和代码优化等。

④ 修改应用：在专家的指导下，企业会对应用进行修改，确保性能得到明显改善。

⑤ 构建防护体系：专家还会帮助企业构建一套健全的性能防护体系，确保其未来的业务拓展和变化不会影响应用性能。

（4）性能目标达成

无论企业选择自助优化还是专家服务，当应用性能测试达成预期目标后，华为云都会提供一份应用健康评估报告，总结当前应用的性能状况，帮助企业建立一个长期的防护体系。这套体系可以帮助企业在未来应对各种可能的应用性能挑战，确保应用的高效稳定运行。

华为云的应用性能优化流程提供了灵活的自助优化和专家服务模式，企业用户可以根据自身的需求选择合适的优化路径，通过压力测试、性能分析、修改应用和防护体系的构建，确保应用在不同场景下都能保持高效的性能表现。这一套流程不仅能够解决当前的性能问题，还为企业未来的业务发展提供了坚实的保障。

5.2.4　性能优化带来的价值

云上性能优化为企业带来了显著的价值，确保业务系统在高效运行的同时，能够应对不断变化的需求和挑战。具体来说，云上性能优化主要在以下几个方面展现出重要价值。

（1）预防性能瓶颈

性能瓶颈是影响系统稳定性和用户体验的关键问题。云上性能优化可以有效地预防和缓解诸如服务器 CPU 和内存利用率过高、程序内存泄漏、应用访问链路网络拥塞以及数据库连接池不足等问题。性能优化通过提前识别系统中的潜在瓶颈并进行针对性的调整，确保系统在高并发和大流量场景下能够平稳运行，从而避免因资源耗尽或系统过载导致的故障和性能下降。

（2）提升用户体验

用户体验是业务成功的关键，特别是在面对网页访问、视频播放、金融交易或在线游戏等场景时，用户对于响应速度和稳定性有着极高的要求。云上性能优化能够显著提升用户体验，解决网页加载缓慢或无法打开、视频播放卡顿以及游戏掉线和卡顿等问题。

（3）提高系统的可扩展性

云上性能优化不仅能够解决当前的性能问题，还能为系统的未来扩展打下坚实的基础。优化后的系统架构更具弹性，能够根据业务增长动态扩展，随时满足不同阶段的业务需求。在业务迅速扩展或突发流量高峰时，优化后的系统可以快速扩展资源，无须停机或进行大规模调整，从而确保业务连续性。

（4）提升安全性与合规性

在性能优化过程中，安全性往往是不可忽视的重要环节。优化不仅是提升速度，还需要在保证高性能的同时，确保数据的安全传输与存储。通过性能优化，系统能够在处理大量并发请求时仍然保持较高的安全防护水平，防止数据泄露、网络攻击或服务中断。

（5）缩短开发与部署周期

性能优化使得系统架构更加简化和高效，进而可以加速开发和部署流程。通过自动化运维工具、持续集成与持续交付（CI/CD）等技术手段的优化，开发团队可以更快速地测试、部署和发布新功能，而不会因性能问题拖延系统上线时间。

（6）提高运维效率

云上性能优化可以通过引入自动化工具（如自动扩展、自动监控、异常预警等），减少人工干预的需求，从而极大地提高运维效率。通过自动化的性能监控和智能诊断工具，企业可以更及时、准确地发现并解决性能问题，避免因人工监控不及时或处理速度慢导致的业务中断。

（7）增强业务敏捷性

性能优化让系统具备更强的适应性和灵活性，能够支持企业快速响应市场变化。优化后的系统不仅能满足现有需求，还能根据业务发展和用户需求进行调整。无论是新业务的快速上线，还是现有业务的快速扩展，系统都能在高性能的基础上，提供更高的灵活性和更强的业务响应能力。

云上性能优化带来了多维度的价值，从预防性能瓶颈、提升用户体验，到提高资源利用率、增强系统扩展性，云上优化为企业的业务连续性和市场竞争力提供了坚实的基础。通过优化，企业能够以更高效、更安全、更灵活的方式运营，并为未来的业务创新和增长做好充分准备。这种优化不仅帮助企业解决了当前的性能问题，还为其未来的业务发展奠定了坚实的基础。

5.3 云上性能设计方案

5.3.1 高并发业务性能设计

1. 高并发业务性能瓶颈分析

高并发业务的性能瓶颈主要集中在网络接入、访问控制、业务逻辑、数据访问和数据库几个方面。下面将对这些关键环节进行详细分析，帮助大家了解如何提升系统的高并发处理能力。

（1）网络接入瓶颈

高并发业务首先面临的就是网络接入层的压力。当业务访问量激增时，网络带宽往往成为第一个受限的资源。如果带宽不足，流量拥塞便会随之而来，导致用户请求得不到及时响应。尤其是在大规模流量洪峰期间，网络拥塞不仅影响用户体验，还可能导致部分请求丢失。

（2）访问控制瓶颈

访问控制的主要瓶颈体现在并发连接数的上限上。当同时访问系统的用户数量过多，连接数达到系统设定的上限时，后续的请求将被拒绝或排队等待，导致系统无法及时处理新的请求。这种现象在短时间内的流量突发场景中特别明显。

（3）业务逻辑瓶颈

业务逻辑的复杂度是影响系统性能的重要因素之一。突发流量导致大量请求涌入系统时，复杂的业务逻辑可能会耗尽系统资源，导致 CPU、内存等资源被过度占用。特别是在一些需要长时间计算或调用外部接口的场景，业务逻辑执行时间过长会极大拖慢系统响应速度。

（4）数据访问瓶颈

在高并发业务中，数据库往往是另一个性能瓶颈。当短时间内大量请求同时访问数据库时，系统可能会出现数据库连接数不足的情况。特别是在大量重复请求的情况下，数据库压力会进一步增大，导致系统性能下降，甚至无法正常响应新的连接请求。

（5）数据库瓶颈

数据库在高并发场景下面临的最大挑战是如何应对瞬间大量的读写操作。当系统接收到大量用户请求时，数据库的读写能力可能无法及时跟上，从而导致系统响应延迟，甚至是死机。数据库资源的不足不仅影响系统的正常运行，还可能导致数据不一致等严重后果。

2. 高并发业务性能优化方案

（1）针对网络接入瓶颈的解决方案

① 提高网络带宽，尽量使用高带宽的网络线路。

② 使用 CDN 加速，将内容分发到离用户更近的节点，降低网络负载。

③ 实现负载均衡，通过合理分配流量来减轻单个服务器的压力。

（2）针对访问控制瓶颈的解决方案

① 构建主机接入控制集群并使用 ELB+AS 对集群的资源进行弹性动态伸缩。

② 通过限流、降级等机制来控制瞬间的并发请求数，避免系统过载。

③ 使用反向代理技术，合理分配请求流量，避免单点故障。

（3）针对业务逻辑瓶颈的解决方案

① 对复杂的业务逻辑进行拆分和优化，减少每个请求的计算量。

② 构建主机业务处理集群并使用 ELB+AS 对集群的资源进行弹性动态伸缩。不同服务之间使用分布式消息队列（DMQ）进行异步通信。

③ 构建容器化应用集群，应用使用微服务架构部署，并结合服务治理工具通过限流、熔断、降级、超时保护系统性能。

（4）针对数据访问瓶颈的解决方案

① 使用数据库 DCS（分布式缓存服务）缓存热点数据，减少对数据库的并发查询

请求。

② 通过分布式数据库中间件（DDM）实现读写分离和分库分表功能，将单台数据库请求的压力分发到多台数据库的集群上，提升并发连接请求数。

③ 使用连接池技术，控制数据库的并发连接数，避免连接耗尽的情况。

（5）针对数据库瓶颈的解决方案

① 采用分库分表的设计，如使用关系型数据库服务的主从复制功能，将数据分散到多个数据库实例中，减少单个数据库的负载。

② 使用数据库中间件，提供统一的访问接口，实现分布式数据库的管理和调度。

③ 根据应用场景搭配合适的数据库，提升数据存储访问的性能，尤其是非关系型的数据具有更高的水平扩展能力。

高并发业务的性能瓶颈是多方面的，需要从网络接入、访问控制、业务逻辑、数据访问以及数据库等多个维度进行综合考虑和优化。合理设计系统架构，提前预估并发量，并对潜在的性能瓶颈进行针对性的优化，是保障系统稳定运行的关键。

5.3.2 低时延业务性能设计

1. 低时延业务性能瓶颈分析

实时通信、在线游戏、金融交易系统等，对于低时延业务的需求越来越大。为了满足这种需求，技术团队必须深入理解并优化各类潜在的性能瓶颈。下面将从网络接入、业务逻辑、数据访问、数据库以及基础设施 5 个关键维度进行详细分析，帮助大家分析低时延业务中的性能瓶颈，并提出优化策略。

（1）网络接入瓶颈

在低时延业务中，网络接入是影响响应速度的首要因素之一。网络链路中转发节点过多或传输路径不合理，都会导致网络时延的增加。例如，数据包在多个网络节点之间的传输需要经过路由、转发等操作，过多的跳数或远距离传输都会显著增加时延。

（2）业务逻辑瓶颈

业务逻辑的复杂度直接影响系统的响应时间。在低时延业务中，过于复杂的业务逻辑处理不仅会耗费 CPU 和内存资源，还可能导致进程间调用频繁，引发性能瓶颈。特别是当系统需要进行大量的逻辑判断或跨进程调用时，响应时间会明显增加。

（3）数据访问瓶颈

在低时延场景中，数据的读取和写入操作需要尽量快速完成。尤其是当系统需要频繁访问数据库或其他外部数据源时，数据读写的返回时间会直接影响整体时延。如果数据读取操作涉及多个步骤或大量的数据量，响应速度会大幅下降。

（4）数据库瓶颈

在低时延业务中，SQL 语句的执行效率也是影响系统性能的关键因素之一。复杂的 SQL 查询会占用大量的数据库资源，导致查询时间过长，进而引发整体系统延迟。此外，大量的数据插入、更新操作也会对数据库性能带来压力。

（5）基础设施瓶颈

低时延业务的另一个常见瓶颈是基础设施资源的不足。如果服务器、存储或网络设备的规格选择不合理，或者资源配置不足，系统在高负载下就会出现性能下降。例如，CPU、内存、磁盘 I/O 等资源不足时，都会导致时延增加。

2. 低时延业务性能的优化方案

（1）针对网络接入瓶颈的解决方案

① 服务和数据中心化，服务接入点多区域分布。请求由后端服务接入点转发至中心化服务器，接入服务器与中心化服务器建立高效网。

② 使用边缘计算技术平台分布部署，将计算节点部署在离用户最近的地方，减少跨区域传输带来的时延。

③ 选择高性能的网络设备，确保网络传输链路的稳定和高效。

（2）针对业务逻辑瓶颈的解决方案

① 简化业务逻辑，尽量避免不必要的计算和判断操作，减少系统资源的消耗。

② 对多进程架构进行优化，减少跨进程调用的次数，可以使用共享内存或消息队列等技术提高进程间的通信效率。

③ 使用异步编程和多线程技术，将耗时的任务分离到后台处理，减少阻塞。

（3）针对数据访问瓶颈的解决方案

① 使用高效的缓存技术，如分布式缓存服务，将频繁访问的数据缓存在内存中，减少对数据库的直接查询。

② 利用分布式数据库中间件拆分数据库与表，化整为零，缩短单库中庞大数据量的查询时延。

③ 对数据结构进行优化，确保读取操作的时间复杂度尽可能低。

（4）针对数据库瓶颈的解决方案

① 优化 SQL 语句，避免使用复杂的嵌套查询或联表操作，尽量将查询操作简化为单表查询。

② 使用关系型数据库服务，并使用数据库管理服务对 SQL 语句进行分析，获取相应的慢 SQL 语句后调整优化。

③ 对数据库进行分库分表，将数据分散到多个数据库实例中，减少单个数据库的负载。

（5）针对基础设施瓶颈的解决方案

① 调整计算与存储资源的规格，使用高性能资源搭建环境。

② 使用裸金属服务器（BMS）部署重载业务，如数据库；并结合超高 I/O 的存储实现数据存储。

③ 使用异构计算资源，对于不同类型的业务使用差异化的计算架构，如 GPU（图形处理器）、FPGA（现场可编辑门阵列）类型的计算资源池。

低时延业务的性能瓶颈主要集中在网络接入、业务逻辑、数据访问、数据库和基础设施等方面。通过合理的优化和架构设计，团队可以有效降低时延，提高系统的响应速度和用户体验。

5.4 业务性能测试与监控

业务性能测试与监控是确保系统在高负载、复杂环境中能够正常运行的关键环节。性能测试不仅是为了解决现有的问题，更是为了预防潜在的风险，保证系统在真实环境下的高效稳定运行。下面将从需求分析、方案设计、测试实施以及综合评估 4 个方面详细解析业务性能测试与监控的全流程。

（1）需求分析

业务性能测试的第一步是全面的需求分析，这一步骤至关重要，因为它决定了测试的方向和目标。在需求分析过程中，测试人员需要获取业务系统的架构图，了解系统的各个模块和组件之间的关系，并识别出系统中最核心的业务流程，具体步骤如图 5-4 所示。

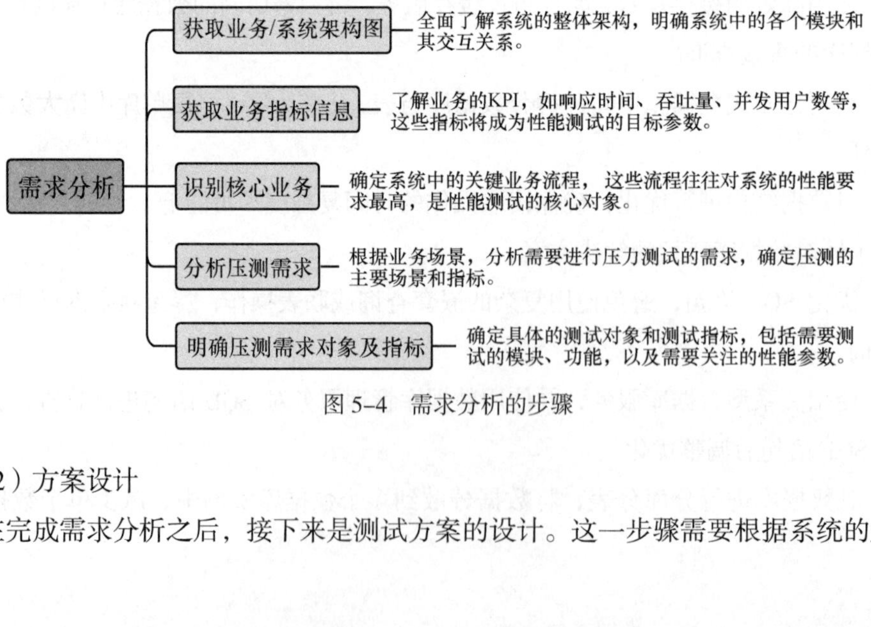

图 5-4 需求分析的步骤

（2）方案设计

在完成需求分析之后，接下来是测试方案的设计。这一步骤需要根据系统的业务需求和架构特点，设计合理的测试场景和测试模型，并选择合适的测试工具，具体步骤如图 5-5 所示。

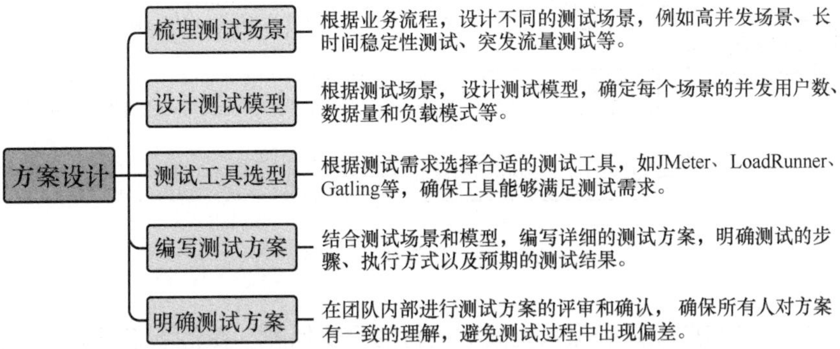

图 5-5　方案设计的步骤

（3）测试实施

测试实施是性能测试流程的核心部分。在这一阶段，测试人员需要搭建测试环境，编写或录制测试脚本，制定测试执行计划，并监控测试过程中的关键数据，具体步骤如图 5-6 所示。

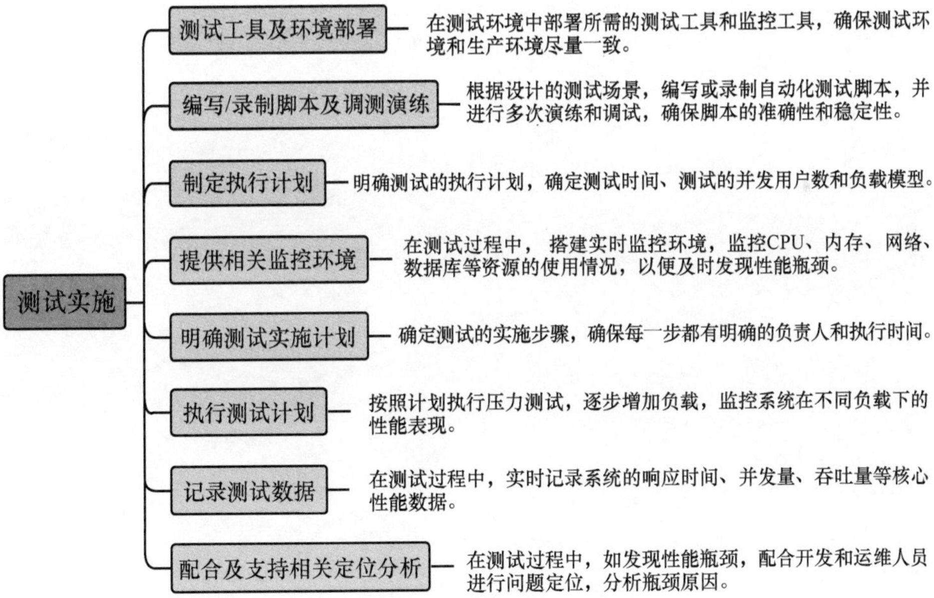

图 5-6　测试实施的步骤

（4）综合评估

在测试实施完成后，需要对测试结果进行全面的评估和分析，找到系统的性能拐点，输出测试报告，并对发现的问题进行修复，具体步骤如图 5-7 所示。

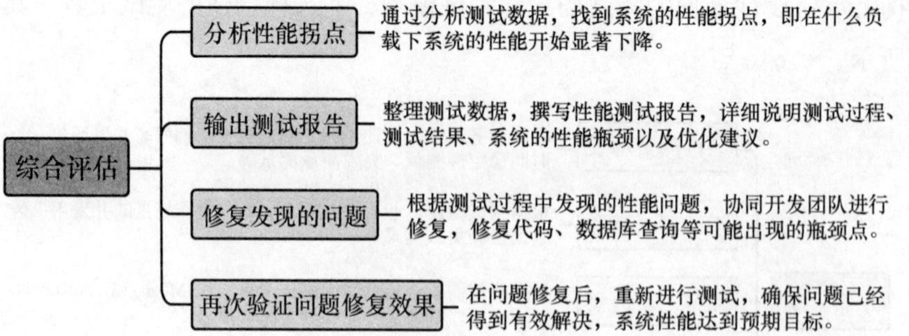

图 5-7 综合评估的步骤

业务性能测试与监控是确保系统高效运行的重要保障。在整个流程中，需求分析、方案设计、测试实施和综合评估 4 个环节环环相扣，缺一不可。科学的测试方法和工具选择，并结合详细的测试场景设计和周密的监控体系，可以有效地发现并解决系统中的性能瓶颈，提升系统的整体性能和稳定性。

第6章
云上成本设计

本章主要内容

6.1　云上成本设计概述

6.2　云上成本的关注焦点

6.3　云上成本的设计方案

6.4　成本优化设计

本章将聚焦于云上成本设计的核心内容，帮助企业在云计算环境中实现高效的成本管理与控制。首先，我们将探讨为什么需要云上成本设计，了解在资源弹性和动态扩展的云环境中，合理的成本设计如何帮助企业实现资源与支出优化，理解成本管理在云上架构中的重要性。

接下来，本章将深入分析云上成本的关注焦点，其中包括合理的计费模式的选择、资源效率的衡量、避免资源浪费、支出成本分析和云上财务管理。这一部分将帮助读者全面掌握成本设计中的关键因素，为后续的成本优化提供参考框架。

随后，本章将详细探讨云上成本设计的具体方案。通过资源类型与规格的成本设计、不同计费模式的选择与应用，以及系统化的费用管理策略，企业能够实现更加精确和细化的成本控制，确保资源分配与实际业务需求相匹配，从而最大化地提高资源利用效率。

最后，本章将介绍持续成本优化设计的方法。根据系统资源的实际利用率，企业可以动态调整配置，及时发现并优化高成本的资源配置问题，实现云上成本的长期节约与管理。

通过本章内容，读者将能够全面掌握云上成本设计的核心理念与实践方法，为企业构建一个经济高效、可持续的云环境提供系统化的支持。

【知识图谱】

本章知识架构如图 6-1 所示。

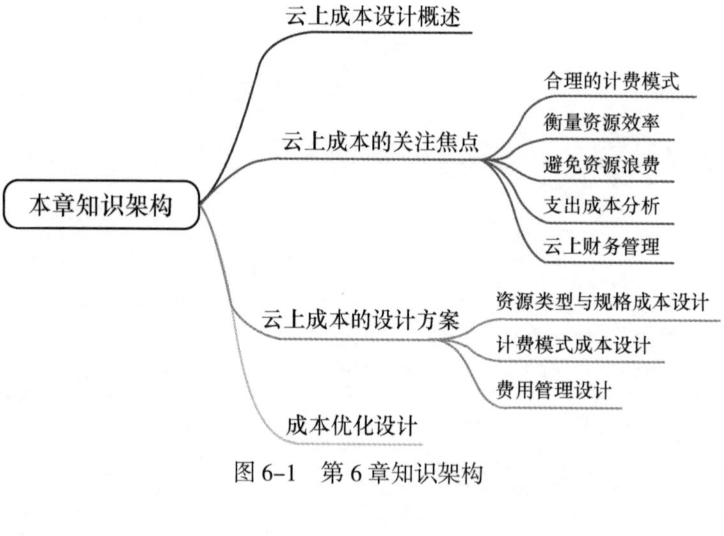

图 6-1　第 6 章知识架构

6.1　云上成本设计概述

合理的云上成本设计不仅可以帮助企业实现最大化的资源利用率，还能有效控制总成本。下面将详细探讨从资本支出（CAPEX）到运营支出（OPEX）这一过程中的云上成本设计，帮助企业在云上构建既高效又经济的业务架构。

在传统的 IT 成本模式下，企业往往需要投入大量的资本支出用于硬件、软件和基础设施的采购和部署，这种模式使得企业在初期建设时面临高昂的投入。而在云计算环境中，企业不再需要一次性的大规模的设备投入，而是逐渐转变为按需付费的运营支出模式。这种转变虽然在短期内减少了资本投入，但同时也带来了云上成本管理的复杂性。

因此，合理的云上成本设计可以帮助企业在云环境中实现以下目标。

① 控制云上支出：防止过度使用资源或由扩展性带来的费用超支。

② 提高资源利用率：确保每个资源的使用都能带来实际的业务价值。

③ 提升业务弹性：根据实际需求灵活调整资源配置，从而减少浪费。

1. 资本支出（CAPEX）分析

在传统的 IT 建设中，CAPEX 通常占据了成本结构的很大一部分。即便是在云计算环境下，部分 CAPEX 依然存在，特别是在混合云或者私有云的场景中。

（1）Cost to buy（采购成本）

资本支出中的 Cost to buy 主要包括以下内容。

① 设备硬件投资：如服务器、存储设备、网络设备等，这些基础设施在私有云或者混合云环境下仍是企业需要自购的资源。

② 设备软件费用：企业需要为使用的操作系统、虚拟化软件、管理软件等支付费用。

③ License 费用：某些专业软件或平台可能需要企业为其付费获得许可证。

④ 基础设施成本：包括机房、电力设施、冷却设备等在物理环境中不可避免的开支。

（2）Cost to deploy（部署成本）

在采购设备后，部署这些设备所产生的费用也属于 CAPEX 范畴。这部分成本包括以下内容。

① 设计成本：包括高层设计和低层设计，这些设计文件可确保云环境和业务架构的合理搭建。

② 工程成本：安装和调试等工程活动的成本。

③ 割接成本：例如资源池扩容、软件版本升级，这些活动需要计划和实施以确保新系统或设备能够无缝融入现有环境。

尽管云计算削减了企业在设备硬件上的大量投入，但混合云部署以及在某些高安全性、低时延业务的需求下，CAPEX 仍然是不可忽视的部分。

2. 运营支出（OPEX）分析

OPEX 是云计算中占比最大的成本项，因为云上服务通常采用“按需使用”的计费模式，企业根据实际消耗的资源进行支付，这种模式带来了极大的灵活性，但也使得成本管理变得复杂。企业需要对运营支出进行深入的规划和设计，以确保其云环境的长期可持续性。

（1）Cost to operate（运营成本）

云环境的运营成本是 OPEX 中的重要组成部分，主要包括以下内容。

① 云基础设施成本：如服务器/容器、存储、网络、数据库和中间件等的使用费用，企业在云上租用这些资源时，通常根据使用时长、流量以及存储空间来计费。

② 建设成本：包括公共云网络连接费用、云安全工具的使用费用、云监控和管理工具的部署费用，以及云迁移工具的使用费用等。对于从本地数据中心迁移到云端的企业，这部分开支可能会在初期较为显著。

③ 实施成本：包括云环境的构建、配置以及实施相关的服务费用，确保业务顺利迁移至云端并且可以正常运行。

（2）Cost to maintain（维护成本）

云上环境同样需要持续维护，这部分的成本主要体现在以下方面。

① 维保合同：企业需要与云服务提供商或第三方厂商签订维保合同，确保在设备故障或者服务中断时能够及时获得支持和解决方案。

② 迁移成本：这部分费用通常与企业从传统架构向云上架构过渡相关，主要包括以下内容。

- 云管理组织架构的建设：企业需要构建一个适应云环境的新管理架构，确保云资源的高效运营。
- 应用迁移：将现有的本地应用程序迁移到云端所产生的费用，这可能涉及代码的重构、数据的迁移以及服务的整合。
- 运营模式变更：从传统 IT 运营模式转变为云上的 DevOps 模式，需要进行流程再造和系统重构。

③ 人才和技能提升：企业需要对运维人员进行培训，确保他们具备管理云上业务的能力，适应云环境中的新工具和新技术。

综上所述，从 CAPEX 到 OPEX，云上成本设计贯穿于企业业务的每一个环节。合理的成本管理可以帮助企业优化资源使用，降低运营开支，同时确保云上业务的稳定性和灵活性。通过对资本支出与运营支出的详细分析，企业不仅能够在云上环境中实现成本控制，还能推动业务的持续创新与发展。

6.2 云上成本的关注焦点

云上成本的五大关注焦点：合理的计费模式、衡量资源效率、避免资源浪费、支出成本分析以及云上财务管理。

（1）合理的计费模式

云上成本的第一关注点就是选择合理的计费模式。云服务提供商通常提供多种计费方式，包括按使用时长计费、按流量计费、按资源使用量计费等。企业需要根据业务需求选择最合适的模式，以最大化性价比。

常见的计费模式如下。

① 按时长计费：企业根据云资源的使用时长支付费用，适用于资源使用时长较短但高峰波动大的业务。

② 包年包月：适合长期稳定的资源需求，企业预先购买固定资源，并在较长周期内支付费用。

③ 按需计费：按照实际使用的资源进行付费，灵活性高，适用于负载波动较大的场景。

④ 竞价计费：华为云将可用的计算资源，按照一定折扣进行售卖，其价格随市场供需关系实时变化，即打折销售、价格实时变化的计费模式。

选择合适的计费模式可以帮助企业控制成本、提高资源利用率，从而减少不必要的开支。

（2）衡量资源效率

在云上环境中，资源效率是影响成本的重要因素。资源效率衡量的是企业在特定业务场景下，是否能够以最低的成本获得最高的性能。提高资源利用效率，意味着企业可以用更少的资源完成同样的工作量，从而减少支出。

以下方面可以衡量资源效率。

① 资源利用率：定期监控 CPU、内存、存储等核心资源的使用情况，确保资源的使用率接近最佳状态。

② 弹性扩展能力：云上环境支持按需扩展，企业应根据业务需求动态调整资源配置，避免闲置资源的浪费。

③ 性能优化：通过代码优化、数据库优化、网络优化等手段，减少系统的资源占用，提升整体效率。

合理的资源配置和优化措施能够显著提升资源利用效率，进而降低云上成本。

（3）避免资源浪费

避免资源浪费是云上成本控制的核心。企业在云端部署业务时，常常会出现过度配置、资源闲置等问题，导致成本超支。合理的监控和调整可以有效地减少资源浪费。

避免资源浪费的策略如下。

① 自动关停闲置资源：设置自动关闭无用或闲置的虚拟机、存储和网络资源，避免不必要的费用产生。

② 定期审查资源使用：企业应定期审查资源使用情况，找出未充分利用的资源，并

对其进行释放或重新配置。

③ 优化存储与备份策略：存储数据往往占据云上成本的较大部分，通过优化数据的存储层级以及合理设置备份频率，企业可以大幅减少存储成本。

④ 通过合理的管理策略，企业可以避免资源浪费，优化云上支出。

（4）支出成本分析

云上成本管理不仅是控制支出，还需要进行深入的成本分析。通过对各项支出进行分析，企业能够更清楚地了解云资源的具体使用情况，从而优化整体预算和资源配置。

成本分析的关键步骤如下。

① 分项目成本核算：将云上资源的使用划分到具体的项目或部门，清晰了解每个业务模块的成本情况。

② 监控费用趋势：通过使用云服务提供商的费用监控工具，跟踪每月的费用变化，及时发现费用异常或成本增加的原因。

③ 优化建议：基于支出成本分析的结果，提出相应的优化建议，如减少高成本资源的使用，或引入更具成本效益的替代方案。

通过对支出进行详细的分析，企业可以发现潜在的成本优化机会，实现资源使用和成本控制的平衡。

（5）云上财务管理

随着云计算的广泛应用，企业在云上的支出越来越复杂，云上财务管理（FinOps）逐渐成为一项重要的管理工作。FinOps 的核心是通过财务透明度和团队协作，确保企业的云上支出与业务需求保持一致。

云上财务管理的关键要素如下。

① 成本透明度：通过云服务提供商的计费和监控工具，企业能够实时查看各部门、各项目的费用明细，确保支出透明化。

② 预算控制：为各个业务部门或项目设置明确的预算上限，及时发现超出预算的使用情况，进行适当的调整。

③ 财务与技术团队协作：财务团队与技术团队应紧密合作，确保在资源采购和配置时既能满足业务需求，又能控制成本。

良好的云上财务管理不仅能帮助企业优化成本结构，还能提高资源使用的透明度和可控性，从而实现财务与业务的协调发展。

综合上述，云上成本的合理管理是企业成功运行云环境的关键。通过选择合适的计费模式、衡量资源效率、避免资源浪费、进行支出成本分析以及实施云上财务管理，企业能够在保持业务灵活性的同时有效控制成本。随着企业对云计算的依赖程度日益加深，云上成本设计与管理将成为企业竞争力的重要组成部分。

6.3　云上成本的设计方案

6.3.1　资源类型与规格成本设计

1. 计算资源类型的选择

云上计算资源种类繁多，企业可以根据业务需求选择不同类型的计算资源，每种类型在性能、用途和成本上各有差异。常见的计算资源类型包括 ECS（弹性云服务器）、BMS（裸金属服务器）、CCE（云容器引擎）、异构计算服务等。选择合适的资源类型是云上成本设计的基础。

（1）ECS（弹性云服务器）

ECS 是最常用的云计算资源类型，适合大多数通用业务场景。它提供按需弹性扩展的能力，企业可以根据业务负载动态调整 ECS 实例数量和规格，从而避免资源浪费。

优势：灵活、易于管理、支持按需扩展。

适用场景：网站托管、数据处理、开发和测试环境等。

（2）BMS（裸金属服务器）

BMS 为企业提供了物理层级的计算资源，具有独享硬件的优势，适合对计算性能和安全性要求极高的业务场景，如金融、游戏以及高性能计算等。

优势：物理隔离、极高的性能和可定制化，支持处理大规模数据。

适用场景：需要高性能、低时延的关键业务，或者需要直接控制硬件资源的场景。

（3）CCE（云容器引擎）

CCE 是专为容器化应用提供的计算资源类型，支持大规模集群管理与容器编排，能够极大地提升应用的开发和运维效率。

优势：支持自动化运维、快速部署和弹性扩展，特别适合微服务架构。

适用场景：大规模微服务、容器化应用、DevOps 流程等。

（4）异构计算服务

异构计算服务提供 GPU、FPGA 等加速硬件，适用于高性能计算、AI 推理和训练等场景。这类服务为需要处理大量并行计算任务的应用提供了强大的计算能力。

优势：高效处理并行任务，特别适用于图像处理、机器学习等计算密集型任务。

适用场景：人工智能、大数据处理、科学计算等。

计算资源类型选择的成本考虑：

① ECS 通常是性价比最高的选择，适合多数通用业务场景；

② BMS 成本较高，但性能突出，适合需要物理隔离和高性能的关键任务；

③ CCE 可以极大地提高开发效率，尤其是在支持持续集成和交付的场景下，成本效益明显；

④ 异构计算服务虽然成本较高，但其在特定场景中的计算效率极高，适合短期内处理大量复杂的计算任务。

2. 计算资源规格的选择

确定计算资源类型后，规格选择是影响成本和性能的关键因素。不同规格的实例在 CPU、内存、存储和网络带宽上有着显著的差异，企业应根据实际业务需求选择最适合的实例规格，确保资源利用率的最大化。

（1）通用计算增强型

这种规格通常适用于大部分中小型业务场景，具备均衡的 CPU、内存和网络资源配置，适合处理中等负载的业务。

特点：性价比高、资源配置均衡。

适用场景：企业应用系统、普通数据库、轻量级 Web 服务。

（2）高性能计算型

高性能计算型实例适用于需要大量并行计算的任务，提供更强大的计算能力和更高的内存带宽，通常用于大规模数据处理、视频转码和科学计算等。

特点：高计算性能，支持密集计算任务。

适用场景：高性能计算、科学模拟、金融模型分析等。

（3）内存优化型

内存优化型实例为内存密集型应用提供了更大的内存容量，适用于需要处理大量数据、缓存、大型数据库等应用。

特点：大内存配置，适合内存密集型任务。

适用场景：大数据处理、内存数据库、实时分析等。

规格选择的成本考虑如下。

① 通用计算增强型通常是性价比最优的选择，适合常规业务场景。

② 高性能计算型虽然成本高，但在处理大规模并行计算任务时具有显著优势。

③ 内存优化型的内存配置较高，适用于数据密集型应用，尽管成本较高，但对于大规模数据处理有明显的效率提升。

3. 弹性伸缩策略的选择

云计算的一个重要特性就是弹性伸缩，即根据实际的业务负载动态调整资源配置，从而有效控制成本。弹性伸缩策略确保企业在高峰期能够快速增加资源应对流量激增，而在低负载时释放资源，避免浪费。

（1）云服务器弹性伸缩

云服务器弹性伸缩是企业在使用 ECS 实例时常用的一种成本优化策略。通过实际负载动态增加或减少实例数量，企业可以在业务高峰时扩展计算资源，在低峰期释放多余的资源。

特点：根据负载自动调整实例数量，无须人工干预。

适用场景：高并发业务、波动性较大的业务。

（2）CCE 集群弹性伸缩

CCE 集群弹性伸缩是专为容器化应用提供的伸缩策略。当容器集群负载增加时，系统自动扩展计算节点，保证服务稳定性；在负载减少时，自动回收计算资源，从而减少费用支出。

特点：针对容器的负载自动伸缩，支持细粒度的资源管理。

适用场景：容器化微服务、动态负载业务。

弹性伸缩策略的成本考虑如下。

① 合理的弹性伸缩策略可以避免资源长期闲置，同时保证高峰期的性能需求。

② 通过弹性伸缩，企业能够实现按需付费，避免支付不必要的固定资源费用。

4. 存储资源的选择

在云上成本设计中，存储类型的选择对成本控制和性能优化至关重要。不同的存储类型适用于不同的业务场景，企业应根据业务需求和成本预算合理选择存储类型，以实现资源的最佳配置和成本的有效控制。以下内容将从对象存储服务、云硬盘和弹性文件 3 类存储方式进行详细阐述。

（1）对象存储服务

对象存储服务（OBS）是一种高性价比的存储方式，适合用于互联网领域的海量非结构化数据存储。OBS 具有高扩展性和低成本，广泛应用于多种业务场景。

适用场景：OBS 非常适合存储大量非结构化数据，如视频点播、视频监控、图片存储、网盘、异地备份和归档存储等。它的设计适用于数据的存储和读取频率较低的场景，并且可以在全球范围内实现数据分发，因此在媒体、互联网和数据归档等领域尤为常见。

成本结构：OBS 的成本优势明显，提供了 3 种不同存储级别，分别为标准存储、低频访问存储和归档存储。3 种类型的成本逐级降低，标准存储适用于访问频率较高的数据，低频存储和归档存储则适合访问需求低的数据，尤其是归档存储具有最低的存储成本，非常适合长期备份和归档需求。与云硬盘和弹性文件系统相比，OBS 的总体成本显著降低，是大规模数据存储的理想选择。

（2）云硬盘

云硬盘（EVS）是一种块存储服务，具有较高的 I/O 性能，适合对数据访问速度要求较高的业务应用，如数据库存储。

适用场景：云硬盘非常适合用于需要高性能和高可靠性的场景，尤其是在数据库应用中，如 Oracle 和 DB2 等高 I/O 需求的数据库，块存储能够有效地支持高负载的读写操作。EVS 提供了持久化的数据存储功能，可确保数据的高可用性和持久性，因此适用于核心数据库和高并发、高存储性能的应用场景。

成本结构：云硬盘的成本居中，提供了从高 I/O、通用型 SSD 到超高 I/O 的多种类型选择，不同类型的云硬盘在性能和价格上有所差异。高 I/O 类型提供基本的 I/O 性能，适合成本敏感且 I/O 需求一般的业务；通用型 SSD 提供更高的读写性能，适合普通的中小型数据库应用；超高 I/O 类型则提供极高的 I/O 性能，适合高负载的业务场景。云硬盘的成本高于对象存储服务的成本，但相比弹性文件系统略有降低，适合高性能要求但成本敏感的场景。

（3）弹性文件系统

弹性文件系统（SFS）是一种共享文件系统，适合在局域网内进行文件共享访问。SFS 支持多台服务器同时访问文件数据，是高性能文件存储的理想选择。

适用场景：弹性文件系统适用于需要局域网共享访问的场景，如文件共享、视频处理、动画渲染和高性能计算等应用场景。它支持常用的网络文件传输协议（如 NFS、FTP），适合多个服务器共同访问同一文件系统的业务需求。对于需要大规模并发访问和高读写性能的场景，例如视频编辑和科学计算，SFS 能够提供稳定的性能支持。

成本结构：弹性文件系统的成本最高，提供了两种类型：经济型 SFS 容量型和性能型 SFS Turbo 型。经济型 SFS 容量型适合一般的文件共享和数据存储需求，成本相对较低；而性能型 SFS Turbo 型则提供更高的读写性能，适合需要频繁访问和高性能的场景。相比其他存储类型，SFS 的成本较高，但其共享和高并发的特点使其成为具有高效文件管理和数据共享需求的最佳选择。

5. 网络资源的选择

网络资源的合理选择对性能和成本控制至关重要。以下内容将针对网络类型的选择、公网接入方式和带宽的选择 3 个方面进行详细探讨，帮助用户在云上设计具备高性价比的网络架构。

（1）网络类型的选择

在云环境中，网络类型的选择决定了云上资源与外部资源的连接方式及其安全性。主要包括以下 3 种类型。

① 云专线（DC）：云专线通过物理线路将企业的本地数据中心与云上资源相连接，提供高带宽、低时延的私有连接方式，适用于对数据传输速度和安全性要求较高的场景，例如金融、医疗等需要传输敏感数据的行业。尽管成本较高、周期较长，但云专线能有

效保障数据的安全性和传输的稳定性。

② 虚拟专用网络（VPN）：VPN 基于公网加密传输数据，通过隧道技术将本地网络与云上网络连接，适用于中小型企业。VPN 的成本较低，部署灵活，但在网络带宽和时延方面不如云专线，因此更适合短期或对带宽要求不高的场景。

③ 云连接（CC）：云连接是一种面向多区域、多账户的网络连接方式，适合多地域分布的企业将不同区域的云资源相互连接。云连接可以简化跨区域、多账户间的网络管理，同时实现不同地域间资源的快速访问和数据同步，适用于全球化或跨区域的业务。

（2）公网接入方式

公网接入是用户访问互联网或提供服务的入口，不同的接入方式对成本和应用场景的适配度有所不同，具体如下。

① 弹性负载均衡（ELB）：用于将公网流量分配到多个云服务器实例，实现高可用性和负载均衡。对于流量波动较大、需要提升可用性的业务，ELB 是推荐选择，通过均衡流量提高资源利用效率。此外，ELB 还可以结合 SSL 卸载功能，降低后端服务器的加密/解密负荷。

② 弹性云服务器（ECS）直接绑定 EIP：弹性云服务器绑定弹性公网 IP（EIP）后，直接提供公网访问。这种方式适用于一些简单的网络架构场景，比如将 ECS 作为单一入口提供应用服务，但在扩展性和高可用性方面相对有限，适合较小的业务系统。

③ NAT 网关：允许私有网络中的资源通过一个或多个共享的 EIP 访问互联网，同时隐藏了内部网络结构。它适用于保护内部服务器地址不被外部直接访问的场景，可有效节省 EIP 使用成本，且支持大规模并发连接，适合中大型企业对安全和成本都有较高要求的场景。

（3）带宽的选择

带宽的选择是网络设计中的重要环节，选择合适的带宽类型和大小可以在满足性能需求的前提下有效地控制成本。

① 独享带宽：为用户提供专用的网络带宽资源，网络质量稳定，适合对网络性能要求较高的关键业务场景，例如视频流媒体、在线游戏等。独享带宽的成本相对较高，但能够保障较好的网络体验。

② 共享带宽：允许多个公网 IP 共享带宽资源，适合多台 ECS 同时使用公网的情况，能够通过灵活分配带宽资源来提升带宽利用率。共享带宽在节约成本方面具备优势，适合对网络质量要求不高的场景，比如企业内网间的数据传输或中小型应用系统。

6. 数据库资源的选择

在云上成本设计中，数据库资源的选择是决定性能和成本的关键因素。企业需要根据业务需求合理选择数据库的类型、数据库的规格和实例类型，以实现性能优化与成本控制的平衡。以下将从数据库类型的选择、数据库规格的选择和实例类型的选择 3 个方面探讨数据库的成本设计策略。

（1）数据库类型的选择

不同的数据库类型在功能、性能和成本上有所差异，因此选择合适的数据库类型是优化成本的第一步。

① PostgreSQL：一种开源的关系型数据库，功能强大且支持复杂查询，适用于需要数据一致性、复杂查询和事务处理的场景。PostgreSQL 的成本相对较低，适合预算有限、对开源系统接受度高的企业。

② RDS for MySQL：一种广泛应用的关系型数据库，具有较好的扩展性和较低的成本。RDS for MySQL 是华为云的托管 MySQL 数据库服务，适合需要可靠性高且成本合理的业务场景，例如电商网站和内容管理系统等。MySQL 的总成本较低，性价比较高，是中小企业的常见选择。

③ RDS for SQL Server：SQL Server 是微软的商业数据库产品，功能强大且支持丰富的企业级特性，但成本较高。RDS for SQL Server 具有成熟的企业级架构，轻松应对各种复杂环境；一站式部署，保障关键运维服务，大量降低人力成本；根据华为国际化安全标准，打造安全稳定的数据库运行环境，被广泛应用于政府、金融、医疗、教育和游戏等领域。

④ RDS for MariaDB：MariaDB 是一种流行的开源关系型数据库管理系统。RDS for MariaDB 结合了云服务的优势与 MariaDB 本身的特性，为用户提供了一个灵活且功能强大的数据库解决方案。MariaDB 以其开源的特性，吸引了众多开发者和企业。它继承了 MySQL 的大部分功能，并在此基础上进行了优化和创新。在成本方面，由于其开源的性质，相比一些商业数据库，它具有一定的成本优势。这使得它适合于预算有限，但又需要可靠数据库支持的企业或创业公司。

选择合适的数据库类型不仅影响成本，也决定了数据库的功能和扩展性，因此在选择数据库类型时需要综合考虑成本、业务需求和技术要求。

（2）数据库规格的选择

数据库规格的选择主要涉及 CPU、内存、云硬盘类型和存储容量等配置，这些资源会直接影响数据库的性能和成本。

① CPU 与内存：数据库的 CPU 和内存规格决定了数据库的处理能力。高并发、高负载的业务场景，应选择更高规格的 CPU 和内存，以保证数据库的稳定性和响应速度；

反之，对于查询量较低的业务，适当降低 CPU 和内存规格，可以有效控制成本。合理配置 CPU 和内存的数量，是控制成本的关键。

② 云硬盘类型：数据库的存储性能与硬盘类型密切相关，常见的硬盘类型包括普通 I/O 型、SSD 高性能型等。普通 I/O 型适用于数据访问频率较低的场景，性价比较高；而 SSD 高性能型提供更高的读写性能，适合高并发、频繁访问的数据存储需求。企业可以根据业务需要选择合适的硬盘类型，以优化成本。

③ 存储容量：数据库的存储容量是一个动态因素，随着数据的增长，存储需求会不断增加。选择合适的初始容量并监控数据的增长情况，在需要时动态扩展存储容量，有助于企业避免不必要的成本浪费。

数据库规格的合理配置既能保证数据库的性能，也能在满足业务需求的前提下有效控制成本。

（3）实例类型的选择

数据库实例类型的选择会显著影响成本和数据库的可用性，不同实例类型适用于不同的业务需求。

① 主备实例：主备实例配置一主一备，提供高可用性和容灾能力，在主数据库发生故障时可以快速切换到备库，保证业务连续性。主备实例适用于对高可用性有严格要求的关键业务场景，如金融、电商等，但其成本较高。

② 单机实例：单机实例是低成本的选择，适合对高可用性和容灾要求不高的小型业务或测试环境。由于单机实例无备份，当实例故障时可能会导致数据丢失或业务中断，因此适合风险较低的业务场景。

③ 只读实例：只读实例通常用于分担主数据库的查询压力，提高系统的查询性能。对于需要频繁读取数据的场景，可以增加只读实例来扩展数据库的读取能力，从而在保持主数据库性能的同时提升应用的整体查询速度。只读实例的成本较低，是一个在性能和成本间折中的选择。

实例类型的选择需要根据业务对可用性、数据安全性和性能的要求作出合理取舍。对于关键业务，选择主备实例可以提高可靠性；而对测试或低风险业务，选择单机实例更具成本优势。

6.3.2　计费模式成本设计

合适的计费模式是优化资源使用和控制成本的关键。华为云提供的六大计费模式按需、按次、阶梯、竞价、包周期和按需套餐包，针对不同业务需求来设计，能够为用户提供灵活、透明的计费选项。以下将详细介绍这 6 种计费模式，并提供适用场景建议，以帮助用户在成本设计中作出最优选择。

（1）按需计费

按需计费是基于资源的实际使用量进行计费，按小时或秒级计算费用，用户可以根据实际需求随时启用或释放资源，按实际使用的时间付费。

适用场景：按需计费非常适合短期、临时性和需求不确定的业务场景，例如开发测试、短期项目和弹性负载的业务。对于需要灵活性高且预算较紧的项目，按需计费能够帮助用户在动态调整资源时避免浪费。

优势：按需计费灵活，无固定周期，适应性强，适合流量或负载波动较大的应用。

（2）按次计费

按次计费模式根据用户调用服务的次数进行计费，用户按使用次数付费，无须为未使用的资源支付费用。

适用场景：按次计费适用于调用频率较低、使用量较少的业务场景，例如 API 调用、特定功能调用、批量数据处理等。按次计费方式让用户根据实际需求使用资源，能够显著降低偶发性使用场景的成本。

优势：按次计费有效控制了低频调用的成本，确保资源使用灵活，并且减少了资源浪费。

（3）阶梯计费

阶梯计费模式根据用户使用量的增长，实行分段定价策略。用户的使用量越多，单位成本越低，从而激励用户批量使用。

适用场景：阶梯计费适合持续增长的业务需求，如大数据存储和分析、长期日志存储和高频访问的云存储等。对于增长稳定的业务，阶梯计费不仅能有效降低单位成本，还能提供成本预估的稳定性。

优势：随着使用量的增加，用户可享受更优惠的单位成本，适合长期或大规模应用，能够帮助企业获得更高的资源利用率和成本效益。

（4）竞价计费

竞价计费模式为用户提供一个动态的市场价格，用户可以根据实时价格购买资源。如果价格合适，可以显著地节省成本，但当价格超出设置的上限时，资源可能被释放。

适用场景：竞价计费适合可中断的任务场景，例如大数据分析、科学计算、图像渲染等。对于对持续性要求不高的任务，竞价计费能够显著地降低使用成本。

优势：竞价计费提供低价资源购买机会，让用户可以用较低的成本完成高计算量的任务，但不适合对稳定性要求高的业务。

（5）包周期计费

包周期计费是一种预付费模式，用户按照设定的周期（月、季度或年）预付资源费用，获得长时间的资源使用权。包周期定价通常较为优惠。

适用场景：包周期计费适合长期稳定的业务场景，例如业务系统、数据库服务、企业门户网站等常驻应用。对于需求稳定且资源使用时间较长的场景，包周期定价能够有效节省长期成本。

优势：用户享受比按需计费更低的单价，适合业务需求稳定的场景，同时有助于企业规划长期预算。

（6）按需套餐包

按需套餐包是一种灵活的组合套餐模式，用户可以选择一定数量的资源组合，按套餐价格享受更优惠的单价，同时不影响按需的灵活性。

适用场景：按需套餐包适合在特定业务场景下，灵活扩展资源需求的情况，例如流量峰值较高的电商业务。按需套餐包可以在业务量增加时提供稳定的成本控制，有助于企业实现短期灵活性和长期成本优化的平衡。

优势：套餐包提供了更优的定价方案，适合高峰期业务量激增的场景，满足灵活性和经济性的双重需求。

通过合理配置和选用计费模式，企业能够在云上实现既经济又高效的成本设计，从而在满足业务需求的前提下，最大化地控制云上资源支出。

6.3.3　费用管理设计

1. 费用中心

费用中心可以提供财务信息、发票管理、合同管理、账单管理、成本管理等服务，有助于用户更好地进行成本和消费分析。

① 资金管理：用户对充值账户进行充值操作，欠费后，为防止相关资源不被停止或者释放，需要用户及时进行充值；对账户的收入和支出情况进行查询；申请对充值账户中的可提现金额进行提现。

② 成本中心：成本中心是华为云向用户单独提供的成本管理服务，用户可以使用成本中心提供的成本分析和成本控制工具探索、分析和监控成本数据。成本数据仅用于内部成本管理的参考，不作为和华为云结算对账的依据。

③ 账单管理：用户可以按月查看在华为云的费用账单。月度成本呈现的是按使用量类型、按资源或产品维度分摊到每个月的费用。

2. 资金管理

费用中心的资金管理模块为用户提供了清晰的资金流管理工具，帮助企业有效地管理和跟踪在华为云平台的资金。资金管理功能包括收支明细、充值还款和余额提现，使得用户可以更直观地了解账户资金动向，并灵活进行账户余额管理。以下内容将对资金管理的主要功能进行介绍。

（1）收支明细

收支明细模块记录了用户在华为云账户中的所有资金流动情况，包括每一笔充值、消费、退款等交易记录，提供详细的资金流向信息。通过收支明细，用户可以随时查看账户的收入和支出，掌握账户资金的使用情况。

适用场景：收支明细适用于希望随时掌握账户资金状况的用户，特别是企业财务部门可以通过收支明细来审查每笔交易，确保资金流动透明，便于核对账务。

（2）充值还款

充值还款模块为用户提供了便捷的账户充值和还款方式，用户可以通过多种支付渠道（如银行转账、线上支付等）将资金充入华为云账户，确保账户余额充足，以便持续使用云服务。当账户出现欠费情况时，用户也可以通过充值还款来结清欠款，避免服务中断。

适用场景：充值还款功能适合需要提前充值或定期支付账单的企业用户，该功能可帮助他们在需要支付云服务费用时及时完成账户充值，避免欠费带来的服务中断风险。

（3）余额提现

余额提现模块允许用户将账户中的余额提取至指定的银行账户。企业在账户有余额时，可以选择将这部分资金提取出来，用于其他用途。余额提现过程安全、快捷，用户可以根据实际需要随时提取账户余额，确保资金的灵活运用。

适用场景：余额提现适用于有大量余额的企业或个人用户，该功能可帮助他们灵活管理账户资金，实现资金的有效利用，避免资金长期闲置在账户中。

3. 成本中心

成本中心是华为云面向用户提供的一项关键服务，可帮助企业全面收集、分析和优化云上成本。通过成本中心，用户能够直观地了解云资源的使用情况、监控支出、设置预算并生成分析报告。以下内容将介绍成本中心的主要功能和适用场景。

（1）成本分析

成本分析工具为用户提供直观的成本数据分析，以图表的形式展示不同资源的成本使用情况，帮助用户快速理解成本的分布和变化趋势。通过成本分析，用户可以深入了解哪些资源消耗了最多的成本，并可针对不同维度（如产品、业务部门或项目）进行数据细分。该工具的可视化数据便于管理者识别成本的增长趋势或突增原因，及时采取优化措施。

适用场景：成本分析适用于需要定期查看云资源使用情况的管理者，特别是在业务增长阶段，能够帮助用户掌握成本的变化趋势，从而优化资源配置。

（2）预算管理

预算管理工具允许用户为云资源设置特定的预算，帮助企业控制成本，避免超出预定支出。用户可以根据业务需求设置预算上限，并在成本接近或超出预算时收到通知提醒。预算管理可以设置多个预算，例如为不同部门、项目或资源类型设置各自的支出限制，使得企业的整体预算更加清晰和可控。

适用场景：预算管理适用于需要精确控制支出的企业和项目团队，可帮助管理者提前规划资源使用情况，避免不必要的支出。

（3）报告管理

报告管理工具提供了成本分析报告的生成与分享功能。用户可以将特定时间段内的成本分析结果保存为报告，便于企业内部分享和管理，支持多账号间的数据共享。通过报告管理，企业可以生成定期的成本报告，帮助不同部门实时了解云上资源的成本使用情况，提升成本透明度。

适用场景：报告管理适用于企业内部的成本汇报需求，便于不同团队或部门查看统一的成本分析数据，方便协作与预算调整。

（4）计费模式

计费模式模块帮助用户了解云上资源的计费方式，清晰掌握不同资源的成本结构。华为云支持多种计费模式，包括按需计费、包周期和竞价等，用户可以通过该模块选择最适合其业务需求的计费方式，从而优化资源的成本效益。同时，该模块也帮助用户了解预留资源的定价策略，利用长期资源预留获得更高的成本节约。

适用场景：计费模式适合希望对不同计费方案进行比较的用户，帮助他们选择最符合业务和预算的付费方式，从而在资源灵活性和成本之间找到最佳平衡点。

（5）成本标签

成本标签是一种通过标签来标识和管理云上资源的工具，用户可以为不同资源分配标签，按照业务部门、项目或应用进行分类。成本标签使得企业能够更精细地追踪和归集成本，例如按部门或项目查看各自的成本数据，从而更加清晰地了解各业务的支出情况。

适用场景：成本标签适合有多部门或多项目的企业，通过标签管理让成本归集更加高效和精细，便于企业对各个项目或部门的成本进行独立核算。

4. 账单管理

在云上成本管理中，账单管理是帮助企业清晰了解、分析和导出费用信息的重要工具。通过账单管理，用户可以全面掌握账单概况和具体支出详情，从而在财务管理和成本控制方面作出更为科学的决策。以下内容将对账单管理的主要功能模块进行介绍。

（1）账单概览

账单概览模块提供账单的整体情况，通过5个卡片视图，即账单汇总、消费分布、多维度汇总账单、消费走势、帮助与引导，用户可以快速了解所选账期内的支出概况。

① 账单汇总：展示用户指定账期内的总费用金额和总费用构成。

② 消费分布：展示用户指定账期内的消费分布情况。

③ 多维度汇总账单：提供按资源类型、项目、部门等维度的账单汇总，便于多层次分析。

④ 消费走势：默认以柱状图形式展示用户当前账期下每天的费用金额。用户也可结合实际需要，查询近 6 月的消费走势。

⑤ 帮助与引导：提供相关帮助链接，解决用户查看账单过程中可能遇到的常见问题。

（2）成本分析

成本分析模块将账单数据以图表形式直观展示，提供详细的可视化成本数据分析。通过成本分析，用户可以按产品、业务部门、项目或其他维度查看不同类别的成本数据。图表化的展示方式有助于企业快速了解资源使用情况及成本分布，帮助管理者发现潜在的成本优化机会。

适用场景：成本分析适用于希望在财务管理中作出数据驱动决策的用户，帮助其洞察成本结构并挖掘成本节约空间。

（3）流水与明细账单

流水与明细账单模块包含两个部分：流水账单和明细账单。

① 流水账单：展示每笔订单及各个计费周期的详细账单信息。流水账单涵盖每小时、每日或每月的结算数据，适合查看资源的逐笔消费记录，帮助用户了解资源的计费频率和每个结算周期的支出。

② 明细账单：提供不同统计维度和周期的账单，用户可以按项目、部门或业务单元等维度查看不同时间段的账单细节，支持灵活的账单查询方式，以满足用户对账单精细化管理的需求。

适用场景：流水和明细账单适合需要进行财务核对或支出分配的场景，通过明细账单查询功能，企业能够更精确地核算不同部门和项目的具体支出情况。

（4）账单导出

账单导出功能支持用户将账单数据导出，便于财务对账和归档。用户可以选择导出不同类型的账单，包括月账单、多维度汇总账单、资源账单和流水账单，以满足多种需求的账单使用和分析。

① 月账单：显示每月的总支出，便于企业月度成本核算。

② 多维度汇总账单：支持按照不同维度（如项目、部门）汇总的账单导出，便于不同业务单元的费用分摊。

③ 资源账单：按资源类别导出账单，帮助企业跟踪具体资源的消费情况。

④ 流水账单：导出每笔交易的详细信息，便于审计和备查。

适用场景：账单导出功能适用于需要存档、分享或进一步分析账单的企业，尤其适合财务部门在月度、季度或年度进行成本核算时使用。

（5）用量明细

用量明细模块提供多种云服务的具体用量数据，支持按日峰值、95 计费、95 增强计费、95 保底计费等多种模式展示。用户可以查询和导出不同云服务的用量明细，包括 CDN、VPC、EIP、VOD、DCAAS 和 OBS 等服务，从而清晰了解资源的实际使用量和使用模式。

适用场景：用量明细功能适用于需要精确了解资源使用情况的用户，例如需要分析带宽流量、存储用量等数据的技术和运营团队。通过详细的用量明细，用户可以更好地优化资源配置，避免不必要的支出。

6.4 成本优化设计

在云上成本优化设计中，合理规划资源和支出是实现高效、经济地使用云服务的关键。华为云提供的成本优化设计方案主要包括使用成本效益的资源、供需匹配、支出意识和持续成本优化。通过科学的成本优化设计，企业可以在满足业务需求的同时有效控制成本。

（1）使用成本效益的资源

在云上，选择合适的服务和资源配置是成本优化的第一步。企业需要根据业务需求选择适当的资源，以保证性能和成本的最佳平衡。

① 选择合适的服务：华为云提供多种服务和配置选项，用户可以根据具体的业务场景和性能要求，选择最适合的服务。例如，选择适合的计算资源（如虚拟机、容器、弹性负载均衡等）、存储资源（如对象存储、云硬盘、弹性文件系统）和数据库（如 RDS、NoSQL 数据库），既满足业务需求又避免浪费。

② 配置优化：合理配置 CPU、内存和存储空间等资源，根据实际需求调整配置，避免超出实际需要。例如，短期的开发和测试，可以选择较低配置的虚拟机；而生产环境，可以选择更高性能的配置，以确保业务的平稳运行。

③ 实例类型选择：根据业务的可用性需求选择不同类型的实例，如按需实例、包年包月实例和竞价实例等，以达到成本和性能的最佳平衡。例如，短期批处理任务可以选择竞价实例，而长期使用的核心业务可以选择包年包月实例，享受优惠价格。

（2）供需匹配

供需匹配是成本优化的关键，旨在避免不必要的过度配置，确保资源使用与实际需求相匹配。云环境的弹性特性允许用户根据需求动态调整资源，具体如下。

① 动态资源调配：通过自动扩展或收缩资源，避免资源的过度配置和空闲。例如，使用弹性伸缩功能可以在流量高峰时自动扩展实例数量，而在低谷时缩减实例数量，从而节省成本。

② 按需计费与预留资源相结合：长时间运行的核心业务，可以选择包年包月的预留资源；而不定期运行的任务，可以选择按需计费方式，避免长期闲置资源的成本浪费。企业可以根据业务的使用频率选择合适的计费模式，实现供需匹配。

③ 监控资源利用率：通过云监控服务实时监控资源的使用情况，对低使用率的资源进行优化。例如，可以根据实例的CPU、内存等指标，识别出过度配置的资源并进行调整，避免浪费。

（3）支出意识

建立支出意识是云上成本优化中的重要组成部分。准确的成本归属能够帮助企业了解业务部门和产品的成本及盈利情况，从而指导财务管理和资源分配。

① 成本归属：使用成本标签等工具，将成本与业务部门、项目、产品等进行关联，清晰展示各部门或项目的资源使用情况。通过精确的成本归属，企业可以了解每个业务单元的支出情况，发现成本高的部门或项目，及时调整资源分配。

② 部门与产品成本评估：对每个业务部门和产品进行盈利分析，根据成本归属数据评估各个业务的盈利情况。支出意识的建立有助于企业识别业务增长机会和潜在的优化空间，为预算制定和成本优化提供数据支持。

③ 透明化成本数据：通过成本中心或费用中心将成本数据可视化，向各业务部门提供透明的费用数据，便于各部门合理使用资源，提高对成本的敏感性和管理能力。

（4）持续成本优化

成本优化并非一成不变，而是一个持续的过程。企业需要根据系统的资源利用率不断调整优化策略，确保资源的高效使用，并在时间的推移中进行持续的优化。

① 定期审查资源利用情况：定期检查云资源的使用情况，根据使用率调整资源配置。例如，长时间使用率较低的资源，可以选择调整配置或释放资源，以避免不必要的支出。

② 自动化成本优化工具：借助自动化工具（如成本分析和预算管理），根据使用趋势和历史数据自动推荐优化策略，帮助企业自动化调整资源，提高成本管理的效率。例如，华为云的成本中心提供图表化的成本分析数据，便于企业实时掌握资源的利用情况和支出趋势。

③ 成本优化的反馈循环：将成本数据反馈给各业务部门或管理层，让成本优化成为一种组织文化。鼓励各部门根据成本数据调整资源需求，实现企业整体的成本优化。

④ 跟踪市场变化：随着市场价格的波动和云服务的迭代，企业需要不断关注云服务提供商的新服务和价格更新，及时调整策略，从而实现成本节约。

通过以上 4 个策略，企业能够在云上实现系统化、持续化的成本优化设计，在有效提升资源使用效率的同时，大幅降低运营成本，为业务的稳健发展提供可靠的支持。

第7章 上云迁移方案

本章主要内容

本章将聚焦上云迁移的核心内容，旨在帮助企业在云计算环境中实现高效、安全的迁移与部署。首先，我们将探讨为什么需要上云迁移，并定义什么是上云迁移。本部分将帮助读者理解企业通过迁移至云端可以获得的弹性扩展、成本优化以及业务连续性等显著优势，同时明确上云迁移的核心目标与内涵。

接下来，本章对上云迁移的整体过程进行概述，并详细剖析常见的上云迁移场景，例如应用现代化、灾备系统部署、开发测试环境迁移等；随后，揭示上云迁移过程中可能遇到的典型误区，例如忽略迁移规划、不充分评估迁移工具的适配性，以及安全性考虑不足等问题。在此基础上，我们将归纳迁移成功的关键因素，为企业制定科学、可行的迁移策略提供指引。

本章还将深入解析上云迁移的实施流程，如迁移前的准备与评估、迁移方案的设计、迁移过程中的实施与监控，以及迁移后的验证与优化。此外，我们还将介绍华为云提供的迁移工具和服务，帮助企业高效完成数据、网络、存储、主机及数据库的迁移。

最后，本章以网络、主机、存储和数据库迁移为例，系统解析迁移的适用场景、面临的挑战及最佳实践方案。通过讲解网络迁移的演进、主机与云主机的区别、云下与云上存储的对比，以及传统数据库与云数据库的特性，全面展示企业上云迁移的全景图。

本章内容的介绍将有助于读者学习上云迁移服务的基础理论与实践方法，构建一个弹性、高效、安全的云上业务架构，为企业的数字化转型奠定坚实的基础。

【知识图谱】

本章知识架构如图 7-1 所示。

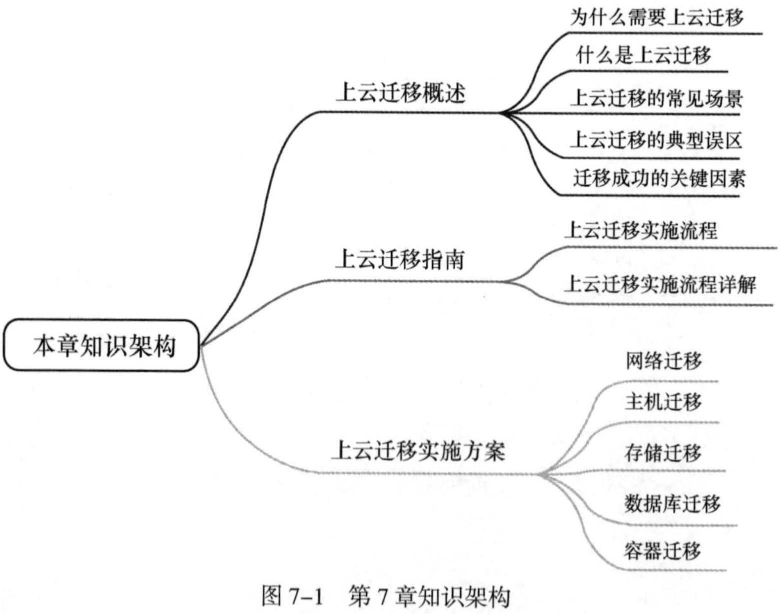

图 7-1　第 7 章知识架构

7.1　上云迁移概述

7.1.1　为什么需要上云迁移

在当今这个数据驱动、技术日新月异的时代，企业面临着前所未有的变革压力。数字化转型已成为企业提升竞争力、实现可持续发展的关键路径。其中，上云迁移作为数字化转型的重要组成部分，正逐步成为企业转型升级的必然选择。为什么需要上云，主要有以下原因。

1. 成本效益

（1）降低基础设施成本

传统的企业数据中心需要大量的硬件设备投资，包括服务器、存储设备、网络设备等。而使用华为云等云服务产品，企业无须购买这些昂贵的硬件，只需按需使用云资源，按照使用量付费即可。例如，对于一家小型企业，如果自行构建数据中心来支持其业务运营，前期硬件采购成本可能高达数十万元，这还不包括后续的维护和升级成本。而在华为云上，企业可以根据实际业务需求选择合适的计算、存储资源套餐，每月的成本可能只需几千元。

（2）节约运营成本

云服务提供商负责云平台的日常维护、管理和安全保障，企业无须投入大量的人力物力在数据中心的运维上。企业内部运营数据中心，需要配备专业的运维团队，包括系统管理员、数据库管理员、网络工程师、存储专家等，这些人员的薪酬和培训成本是一笔不小的开支。而将业务迁移到华为云后，企业可以将更多的精力和资源集中在核心业务的发展上。

2. 安全性与可靠性

（1）专业的安全防护

华为云等云服务提供商拥有专业的安全团队和先进的安全技术，能够提供多层次、全方位的安全防护。他们在数据加密、网络安全、访问控制等方面有着丰富的经验和成熟的解决方案。例如，华为云采用先进的加密算法对企业数据进行加密存储和传输，防止数据被泄露和篡改。同时，云平台会定期进行安全漏洞扫描和修复，比企业自身构建的安全体系更加完善和可靠。

（2）高可用性和灾难恢复

云平台通常具有多个数据中心，分布在不同的地理位置，通过冗余设计和数据备份机制，确保企业业务的高可用性。如果一个数据中心发生故障，业务可以自动切换到其他数据中心继续运行。例如，华为云在全球多个地区建立了数据中心，企业的数据在多个数据中心进行备份。当某个地区遭遇自然灾害或网络故障时，企业的数据和业务可以在其他地区的数据中心迅速恢复，最大程度地缩短业务中断时间。

3. 可扩展性

（1）从容应对业务增长

随着企业业务的发展，企业对计算资源、存储资源和网络带宽的需求会不断增加。在传统架构下，企业需要提前规划并购买额外的硬件设备来满足未来的需求，这不仅需要大量的资金投入，而且设备的采购和部署周期较长。例如，一家电商企业在促销活动期间，流量可能会瞬间增长数倍甚至数十倍。如果采用华为云服务，企业可以根据业务流量的变化，快速调整云资源的配置，轻松应对业务高峰。在促销活动前，企业可以临时增加计算实例和带宽资源，活动结束后再根据实际情况减少资源使用，这种灵活性是传统架构难以实现的。

（2）促进创新业务试验

企业在探索新业务、开发新应用时，往往需要先进行小规模的试验和试点。云平台为企业提供了一个理想的试验环境，企业可以快速创建和部署新的应用环境，无须担心硬件资源的限制。例如，一家金融企业想要尝试推出新的移动支付业务，通过在华为云上创建一个独立的测试环境，可以快速搭建起所需的服务器、数据库和应用服务器等资源，进行业务功能测试和性能测试，大大缩短了创新业务的上市周期。

4. 技术创新与竞争力提升

（1）获取先进技术

云服务提供商不断投入研发资源，将最新的技术成果应用到云平台上。企业通过上云迁移，可以直接使用这些先进技术，无须自行研发。例如，华为云提供了人工智能、大数据分析等服务，企业可以利用这些服务来优化业务流程，提高决策效率。一家制造企业可以利用华为云的大数据分析服务，对生产数据进行深度挖掘，发现生产过程中的潜在问题，优化生产流程，提高产品质量。

（2）加速数字化转型

上云迁移是企业数字化转型的重要一步。它可以帮助企业整合内部资源，打破部门之间的信息孤岛，实现业务流程的数字化和自动化。例如，企业可以通过华为云的企业应用集成服务，将不同部门的业务系统进行集成，实现数据的共享和协同，提高企业的整体运营效率，从而在市场竞争中获得优势。

7.1.2 什么是上云迁移

上云迁移，简而言之，是指企业将原本运行在本地数据中心或物理服务器上的业务系统和数据，迁移至云端（包括公有云、私有云或混合云）的过程。这一过程不仅涉及硬件资源的转移，更重要的是业务逻辑、数据架构、应用部署以及运维模式的全面重构与优化。

上云迁移是以业务通过上云实现更多价值为目标，围绕源、目标、数据复制 3 个要素而开展的一系列活动的总和。

（1）源：企业的现有业务基础

这是企业决定上云迁移的起点。源包含了企业现有的业务系统、应用程序、数据存储以及与之相关的硬件设施等。对于用户而言，源是企业多年来运营积累的成果，可能是一套复杂的企业资源规划（ERP）系统，管理着企业从采购、生产到销售的各个环节；也可能是存储着海量用户数据的数据库，这些数据是企业开展营销、提供个性化服务的重要依据。然而，随着企业的发展和市场环境的变化，这些基于传统架构的源系统可能面临着诸如扩展性差、维护成本高、安全性难以保障等问题。

（2）目标：云平台带来的无限可能

云平台就是上云迁移的目标。如今市场上有众多优秀的云服务提供商，如华为云、腾讯云、阿里云等。它就像一个巨大的资源池，企业可以根据自己的需求随时获取计算能力、存储容量、网络带宽等资源。从用户的角度看，云平台不仅提供了强大的基础设施即服务（IaaS），还提供了平台即服务（PaaS）和软件即服务（SaaS）等多种模式。例如，企业可以利用云平台上的人工智能服务进行数据分析和预测，或者使用云平台提供的办公软件提高员工的协作效率。云平台的目标是帮助企业突破传统架构的限制，实现更高效、更灵活、更具创新性的业务运营。

（3）数据复制：连接源与目标的桥梁

在从源到目标的迁移过程中，数据复制是至关重要的环节。数据是企业的核心资产，确保数据在迁移过程中的完整性、准确性和安全性是用户最关心的问题之一。数据复制不仅是简单地将数据从企业内部的数据中心复制到云平台，还涉及数据格式的转换、数据的同步以及数据在迁移过程中的容错处理等。例如，对于一个跨国企业，其业务数据分布在全球多个地区的数据中心，数据复制需要考虑不同地区的数据法规、网络环境等因素，以确保数据能够安全、高效地迁移到云平台上。

7.1.3　上云迁移的常见场景

上云迁移主要包含以下 3 种场景。

① 友商公有云（腾讯云、阿里云）迁移到华为云，如图 7-2 所示。

② 企业私有云（KVM、VMware、OpenStack）迁移到华为云，如图 7-3 所示。

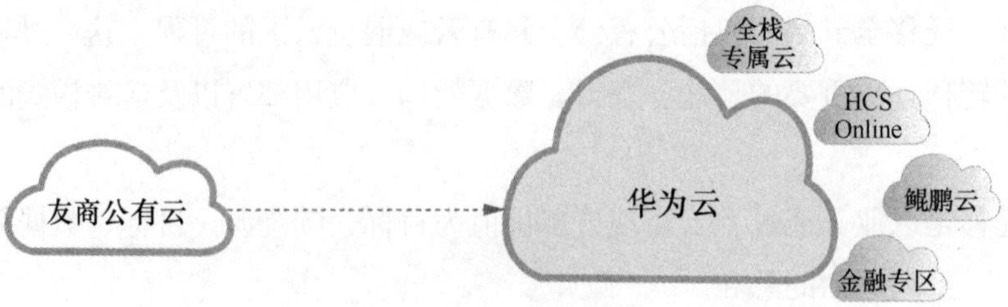

图 7-2 友商公有云（腾讯云、阿里云）迁移到华为云

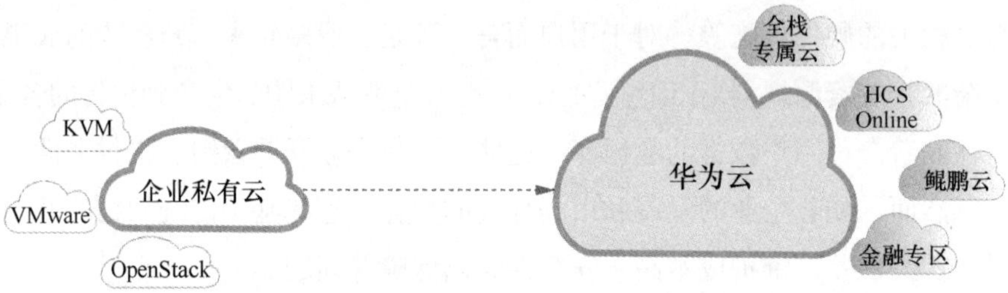

图 7-3 企业私有云（KVM、VMware、OpenStack）迁移到华为云

③ 本地数据中心迁移到华为云，如图 7-4 所示。

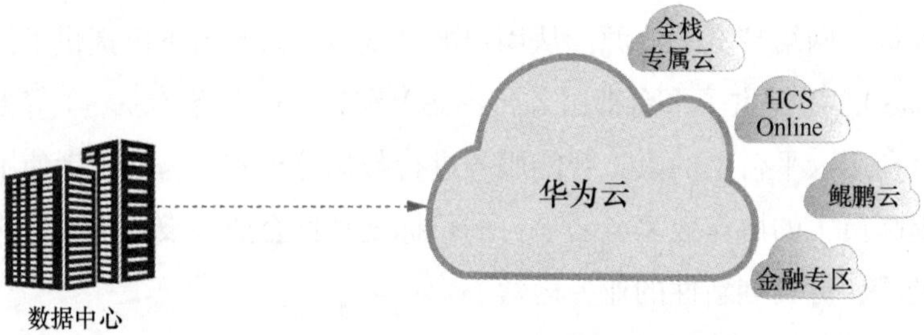

图 7-4 本地数据中心迁移到华为云

7.1.4 上云迁移的典型误区

企业在考虑上云迁移的过程中存在着一些典型的误区，这些误区往往会影响企业对上云决策的正确判断。从成本的角度来看，这些误区尤其值得深入探讨，因为成本是企业运营中至关重要的考量因素。

1. “云始终更便宜”的误区

（1）增加的成本：云资源费用

许多企业认为云服务一定比本地部署更便宜，但实际上云资源费用可能并不总是如预期般节省。云服务提供商根据企业使用的资源量收费，这些资源包括计算资源（如 CPU、内存）、存储资源（如磁盘空间）和网络带宽等。如果企业对资源的需求预估不准确，或者业务增长导致资源使用量超出预期，云资源费用可能会迅速增加。例如，一家创业公司在初始阶段根据少量用户的需求选择了一定规模的云服务器资源，但随着业务的快速增长，用户数量和数据量呈指数级增加，需要不断升级云资源套餐，这使得云资源费用远远超出了最初的预算。

此外，一些云服务可能存在隐藏费用。例如，数据传输费用在本地数据中心内部通常可以忽略不计，但在云环境中，如果企业需要在不同地域的数据中心之间传输大量数据，或者将数据频繁地传入和传出云平台，可能会产生高额的数据传输费用。还有一些高级功能或增值服务，如特定的安全防护功能、高级数据库管理功能等，可能需要额外付费，这些费用如果在初期没有考虑到，也会增加企业的云资源成本。

（2）降低的成本：运营成本、环境成本、运维成本

尽管云资源费用可能存在不确定性，但上云确实能够降低一些成本。运营成本方面，企业无须再为数据中心的日常管理投入大量人力。在本地数据中心，人员需要负责服务器的日常监控、软件的安装与更新、系统故障的排查等工作；而在云环境中，云服务提供商承担了大部分的运营工作。例如，企业无须再安排专人在夜间和节假日值班来确保数据中心的正常运行，从而节省了人力成本。

环境成本也是上云能够削减的部分。本地数据中心需要消耗大量的电力用于服务器运行、冷却系统等，还需要占用一定的物理空间。上云后，企业无须再为机房的建设、电力供应和冷却设备投资，从而减少了这方面的开支。同时，运维成本也显著降低。云服务提供商拥有专业的运维团队，能够及时处理硬件故障、网络问题等，企业无须再招聘和培养自己的高级运维工程师，减少了人员培训和薪酬方面的支出。

2. “一切都应该上云”的误区

（1）增加的成本：迁移费用和适配成本

并非所有的业务和系统都适合上云。当企业盲目地将一切都迁移到云平台时，可能会面临不必要的成本增加。首先是迁移费用，将一些复杂的、定制化程度高的系统迁移到云平台可能需要耗费大量的人力、物力和时间。例如，一些基于特定硬件设备和专有软件构建的工业控制系统，迁移到云平台可能需要重新开发部分功能或者进行大量的系统适配工作，这就增加了迁移成本。

此外，部分业务系统在云平台上可能需要进行功能适配和优化才能正常运行。这可能涉及对应用程序代码的修改、数据库结构的调整等，这些适配成本在没有充分评估的情况下往往被忽视。而且，如果某些业务系统在本地运行良好且成本可控，迁移到云平台可能会打破原有的平衡，产生一些原本不需要的开支，如购买云平台上特定的中间件或者进行网络架构的重新设计等。

（2）降低的成本：特定场景下的有限节省

虽然云平台提供了诸多优势，但对于某些不适合上云的业务，强行迁移并不能带来

显著的成本降低。例如，一些对本地硬件设备有特殊依赖的科研计算任务，在本地数据中心利用专门购置的高性能计算设备可能已经达到了成本效益的最优解。如果将其迁移到云平台，可能无法充分利用云平台的通用资源，反而需要支付额外的费用来模拟本地的特殊计算环境，这样就无法实现运营成本、环境成本或运维成本的有效降低。

3. "云上配置始终与本地配置保持一致"的误区

（1）增加的成本：过度配置和性能不匹配的浪费

认为云上配置要与本地配置保持一致是不合理的，这可能导致成本增加。在云环境中，资源的分配和使用方式与本地数据中心有很大不同。如果企业按照本地配置在云上进行资源设置，可能会出现过度配置的情况。例如，本地数据中心可能为了应对偶尔的业务高峰而配置了大量的冗余服务器资源，在云平台上如果照搬这种配置，就会造成云资源的浪费，增加不必要的云资源费用。

此外，云上的硬件和软件环境与本地不同，如果强行保持一致的配置，可能会导致性能不匹配的问题。这可能需要企业花费更多的时间和成本来调整应用程序或系统设置，以使其在云平台上正常运行。例如，云平台的存储系统可能具有不同的读写性能特点，如果按照本地存储的配置来使用云存储，可能会出现数据读写缓慢的情况。为了解决这个问题，企业可能需要重新优化数据存储架构，从而增加了成本。

（2）降低的成本：未能充分利用云的特性

云平台具有很多独特的特性，如弹性伸缩、按使用量付费等。如果企业想保证与本地配置一致，就无法充分利用这些特性来降低成本。例如，云平台可以根据业务流量自动调整计算资源的使用量，而如果按照本地固定的配置，企业就无法在业务低谷时减少资源使用。在这种情况下，企业无法实现运营成本和资源成本的有效降低，无法充分发挥云平台在成本优化方面的潜力。

企业在考虑上云迁移时，必须跳出这些典型的误区，全面、深入地分析成本因素（包括增加的成本和降低的成本），从而做出明智的上云决策，实现真正的成本效益优化和业务发展的战略目标。

7.1.5 迁移成功的关键因素

上云迁移是企业数字化转型的重要步骤，它不仅涉及技术的迁移，更关乎业务连续性、数据安全以及长期的成本效益。为了确保迁移过程的顺利和成功，以下几个关键因素至关重要。

1. 专业的服务

（1）定制化咨询

需求分析：在迁移前，进行深入的需求分析，理解企业的业务目标、工作负载特性及未来发展规划。

架构设计：基于需求分析结果，设计适合企业的云架构，包括选择合适的云服务模型（IaaS、PaaS、SaaS），确定数据存储策略、网络安全规划等。

（2）经验丰富的团队

技术专家：拥有跨领域知识的技术专家团队，能够处理复杂的系统集成和技术难题。

项目管理：经验丰富的项目经理负责迁移项目的全程管理，确保项目按时按质完成。

（3）持续支持与培训

技术支持：提供迁移后的技术支持，解决可能出现的技术问题。

员工培训：对企业内部 IT 团队进行云计算相关的培训，提升其云环境下的运维能力。

2. 成熟的流程

（1）详细的规划

迁移策略：制定详尽的迁移策略，包括迁移的范围、顺序、时间表和资源分配。

风险评估：识别迁移过程中可能遇到的风险，并制定相应的应对措施。

（2）逐步实施

试点迁移：先进行小规模的试点迁移，验证迁移方案的可行性和效果。

分阶段执行：根据试点结果，分阶段推进全面迁移，每阶段结束后进行评估和调整。

（3）监控与优化

性能监控：迁移过程中持续监控应用性能，确保业务不受影响。

成本控制：实时监控迁移成本，避免超出预算。

3. 完善的迁移工具

（1）自动化迁移工具

数据迁移：使用高效的数据迁移工具，减少手动操作错误，加快迁移速度。

应用迁移：支持多种应用的迁移，包括数据库、Web 应用、大数据平台等。

（2）兼容性测试工具

预迁移测试：在迁移前，使用兼容性测试工具检查应用与云环境的兼容性。

后迁移验证：迁移后，再次使用测试工具验证应用在新环境中的稳定性和性能。

（3）安全管理工具

数据加密：确保数据在迁移过程中的安全性，使用加密技术保护敏感信息。

访问控制：设置严格的访问权限，防止未授权访问。

专业的服务、成熟的流程和完善的迁移工具是上云迁移成功的关键因素。企业在进行上云迁移时，应该充分重视这 3 个方面，选择专业的服务团队，制定成熟的迁移流程，运用合适的迁移工具，以确保上云迁移的顺利进行和成功实现。只有这样，企业才能充分发挥云计算的优势，提升自身的竞争力和创新能力，实现数字化转型的目标。

7.2 上云迁移指南

7.2.1 上云迁移实施流程

上云迁移是一个复杂而细致的过程，需要系统化地规划和执行。根据行业最佳实践，上云迁移可以分为 4 个主要阶段，每个阶段又包含若干个具体步骤。图 7-5 所示为上云迁移实施流程。

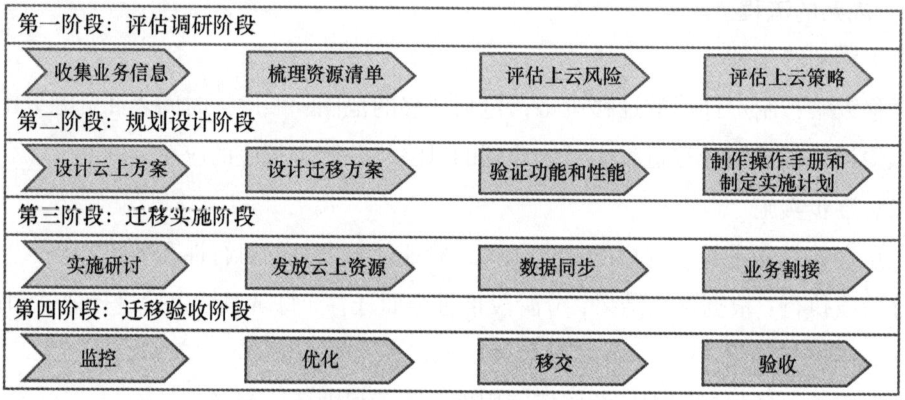

图 7-5　上云迁移实施流程

7.2.2 上云迁移实施流程详解

1. 评估调研阶段

目标：收集并分析信息后制定迁移策略。

（1）收集业务信息

与各个业务部门的负责人、关键用户以及技术团队成员展开深入的访谈和交流；详细询问业务的具体功能模块、各模块之间的关联和交互方式、业务的核心流程和关键路径；了解业务所服务的用户群体、业务的增长趋势和季节性波动情况等；获取业务的日常交易量、峰值交易量以及对响应时间等性能指标的具体要求。

收集整理与业务相关的文档资料，包括业务架构图、系统设计文档、操作手册等，以便全面深入地理解业务的细节和特性。

（2）梳理资源清单

针对服务器资源，逐一登记每台服务器的品牌、型号、序列号等基本信息。明确其 CPU 型号、核心数、内存容量和类型、硬盘的容量、接口类型和转速等详细配置参数。

记录服务器的 IP 地址、主机名等网络标识信息。

其他需梳理的资源见表 7–1。

表 7–1　其他需梳理的资源

源端类别	需要收集的信息项
网络	网络拓扑结构、网络设备型号、配置情况、可靠性等
数据库	操作系统版本、数据库引擎版本、软件版本、总容量、已用空间、剩余空间、应用、IP 地址、主机名、实例名、物理文件位置等
存储	数据量、文件类型、小文件数量、大文件数量等
应用	大数据应用、中间件使用、安全配置、CDN 应用等

（3）评估上云风险

从技术角度分析可能出现的数据丢失风险，例如，在数据迁移过程中是否可能发生数据损坏或丢失，备份策略是否完善等。评估网络连接中断的风险，考虑云平台与本地网络连接的稳定性、网络带宽是否满足需求等因素。检查系统兼容性问题，包括操作系统、应用软件等在云环境中的兼容性。

考虑业务连续性风险，分析迁移过程中业务中断的可能性和时间长度，以及业务中断对业务造成的影响程度。评估云平台自身的稳定性和可靠性风险，如云服务提供商的技术实力、过往的服务记录等。同时，还要考虑安全风险，如数据的保密性、完整性和可用性在云环境中的保障程度。

（4）评估上云策略

综合考虑业务需求、资源状况和风险因素，对整体迁移、逐步迁移等不同策略进行评估。分析整体迁移可能带来的一次性投入和风险，以及逐步迁移的时间成本和复杂性。考虑不同云服务模式（如公有云、私有云、混合云等）的适用性和优缺点。

评估不同部署架构（如单区域部署、多区域部署等）对业务的影响和可行性。结合成本因素，分析各种策略下的长期和短期成本效益，确保选择最适合的上云策略。

常见迁移风险及应对策略见表 7–2。

表 7–2　常见迁移风险及应对策略

风险点	应对策略
IP 地址变更风险	① 迁移过程尽可能保持内网 IP 地址不变； ② 互联网 IP 地址则需做调整，为保证业务正常接入，需要提前 20 天做好备案工作
业务中断风险	① 选择在业务量小的时间窗口进行迁移； ② 数据迁移过程保持源端在线，最后一次增量同步和业务切换时才中断业务； ③ 源端和目标端完成主备环境搭建； ④ 迁移过程保持每个步骤可回退

续表

风险点	应对策略
网络稳定性风险	① 建设迁移专用网络，专线可大大提高网络的稳定性及迁移速率； ② 源端虚拟化主机采用镜像导入，减少迁移过程中对网络的依赖，但是需要手工补齐增量部分数据
数据不一致风险	① 全量同步配合多次增量同步，最后一次同步需要停止源端业务写入； ② 迁移前停止源端业务写入，保障迁移数据就是全量数据； ③ 迁移前由用户做好源端数据备份

2. 规划设计阶段

目标：根据实际需求进行方案定制和编写。

（1）设计云上方案

根据业务特点和性能要求，设计云环境中的计算资源架构，确定合适的云服务器类型和数量，考虑是否需要弹性扩展等功能。设计存储架构，包括对象存储、块存储等的配置和使用方式。规划网络架构，包括子网划分、安全组设置、VPN 连接等。

结合成本和性能需求，选择合适的云服务提供商和具体的服务套餐，考虑云服务提供商的全球覆盖范围、服务质量、技术支持等因素。

（2）设计迁移方案

详细制定迁移的步骤和顺序，明确每个阶段的具体任务和责任人。确定数据迁移的具体方法，如通过网络传输、使用专用的数据迁移工具等。针对不同类型的数据（如数据库数据、文件数据等）设计相应的迁移策略。

制定数据备份和恢复策略，确保数据在迁移过程中的安全性。设计业务割接的具体流程和时间点，尽量减少对业务的影响。准备迁移过程中的应急处理方案，以应对可能出现的意外情况。

（3）验证功能和性能

在模拟环境或测试平台上，按照源系统的配置和业务流程进行系统搭建和部署。对系统的各项功能进行逐一测试，确保与源系统的功能完全一致，包括业务逻辑的正确性、用户界面的交互等。

进行性能测试，模拟不同的负载情况，如高并发用户访问、大数据量处理等，监测系统在不同负载下的响应时间、吞吐量等性能指标，与源系统进行对比评估，确保满足业务需求。同时，进行压力测试和稳定性测试，验证系统在极端情况下的可靠性。

（4）制作操作手册

编写云上系统的日常操作手册，包括服务器的启动、停止、监控等操作流程，以及应用程序的部署、更新等操作方法。详细描述系统的维护流程，包括硬件维护、软件升级等注意事项。

制作故障排除手册，列出可能出现的常见故障及其解决方法，提供快速的故障诊断和处理指导。确保操作手册的内容清晰、准确、易于理解和操作。

（5）制定实施计划

基于迁移方案和验证结果，进一步细化实施计划，将整个迁移过程分解为具体的任务和阶段。明确每个阶段的开始时间和结束时间，以及任务之间的依赖关系。

考虑可能出现的意外情况，如网络中断、数据丢失等，制定相应的应急计划和备份措施。与相关团队和人员进行充分沟通和协调，确保实施计划的顺利执行。

3. 迁移实施阶段

目标：按照既定方案进行实施，并把控好迁移风险。

（1）实施研讨

召集包括业务人员、技术人员、管理人员等在内的相关人员，举行实施前的研讨会议。在会议上详细介绍迁移方案和实施计划的细节，如迁移步骤、风险应对措施等。

解答团队成员可能存在的疑问，确保所有人员对整个迁移流程有清晰的理解和认识。鼓励团队成员提出建议和意见，对方案和计划进行进一步优化和完善。

（2）发放云上资源

根据设计方案，在云平台上通过控制台或 API 等方式申请和配置所需的云资源。仔细核对资源的类型、数量、配置等参数，确保与设计要求一致。

对配置好的云资源进行测试和验证，确保其能够正常工作和满足业务需求。及时处理资源配置过程中出现的问题，确保资源发放的准确性和可靠性。

（3）数据同步

选择合适的数据迁移工具或技术，根据数据量和实时性要求确定同步方式，如全量同步、增量同步等。在数据同步过程中，密切监测同步的进度和状态，确保数据的完整性和一致性。

对同步完成的数据进行验证和检查，确保与源数据完全一致。针对数据同步过程中出现的问题和错误，及时采取措施进行修复和调整。

（4）业务割接

在确定的时间点，按照预定的割接流程进行业务系统的割接操作。在割接过程中，密切监测业务的运行状态和性能指标，及时处理可能出现的问题和故障。

保持与业务部门和用户的沟通，及时反馈业务割接的进展情况和系统运行状态。选择在业务量最小时进行割接，最大程度降低业务切换对用户感受的影响。在割接完成后，对业务系统进行一段时间的监控和观察，确保其稳定运行。

应对割接的每一步都有相关的应急回退方案，如果割接失败，应及时回退。

4. 迁移验收阶段

目标：在迁移完成后对业务系统进行优化，对迁移项目进行验收。

（1）监控

建立全面的监控体系，包括对云资源的监控（如服务器性能、存储使用情况等）和对业务系统的监控（如业务流量、响应时间等）。通过监控工具和平台实时获取监控数据，并进行可视化展示和分析。

根据监控数据及时发现和预警可能出现的异常情况，如资源过载、业务性能下降等。建立监控告警机制，确保相关人员能够及时收到告警信息并采取相应的处理措施。

（2）优化

根据监控数据和业务实际运行情况，对云上系统进行性能优化。例如，调整服务器的参数配置，优化数据库的查询语句，增加缓存等。

对资源使用情况进行分析，根据业务需求和成本考虑，合理调整资源的分配和使用，提高资源利用率和性价比。持续关注云服务提供商的新功能和优化建议，及时对系统进行升级和改进。

（3）移交

将迁移后的系统正式移交给运维团队进行日常管理和维护。提供详细的系统文档、操作手册、维护指南等资料，确保运维团队能够全面了解系统的架构和操作方法。

对运维团队进行培训和技术支持，帮助他们熟悉和掌握新系统的管理和维护技能。建立有效的沟通机制，确保运维团队在遇到问题时能够及时得到解决和指导。

（4）验收

组织相关人员对迁移项目进行全面验收，包括业务功能验收、性能验收、安全验收等。评估迁移是否达到了预期的目标，如业务的正常运行、性能的提升、成本的降低等。

业务的主要验收内容见表 7-3。

表 7-3 业务的主要验收内容

阶段	任务	时间点	华为	用户
业务验证及验收	数据本地验证			
	1. 确保华为云业务系统、数据库均正常	ALL DAY	负责	配合
	2. 确保测试环境到华为云业务系统之间链路正常	ALL DAY	负责	配合
	3. 按照要求映射到测试环境上	ALL DAY	负责	配合
	4. 验证数据是否可用	ALL DAY	配合	负责

续表

阶段	任务	时间点	华为	用户
业务验证及验收	稳定性验证			
	1. 交付完成后，在华为云运行 1～2 天，测试系统在正常业务模式下的稳定性	ALL DAY	配合	配合
	2. 按照要求进行产品培训	ALL DAY	负责	配合
	3. 文档签收，项目结束	ALL DAY	负责	配合

通过以上详细的步骤和流程，企业可以更加系统地、有条理地进行上云迁移，确保迁移过程的顺利进行和迁移后的系统稳定运行。

7.3 上云迁移实施方案

7.3.1 网络迁移

1. 网络迁移概述

（1）云时代网络架构的演进

在云计算环境中，网络架构作为支撑云计算的核心基础设施，面临着深刻的变革。为了更好地适配云计算的高速发展，网络架构需要在提升网络弹性、简化网络管理运维和增强网络开放性 3 个方面实现全面演进。

1）提升网络弹性：满足动态化计算需求的关键

在云计算场景中，网络不仅需要适应服务器计算性能的提升，还要灵活支持虚拟化和多租户需求。提升网络弹性成为支撑云计算环境的首要任务。

a. 计算性能的弹性支持

现代服务器的性能持续提升，高密度部署和高速网络接口的普及对网络提出了更高的要求，具体如下。

① 高密度接入：网络必须同时支持高密 GE（千兆以太网）和高密 10GE/25GE 服务器接入，以应对不同场景下的计算密度需求。

② 性能演进：网络架构应具备灵活的扩展能力，以适应未来服务器计算能力的提升和数据流量的爆炸式增长。

b. 虚拟机迁移的动态适配

虚拟机迁移是云计算中常见的场景，但这对网络弹性提出了更高的要求，具体如下。

① 动态迁移网络配置：当虚拟机迁移时，其相关网络配置（如 IP 地址、ACL 规则、路由等）需自动迁移，无须人工干预，从而确保业务不中断。

② 实时负载均衡：支持迁移过程中流量路径的自动调整，优化网络性能。

c．多租户逻辑网络的快速部署

在多租户模式下，每个租户的网络需求可能完全不同，如何实现灵活高效的逻辑网络分配是网络弹性的重要体现。

① 快速部署与释放：支持租户逻辑网络的动态创建与删除，以满足多租户云环境中资源供需的实时变化。

② 与计算资源协同：实现计算资源与网络资源的弹性同步调度，提升整体效率。

通过全面提升网络弹性，云计算网络可以更加高效地满足动态化、多样化的计算需求。

2）简化网络管理运维：应对规模化和复杂性的挑战

随着云数据中心规模的不断扩大以及新技术的引入（如大二层网络、虚拟化网络），传统的网络运维管理模式难以应对。通过简化网络管理运维，网络架构可以更好地支撑云计算的快速扩展和高效运转。

a．丰富的运维手段

① 大二层网络的运维支持：引入大二层技术（如 VXLAN）后，网络需要提供工具支持，以帮助运维人员进行故障排查、流量分析和路径优化。

② 智能化运维工具：结合人工智能/机器学习技术，实现网络的自动监控、流量分析和异常诊断，减少运维复杂度。

b．网络资源的自动化部署

随着云计算资源的快速部署，网络资源也必须同步实现快速响应。

① 自动化配置：通过自动化运维工具（如 Ansible、Terraform）实现从配置到上线的全流程自动化，减少人为错误。

② 云原生资源同步：网络资源的部署与计算资源和存储资源同步，确保云业务快速上线。

c．物理与虚拟网络的统一管理

虚拟化技术（如 vSwitch）已经成为云计算的重要组成部分，但当前对物理网络与虚拟网络的孤立管理增加了运维难度。

① 统一管理平台：将物理网络与虚拟网络整合到一个统一的管理平台，实现对虚拟网络的动态调配和全局可视化管理。

② 跨层协同优化：通过统一的策略平台，实现物理网络与虚拟网络的协同调度和流量优化。

简化网络管理运维不仅能提升数据中心的运转效率，还能为云计算业务的快速扩展提供可靠支撑。

3）增强网络开放性：连接云计算生态的桥梁

开放性是云计算网络区别于传统网络的核心特征之一。作为云计算的核心资源，网络需要更高的开放性来支持资源共享、平台协作和增值服务扩展。

a．网络管理的开放性

- 自动化与编排：通过开放 API，网络资源能够被云计算平台直接调用，实现资源的按需调度和自动化部署。
- 与云平台的深度集成：网络管理应无缝嵌入云平台管理系统（如 OpenStack、VMware），支持资源池化和全局调配。

b．网络与虚拟化的结合

随着虚拟化的普及，网络需要更好地适配虚拟化环境，包括以下方面。

① 虚拟化驱动的网络创新：通过 SDN（软件定义网络）技术实现虚拟机生命周期内的网络自动配置与策略同步。

② 虚拟化平台协同：网络需要实时感知虚拟化平台的变化，动态调整相关配置，保证网络资源的高效利用。

c．增值服务的灵活部署

① 按需服务：网络需要支持增值服务（如负载均衡、防火墙、流量分析）的按需部署和删除，以满足业务快速变化的需求。

② 服务链的优化：通过服务链技术，将多种增值服务组合到统一的流量路径中，提升效率并降低成本。

通过提升网络的开放性，云计算网络能够与计算、存储资源形成完整的生态闭环，为企业提供高效、低成本的云解决方案。

（2）传统 IDC 与云上 VPC 网络的区别

网络架构从传统模式向云化演进，传统 IDC 和云上 VPC 网络的主要区别见表 7-4。

表 7-4　传统 IDC 和云上 VPC 网络的主要区别

对比项	传统 IDC	云上 VPC 网络
部署周期	用户需要自行搭建网络并进行测试，整个周期很长，而且需要专业技术支持	用户无须进行工程规划、布线等复杂的工程部署工作。 用户基于业务需求在华为云上自主规划私有网络、子网和路由
总成本	用户需要机房、供电、施工、硬件物料等固定重资产投入，也需要专业的运维团队来保障网络安全。随着业务变化，资产管理成本也会随之上升	华为云网络服务提供了多种灵活的计费方式，加上用户无须进行前期投入和后期网络运维，整体上降低了 TCO

续表

对比项	传统 IDC	云上 VPC 网络
灵活性	业务部署需要严格遵守前期网络规划的要求，当业务需求发生变化时，无法便捷地动态调整网络	华为云提供多种网络服务，用户可以根据具体需求搭配服务。当业务发展需要更多的网络资源（如带宽资源）时，可以方便快捷地进行动态扩展
安全性	网络很难得到专业维护，安全性较差，需要配置专业的网络安全人员来监控	VPC 逻辑隔离，结合 ACL、安全组功能和 DDoS 等安全服务，保障了云上资源的安全使用

（3）网络迁移适用场景

网络迁移作为连接传统 IT 架构与云计算平台的重要桥梁，正逐步成为企业实现业务灵活部署、资源高效利用及成本优化的关键步骤。网络迁移不仅涉及复杂的技术挑战，还关乎业务的连续性与安全性，因此，深入理解并妥善规划迁移场景显得尤为重要。以下是关于网络迁移三大核心场景的深入剖析。

1）云下业务上云：IDC 业务迁移至云端

随着云计算技术的日益成熟，越来越多的企业选择将原本部署在 IDC 的业务系统迁移至云端，以享受云计算带来的弹性扩展、按需付费及高度可用性等优势。这一迁移过程首先需要对现有 IDC 的网络架构（包括网络拓扑、带宽需求、IP 规划、安全策略等）进行全面评估，以确保迁移后的云上网络能够无缝对接原有业务。

在云上网络设计阶段，企业需根据业务需求选择合适的云服务模型（如 IaaS、PaaS、SaaS），并规划云上 VPC 的拓扑结构（包括子网划分、路由策略、NAT 网关及安全组配置等）。同时，为确保业务的平滑过渡，还需考虑云下 IDC 与云上 VPC 之间的网络连接方案，如通过专线或 VPN 实现高速、安全的互联互通。在迁移过程中，企业利用云服务商提供的迁移工具或第三方解决方案，可实现数据的高效迁移与系统配置的精准复制，确保业务在云上环境中的稳定运行。

2）云间迁移：从其他友商云迁移至华为云

随着云计算市场的竞争加剧，企业出于成本、性能、服务或合规性等因素的考虑，可能会选择将业务从当前的云平台迁移至华为云。这一迁移场景不仅涉及复杂的网络架构调整，还需考虑数据迁移、应用适配、安全策略迁移等多个层面。

在迁移前，企业需对原云平台的网络架构进行深度解析，明确迁移的优先级、目标及潜在风险；随后，根据华为云的网络服务特性，规划新的网络架构（包括 VPC 设计、子网划分、路由策略及安全策略等）。在网络连接方面，华为云提供了多种云间互联方案，如跨云专线、云间 VPN 等，以满足不同场景下的连接需求。在迁移过程中，企业需利用专业的迁移工具或服务，确保数据迁移的完整性、安全性及业务连续性；同时，还需对迁移后的系统进行严格的测试与验证，以确保业务在华为云上的稳定运行。

3）云内迁移：华为云内不同 Region（区域）或 AZ（可用区）间的迁移

随着业务规模的扩大及全球布局的深化，企业可能会选择在华为云内的不同 Region 或 AZ 间进行业务迁移，以实现资源的优化配置、灾难恢复或性能提升。这一迁移场景相对简单，但仍需考虑网络架构的适应性、数据迁移的效率及业务连续性等因素。

在迁移前，企业需评估现有业务在不同 Region 或 AZ 间的分布情况及资源需求，明确迁移的目标及策略；随后，企业可根据华为云的网络服务特性，规划新的网络架构，包括 VPC、子网及路由策略的调整。在网络连接方面，华为云提供了高速、低时延的跨区域网络互联服务，如 VPC 对等连接、云专线等，以满足业务迁移后的网络需求。在迁移过程中，企业需利用云服务商提供的迁移工具或服务，实现数据的高效迁移及系统配置的同步更新；同时，企业还需对迁移后的系统进行全面的测试与验证，以确保业务的稳定运行及性能优化。

综上所述，网络迁移作为云计算领域的重要议题，涉及复杂的场景与挑战。企业在实施迁移时，需根据自身的业务需求、技术架构及未来的发展战略，选择最适合的迁移路径与策略，以确保业务的平滑过渡与持续优化。

（4）网络迁移面临的挑战

在迁移过程中，如何保持业务连续性、保障网络性能和确保数据安全，是必须解决的主要问题。具体来说，网络迁移需要应对 IP 地址不变、网络性能保障、传输网络安全和网络平滑切换四大挑战。

1）IP 地址不变的挑战

在迁移项目中，用户往往要求迁移上云后业务的 IP 地址保持不变。这是一个常见且具有一定难度的问题。IP 地址的固定性在某些业务场景中具有重要意义，例如与特定合作伙伴的连接、依赖特定 IP 进行授权的应用等。然而，实现 IP 地址不变并非易事，需要解决以下几个方面的问题。

① 云服务提供商的支持：首先，用户需要与云服务提供商进行沟通，了解其是否支持保留原有的 IP 地址。不同的云服务提供商在这方面的政策和能力可能有所不同，因此需要仔细选择合适的提供商，并与其合作制定解决方案。

② IP 地址的可用性：即使云服务提供商支持保留 IP 地址，其还需要确保这些 IP 地址在目标云环境中是可用的。这可能涉及 IP 地址的规划、分配和管理等方面的工作，需要与相关部门进行协调。

③ 网络配置的复杂性：保持 IP 地址不变意味着在迁移过程中需要对网络配置进行

精细的管理和调整。这包括路由设置、子网掩码、网关等方面的配置，这些配置需要保证在新的云环境中能够正确地实现网络连接。

2）网络性能保障的挑战

在迁移过程中保障网络的稳定性、可靠性，实现不丢包、低时延是至关重要的。网络性能的下降可能会导致业务中断、数据丢失等严重后果，影响企业的正常运营。以下是在网络迁移中保障网络性能方面所面临的挑战。

① 网络带宽限制：迁移过程中需要传输大量的数据，这可能会受到网络带宽的限制。如果带宽不足，可能会导致传输速度慢、时延增加，甚至出现丢包的情况。

② 网络拓扑变化：网络迁移到云环境后，网络拓扑结构可能会发生变化，这可能会影响网络的路由和传输效率。例如，原来的直连网络可能会变成通过互联网连接的虚拟网络，增加了网络时延和不确定性。

③ 应用性能需求：不同的应用对网络性能的要求不同，有些应用对时延和丢包非常敏感。在迁移过程中，需要确保这些应用的性能需求得到满足，否则可能会影响业务的正常运行。

3）传输网络安全的挑战

在网络迁移过程中，数据的安全性是至关重要的。传输网络的安全需要通过加密手段来保障，以防止数据被泄露、篡改等安全问题。以下是传输网络安全方面所面临的挑战。

① 加密算法的选择：选择合适的加密算法是保障传输网络安全的关键。不同的加密算法在安全性、性能和兼容性等方面存在差异，需要根据实际情况进行选择。

② 密钥管理：加密过程中需要使用密钥，密钥的管理是一个重要的问题。密钥的生成、存储、分发和更新都需要严格的管理措施，以防止密钥泄露。

③ 数据完整性验证：在传输过程中，需要确保数据的完整性，防止数据被篡改。可以采用数字签名、消息认证码等技术来验证数据的完整性。

4）网络平滑切换的挑战

网络平滑切换是指在网络迁移过程中，实现业务从原网络到新网络的无缝过渡，确保业务的连续性和稳定性。以下是网络平滑切换方面所面临的挑战。

① 切换时间窗口：网络切换需要在一个有限的时间窗口内完成，以减少对业务的影响。然而，在这个时间窗口内，需要完成大量的配置和测试工作，确保新网络的正常运行，这对时间管理和协调能力提出了很高的要求。

② 业务中断风险：尽管目标是实现平滑切换，但在实际操作中，仍然存在业务中断的风险。例如，在切换过程中可能会出现配置错误、网络故障等问题，导致业务无法正常运行。

③ 用户体验保障：在网络切换过程中，需要确保用户的体验不受影响。这包括避免出现连接中断、服务不可用等问题，以及尽量减少切换过程对用户业务操作的干扰。

总之，网络迁移是一个复杂的过程，面临着 IP 地址不变、网络性能保障、传输网络安全和网络平滑切换等诸多挑战。企业需要充分认识到这些挑战，并采取相应的应对策略，才能确保网络迁移的顺利进行，实现业务的平滑过渡和持续发展。

2. 网络迁移的实施

（1）网络迁移实施流程

网络迁移是一个复杂且关键的过程，需要精心规划和执行，以确保顺利过渡并尽可能减少对业务的影响。以下将详细阐述网络迁移实施流程的各个环节。

1）收集源端网络信息

源端网络信息收集是网络迁移的基础，它为后续的迁移工作提供了重要的依据。在这个阶段，需要收集以下方面的信息。

① 网络拓扑：获取用户数据中心整体网络拓扑图以及待迁移系统的详细网络拓扑图。这有助于了解源端网络的结构和连接关系，为后续的网络规划和设计提供参考。

② 网络性能：了解待迁移系统对网络性能的特殊要求，如时延、稳定性等。这些信息将有助于在云上设计出满足业务需求的网络架构。

③ 通信需求：明确待迁移系统与周边其他系统的通信需求和调用关系。此外，还需要考虑后续 IP 地址变更的通知事宜，以确保相关系统能够及时进行调整。

④ 网络安全策略：梳理待迁移系统的原有安全策略，如防火墙规则、入侵检测系统（IDS）/入侵防御系统（IPS）的设置和访问控制列表（ACL）。这对于在云上部署实施安全服务至关重要。了解源端的安全策略，有助于在云上构建相应的安全防护体系，保障业务的安全性。

2）设计云上网络架构

在完成了源端网络信息收集后，接下来需要进行云上网络架构设计。云上网络架构的设计应考虑以下几个方面。

① 网络高可用性：设计冗余的网络架构，确保在出现故障时能够快速切换，保证业务的连续性；可以采用多可用区、负载均衡等技术来提高网络的可用性。

② 网络安全：构建全面的网络安全防护体系，包括防火墙、入侵检测、加密等措施，保护业务数据的安全；同时，要根据源端的网络安全策略，在云上进行相应的安全配置。

③ 网络性能：根据待迁移系统的网络性能要求，优化云上网络的性能；可以通过调整网络带宽、优化路由策略等方式，提高网络的传输速度和稳定性。

④ 网络可扩展性：设计具有良好可扩展性的网络架构，以便能够随着业务的发展轻

松地进行扩展和升级；考虑采用 SDN 等技术，实现网络的灵活配置和管理。

3）搭建迁移网络

迁移网络的搭建是网络迁移的关键环节，需要确保网络的互通性、安全性和性能。具体包括以下几个方面。

① 选择合适的方案实现网络互通。根据不同的场景，选择合适的网络互通方案。例如，可以采用 VPN 连接、云专线等方式，实现源端网络与云上网络的连接；同时，要确保网络的安全性，采取相应的加密和认证措施。

② 放通迁移所需的安全策略。根据迁移的需求，放通相应的安全策略，允许迁移任务的执行。这需要在源端和云上的安全设备上进行配置，确保迁移过程中的数据传输安全。

③ 进行迁移网络的测试。搭建好迁移网络，并且放通了相关安全策略后，接下来就是进行测试。测试可以通过迁移工具自带的测试页面进行，如 DRS 就具备测试功能，也可以通过命令行、测试工具进行，确保迁移网络满足迁移的要求。

- 网络连通性测试：测试迁移工具与源端及目标端之间是否网络相通，以及源端和目标端之间是否相通，细化到端口。
- 网络性能测试：测试迁移网络的带宽、传输速度、时延、丢包率等，通过测试数据进行测试验证，确保能满足迁移要求，同时也为后续的迁移方案和计划安排提供参考数据。

4）网络割接

网络割接是网络迁移的重要步骤，它涉及将业务从源端网络切换到云上网络。在这个阶段，需要注意以下几个方面。

a．制定网络平滑切换方案

制定详细的网络平滑切换方案，确保在切换过程中业务的连续性。方案应包括切换的时间点、步骤、应急措施等内容。

b．进行迁移完成后的网络测试

此步骤的网络测试指的是迁移完成后，业务在云上的网络测试，包括与周边其他系统的联调测试。

- IP 地址变更通知：业务迁移成功后，如涉及 IP 地址变更，应通知其他关联系统，更改 IP 地址并进行测试，如旧 IP 地址是否仍可使用、能使用多久（通常情况下旧系统会与新系统并存一段时间）、切换时效、影响等。
- 网络连通性测试：业务迁移上云后是否能正常访问。
- 全业务流程测试：按正常业务流程全流程测试，业务是否能够正常办理，使用体验是否有下降（这是用户最直观的体验，直接影响迁移的用户满意度）。

c．部署网络安全策略

在云上网络中部署相应的网络安全策略，保障业务的安全。部署网络安全策略主要包含如下内容。

- 根据前面梳理的源端网络安全策略以及新增的网络安全需求在云上选择相应的安全服务，部署相应的安全策略。
- 网络安全策略部署完成后进行测试，验证是否对业务产生影响。
- 网络安全策略还涉及用户线下的安全策略修改，更改相关安全设置为业务云上的 IP 地址。
- 满足合规性要求，如等保等，安全已是法律法规的要求，不是可选项，必须配置。

d．拆除迁移网络

迁移完成后，为了系统的安全，为迁移搭建的网络也应及时拆除，拆除应遵循以下步骤。

- 观察：拆除前先观察一段时间，确保业务都正常，万一需要回退，还会用到该网络。
- 归档：对该网络的配置文档及相关材料进行归档，方便后续恢复或再次搭建时使用。
- 完成：拆除迁移网络，去除源端和云端相关的配置参数。

（2）网络迁移的注意事项

在进行网络迁移的过程中，为了确保迁移的顺利进行以及业务的连续性，有诸多因素需要细致考虑和妥善安排。以下是一些关键的注意事项，旨在帮助管理者和技术人员高效、安全地完成网络迁移任务。

1）IP 地址能否保持不变

在网络迁移中，IP 地址的处理是一个关键问题。对于一些业务系统，保持 IP 地址不变可能是必要的，以避免对业务的正常运行产生影响。这时，可以考虑通过 NAT 或 ESW（以太网交换机）来保持 IP 地址。

a．NAT

NAT 是一种将内部网络的私有 IP 地址转换为公有 IP 地址的技术。通过 NAT，内部网络中的设备可以使用私有 IP 地址进行通信，而在与外部网络进行通信时，NAT 设备会将私有 IP 地址转换为公有 IP 地址，从而实现内部网络与外部网络的连接。在网络迁移中，如果需要保持某些业务系统的 IP 地址不变，可以通过在新的网络环境中设置 NAT 设备，将原有的 IP 地址映射到新的网络环境中，从而实现 IP 地址的保持。

b．ESW

当云下 IDC 与云上 VPC 子网网段重叠，并且需要云上与云下服务器在该重叠子网网段内通信时，需要建立二层网络，ESW 可以实现该需求。ESW 作为 VPC 的隧道网关，与云下 IDC 侧隧道网关对应，基于 VPN 或者云专线三层网络，在 VPC 与云下 IDC 之间建立二层网络。需要将 VPC 子网接入 ESW 中，并指定 ESW 与 IDC 侧的隧道网关建立连接，使 VPC 子网与 IDC 侧子网建立二层通信。

2）支持断点续传

在迁移过程中，由于网络不稳定或其他未知因素易导致数据传输中断、迁移任务失败或数据丢失及数据不一致，因此所使用的迁移工具最好能支持断点续传，这样可大大提升迁移的效率和迁移的成功率，省时省心。对迁移工具断点续传功能的要求见表 7–5。

表 7–5 对迁移工具断点续传功能的要求

迁移工具	是否支持断点续传	说明
SMS	是	如果出现短暂的网络中断，支持手动重启迁移任务，从中断的位置继续开始迁移任务，已迁移完成的数据无须重新迁移
DRS	是	DRS 记录当前解析和回放的位点（该位点同时也是数据库内部一致性的依据），下次以从该位点开始回放的方式来实现断点续传，以确保数据的完整性。 对于增量阶段的迁移、同步，DRS 会自动进行多次断点续传的重试；全量阶段的 MySQL 迁移，系统默认进行 3 次自动续传，无须人工干预。当自动重试失败累计一定次数后，任务会显示异常，需要人为重新开始任务
OMS	是	—
CDM	否	—

3）业务低峰期迁移

选择在业务低峰期进行网络迁移是一个明智的决策。在业务低峰期，系统的负载较低，对业务的影响相对较小。这样可以最大程度地减少迁移过程对业务的干扰，确保业务的连续性和稳定性。业务低峰期迁移主要考虑以下几个方面。

① 避免占用过大带宽，影响正常业务运行，尤其是使用业务网络进行迁移的业务。

② 迁移任务会占用一部分的数据读写 I/O，避免影响迁移业务的正常数据的读写。

③ 业务低峰期系统的数据更新不会太频繁，减少迁移过程中的增量数据同步。

总之，在进行网络迁移时，需要注意：IP 地址的处理、选择支持断点续传的迁移工具以及在业务低峰期进行迁移。这些注意事项可以帮助我们更好地规划和执行网络迁移任务，确保迁移过程的顺利进行，尽可能减少对业务的影响。

（3）网络迁移场景解决方案

1）云下业务迁移上云

云下业务迁移上云是传统数据中心、虚拟化平台或本地业务向云端迁移的过程，通常涉及业务系统、数据、应用和网络架构的重新设计和优化，如图 7–6 所示。

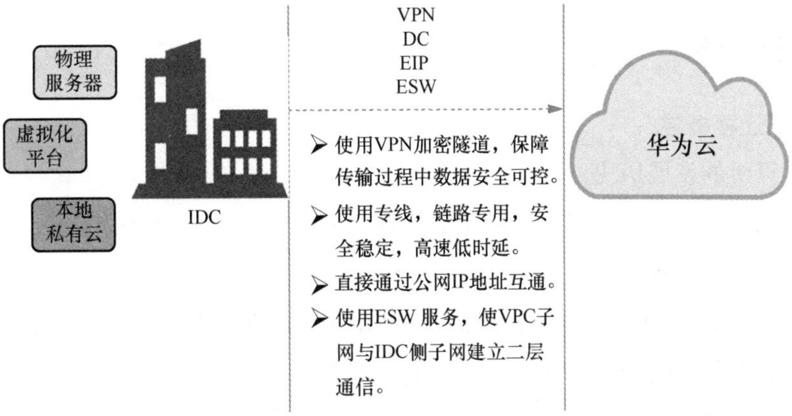

图 7-6 云下业务迁移上云

2）云间迁移

云间迁移是指业务从一个云服务提供商迁移到另一个云服务提供商，通常因业务需求变更、成本优化或服务质量考虑进行迁移，如图 7-7 所示。

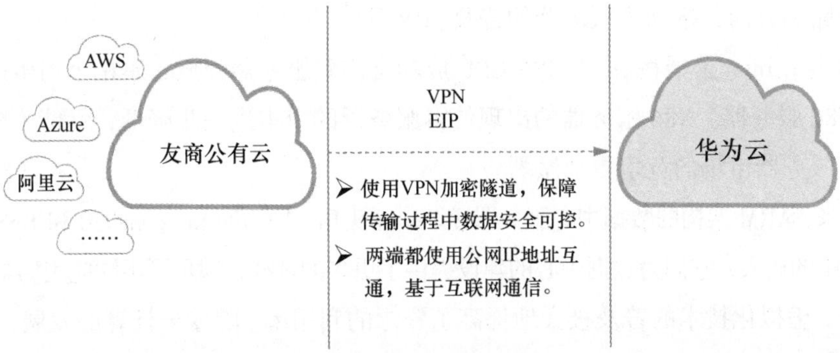

图 7-7 云间迁移

3）云内迁移

云内迁移是指同一云服务提供商内部的资源或架构优化，例如升级服务区域、重构网络架构或变更资源规格，如图 7-8 所示。

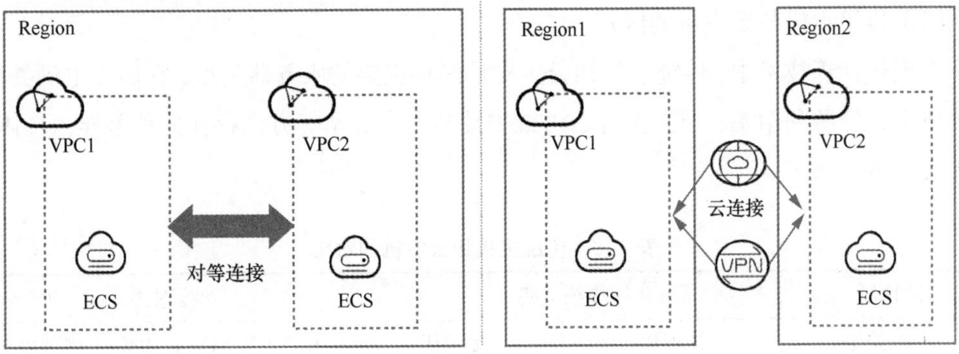

图 7-8 云内迁移

7.3.2 主机迁移

1. 主机迁移概述

（1）计算机的发展历史

计算机的发展是信息技术进步的重要体现，它经历了多个阶段的变革，不断推动着人类社会的数字化进程。

1946 年，第一台电子计算机的诞生标志着科学计算和人类信息技术的新纪元的开启。这一开创性的发明为后续计算机技术的发展奠定了基础。

1964 年，IBM 开发出了大型机（System/360），这成为业界公认的第一台服务器。它的计算性能达到了每秒钟 100 万次，但价格昂贵，主要应用于大型企业和科研机构等对计算能力要求较高的领域。

1965 年，DEC 公司推出的小型机（PDP-8）引发了一场小型机革命。这款小型服务器在体积上明显变小，更加易于使用，价格也相对较为便宜，为服务器技术的发展带来了新的思路和方向，推动了服务器的普及和应用。

1989 年，Intel 公司将 Intel i486 CPU 成功推广到服务器领域，康柏公司生产了业界第一台 X86 服务器。X86 服务器的出现使得服务器的成本进一步降低，性能不断提升，同时也使服务器市场的竞争更加激烈。

近年来，ARM 架构的数据中心服务器逐渐崭露头角。华为的 Kunpeng920 和 TaiShan 服务器就是其中的代表，它们为数据中心的建设提供了更多的选择，满足了不同应用场景的需求。

此外，虚拟化技术的普及极大地提高了资源的利用率。随着云计算的发展，虚拟机、容器等成为普遍的应用部署平台，使得服务器资源的分配更加灵活和高效，进一步推动了信息技术的发展和应用。

总的来说，计算机（服务器）的发展历史是一个不断创新和进步的过程。从大型机到小型机，再到 X86 服务器、ARM 架构服务器以及云计算时代的虚拟机和容器，服务器技术的不断演进为各行各业的数字化转型提供了强大的支撑。

（2）传统主机与云主机的区别

在现代计算技术中，传统主机和云主机是两种主要的服务器类型，它们在主机类型、部署成本、资源利用率、可扩展性、可维护性和安全成本等方面存在显著差异，具体对比见表 7-6。

表 7-6　传统主机和云主机的对比

对比项	传统主机		云主机
主机类型	物理机	虚拟机	ECS（虚拟机）、BMS（物理机）

续表

对比项	传统主机		云主机
部署成本	高	较高	低：按需使用、按需付费
资源利用率	低	较高	高：资源池化、随用随取
可扩展性	低	低	高：快速灵活、弹性扩容
可维护性	低	较高	高：全面监控、界面操作
安全成本	高	较高	低：安全平台、产品丰富

（3）主机迁移适用场景

主机迁移作为云计算采纳与数据中心优化的关键环节，扮演着至关重要的角色。它不仅能够提升系统的灵活性、可扩展性和成本效益，还能为企业带来更加高效、可靠的 IT 基础设施。以下是关于主机迁移三大主要场景的详细阐述。

1）云下物理服务器至云上物理机（BMS）的迁移

在这一场景中，企业将其位于传统数据中心或自建机房的物理服务器上的业务，无缝迁移至云平台提供的物理机上。这种迁移方式通常适用于对硬件性能有极高要求、追求极致稳定性和低时延的应用场景，如大型数据库、高性能计算（HPC）任务等。

在迁移过程中，企业需首先评估现有物理服务器的配置与性能需求，确保云上的BMS能够完美匹配或超越原有性能。随后，通过专业的迁移工具或服务提供商的协助，实现数据的无缝迁移和系统配置的精准复制。在这一步骤中，数据的安全性与完整性至关重要，因此加密传输、断点续传等技术成为不可或缺的手段。迁移完成后，还需进行严格的性能测试与验证，确保业务在新环境下的稳定运行。

2）云下物理服务器至云上虚拟机（ECS）的迁移

相较于物理服务器到物理机的迁移，物理服务器到虚拟机的迁移更为灵活，成本效益也更高。它适用于大多数标准业务应用，特别是那些对硬件资源需求波动较大、希望实现资源动态分配与成本优化的场景。

迁移流程：首先，对物理服务器进行详细的资源评估（如对 CPU、内存、存储及网络需求的评估）；其次，根据评估结果选择合适的云上虚拟机规格；接着，利用云服务商提供的迁移工具或第三方解决方案，将业务数据、操作系统及应用软件迁移至云上虚拟机；最后，进行系统的调试与优化，确保业务在虚拟机环境中的高效运行。在此过程中，虚拟化技术的优势得以充分展现，如快速部署、弹性伸缩、故障恢复等。

3）云下虚拟机至云上虚拟机（ECS）的迁移

随着多云战略的兴起，越来越多的企业开始考虑将业务从一个云平台上的虚拟机迁移到另一个云平台上的虚拟机，以寻求更好的服务、更低的成本或满足特定的合规要求。这种虚拟机到虚拟机的迁移，虽然技术难度相对较低，但同样需要精细规划与执行。

迁移前，企业需对源虚拟机环境（包括操作系统版本、应用软件、依赖库、网络配置等）进行全面审计。随后，根据目标云平台的特性，选择合适的虚拟机规格与配置。在迁移过程中，可以利用云服务商提供的自动化迁移工具，快速、安全地迁移。迁移后，还需进行详尽的测试，确保业务连续性、性能表现及安全性均符合预期。此外，考虑到不同云平台间的 API 差异，可能还需对自动化脚本、监控与运维工具进行相应的调整。

总之，无论是物理服务器到物理机、物理服务器到虚拟机，还是虚拟机到虚拟机的迁移，每一种场景都蕴含着独特的挑战与机遇。成功的迁移不仅能够为企业带来显著的 IT 成本节约与性能提升，更是推动企业数字化转型、加速业务创新的重要一步。因此，在规划与实施迁移项目时，企业应充分考虑自身的业务需求、技术架构及未来的发展战略，选择最适合的迁移路径与策略。

（4）主机迁移面临的挑战

主机迁移，也称为服务器迁移，是指将运行中的服务器、应用程序以及相关数据从一个物理位置移动到另一个位置的过程。这一复杂过程可能因多种因素而触发，如硬件升级、数据中心整合、服务提供商变更或企业战略调整等。然而，主机迁移并非易事，它面临着多方面的挑战。以下是对这些挑战的详细阐述。

1）技术层面的挑战

a．兼容性问题

硬件兼容性：不同的硬件平台之间可能存在差异，导致原有的应用程序或系统无法直接在新硬件上运行。

软件兼容性：操作系统、数据库、中间件等软件的版本差异也可能导致兼容性问题。例如，某些特定的应用程序可能只支持特定的操作系统版本。

b．数据完整性与安全性

数据丢失风险：在迁移过程中，网络中断、传输错误或人为操作失误可能导致数据丢失或损坏。

数据加密与保护：数据在迁移过程中需要得到妥善的保护，以防止未经授权的访问或数据信息泄露。

c．系统配置与优化

配置复杂性：新环境中的系统配置可能更加复杂，需要考虑到网络、存储、安全等多个方面。

性能调优：迁移后，系统可能需要进行性能调优，如缓存设置、数据库优化等，以确保其在新环境中能够高效运行。

2）业务层面的挑战

a．停机时间

业务中断风险：迁移过程可能需要短暂停机，这对于需要 7×24h 不间断服务的业务来说是一个巨大的挑战。

计划停机与实际停机：尽管可以制定详细的停机计划，但实际停机时间可能会受到多种因素的影响，如硬件故障、网络问题等。

b．业务连续性

数据一致性：迁移前后，需要确保数据的一致性，以避免因数据不一致而导致的业务问题。

业务恢复能力：在迁移后，需要测试系统的业务恢复能力，以确保在发生故障时能够迅速恢复业务运行。

c．测试与验证

全面测试：迁移后，需要对所有的系统和应用程序进行全面的测试，以确保它们按预期工作。

复杂性与耗时性：测试过程可能非常复杂且耗时，需要投入大量的人力、物力和财力。

3）人员和技术能力的要求

a．技术团队的协作

主机迁移需要多个技术角色（包括服务器管理员、网络工程师、数据库管理员、应用程序开发人员等）的协作。如何有效地协调这些人员，确保他们之间的沟通和协作顺畅，是一个挑战。

b．技术更新和学习成本

随着技术的不断发展，主机迁移可能会涉及一些新的技术和工具。参与迁移的人员需要不断学习和更新自己的知识和技能，以适应这些变化。这需要投入一定的时间和精力，同时也会增加迁移的成本。

综上所述，主机迁移面临着多方面的挑战。为了确保迁移的顺利进行和业务的连续性，企业需要在迁移前进行充分的评估与规划，制定详细的迁移计划，并在迁移过程中加强管理与组织工作。同时，还需要不断提升相关技术人员的技能水平，以适应新的工作环境和满足技术要求。

2．主机迁移实施方案

（1）主机迁移实施方案概述

华为云提供了一套完整的主机迁移实施方案，结合专业工具和服务，确保迁移过程高效、安全。以下是迁移方案的详细介绍。

1）主机迁移服务（SMS）迁移工具：专业的主机迁移解决方案

a．SMS 简介

SMS 是一种 P2V/V2V 迁移服务，可以把 X86 物理服务器或者私有云、公有云平台上的虚拟机迁移到华为云的弹性云服务器上，从而帮助用户轻松地把服务器上的应用和数据迁移到华为云。

b．SMS 的优势

① 简单易用：只需在源端服务器安装和配置 Agent、在服务端设置目的端并启动迁移任务、“持续同步”状态时启动目的端即可，其余事情都由主机迁移服务处理。

② 业务平滑切换：在主机迁移过程中无须中断或者停止业务。

③ 兼容性好：支持国内外主流公有云、私有云平台虚拟机迁移和 X86 物理服务器迁移；支持约 90 款主流 Windows Server 与 Linux Server 操作系统迁移。

④ 传输高效：支持块迁移，且能够识别有效块数据并对其进行迁移；迁移网络利用率达到 90%以上。

⑤ 安全性高：使用 AK/SK 校验迁移 Agent 的身份；传输通道使用 SSL 加密，保证用户数据的传输安全性；SSL 加密的证书和密钥是动态生成的。

c．SMS 的应用场景

从传统数据中心迁移到华为云虚拟机；从其他云平台迁移至华为云。

d．SMS 的部署流程

① 在源主机上安装 SMS 客户端。

② 在华为云管理控制台上配置迁移任务，选择迁移目标实例。

③ 执行迁移任务，完成主机数据、应用和配置的迁移。

2）镜像导入导出：快速迁移解决方案

a．镜像导入导出简介

镜像导入导出是一种常见的主机迁移方式，通过将源服务器的镜像文件导入华为云上，再基于镜像文件创建新的虚拟机实例。

b．镜像导入导出的优势

① 通过导入源主机的镜像文件，直接在华为云上构建目标实例。

② 镜像包含操作系统、应用程序和相关配置，实现“即迁即用”。

③ 无须在迁移前后安装迁移工具，适合业务中断的敏感场景。

c．镜像导入导出的应用场景

① 数据量较小的主机迁移。

② 业务架构清晰、应用环境一致的场景。

d．镜像导入导出的部署流程

① 使用工具生成源主机的镜像文件（如 VHD、QCOW2、ISO、VDI 等格式）。

② 将镜像文件上传至华为云对象存储服务（OBS）。

③ 使用华为云镜像导入功能创建新的云主机实例。

3）其他迁移工具：灵活扩展的迁移选择

a．其他迁移工具

除了 SMS 和镜像导入导出，用户还可以选择其他开源工具或华为云市场提供的迁移服务。

b．其他迁移开源工具

① 使用 rsync、scp 等文件传输工具进行数据迁移。

② 借助虚拟化平台工具（如 VMware vSphere、KVM）完成虚拟机迁移。

c．其他迁移工具的应用场景

① 多云环境下的复杂迁移任务。

② 特殊需求无法直接通过华为云工具完成的场景。

4）总结

表 7-7 对上述 3 种迁移方案进行了总结。

表 7-7　迁移方案的总结

迁移方式	特点	适用场景
SMS 迁移工具	自动化迁移，支持多操作系统和多平台	传统数据中心迁移至华为云或多云迁移场景
镜像导入导出	快速迁移，适用于环境稳定、配置明确的主机	数据量小、业务中断敏感的场景
其他迁移工具	灵活扩展，支持复杂需求	多云环境或特殊需求场景

华为云主机迁移实施方案主要包括使用 SMS 迁移工具、镜像导入导出以及其他迁移工具等方法。企业可以根据自身的需求和技术背景选择合适的迁移方式。无论采用哪种方式，都需要做好充分的准备工作，并在迁移过程中密切关注数据的完整性和安全性。

（2）主机迁移服务与镜像服务的区别

主机迁移服务和镜像服务是两种常见的数据迁移和部署方式，它们在应用场景、迁移流程和业务连续性等方面存在着一些显著的区别。

1）应用场景

a．主机迁移服务

主机迁移服务主要用于将现有的物理服务器或虚拟机从一个环境迁移到另一个环

境，例如从本地数据中心迁移到云平台，或者在不同的云平台之间进行迁移。这种服务适用于企业需要进行业务系统迁移、数据中心整合或升级等场景，以实现资源的优化配置和降低成本。

b. 镜像服务

镜像服务则更多地用于快速创建和部署新的虚拟机实例。通过创建一个包含操作系统、应用程序和配置的镜像，用户可以在需要时快速部署多个相同配置的虚拟机，从而提高部署效率。镜像服务适用于大规模部署相同配置的虚拟机环境，如开发测试环境的快速搭建、批量创建生产环境中的服务器等。

2）迁移流程

a. 主机迁移服务

主机迁移服务的流程通常较为复杂。首先，需要对源主机进行全面的评估，包括硬件配置、操作系统版本、应用程序依赖等信息的收集；然后，根据评估结果选择合适的迁移工具和方法，如使用专业的迁移软件进行在线或离线迁移。在迁移过程中，需要确保数据的完整性和一致性，并进行充分的测试和验证，以确保迁移后的系统能够正常运行。

b. 镜像服务

镜像服务的流程相对简单。用户首先创建一个包含所需操作系统、应用程序和配置的镜像，然后可以将该镜像上传到云平台的镜像库中。当需要创建新的虚拟机时，用户只需从镜像库中选择相应的镜像，并根据需要配置虚拟机的资源，如 CPU、内存、存储等，云平台将根据镜像和用户的配置信息快速创建虚拟机实例。

3）业务连续性

a. 主机迁移服务

主机迁移服务在业务连续性方面具有一定的挑战。由于迁移过程中需要将源主机的系统和数据迁移到新的环境中，可能会导致产生一定的业务中断时间，尤其是在复杂的环境或大规模数据迁移的情况下。因此，在进行主机迁移时，需要精心规划迁移时间窗口，尽量减少对业务的影响，并制定完善的应急预案，以应对可能出现的问题。

b. 镜像服务

镜像服务在业务连续性方面具有一定的优势。由于镜像已经包含了完整的操作系统和应用程序配置，因此可以在短时间内快速创建新的虚拟机实例，从而减少业务的停机时间。此外，通过使用镜像服务，用户可以轻松地实现虚拟机的备份和恢复，进一步提高业务的连续性和可靠性。

综上所述，主机迁移服务和镜像服务在应用场景、迁移流程和业务连续性方面存在着明显的区别。企业在选择使用哪种服务时，应根据自身的业务需求、技术能力和预算等因素进行综合考虑。如果企业需要进行大规模的业务系统迁移，主机迁移服务可能是一个更好的选择；如果企业需要快速部署大量相同配置的虚拟机，镜像服务则可以提供更高的效率和灵活性。

7.3.3　存储迁移

1. 存储迁移概述

（1）存储架构历程

存储架构的发展历程经历了几个重要的阶段，从最初的传统存储到现代的云存储。这些发展阶段反映了技术的演进和对数据处理需求的不断增长。

1）传统存储：数据的摇篮

故事的起点要追溯到 1956 年，IBM 公司发明了世界上第一块机械硬盘。这块重达一吨、体积堪比两台冰箱的庞然大物，仅拥有 5MB 的存储空间，却如同一颗种子，播下了数据存储的希望。那时的硬盘，独立于主机之外，主要服务于工业领域，虽然简陋，却为后续的存储技术奠定了基石。

2）外挂存储：容量的初步扩张

随着数据量的日益增长，单一的硬盘已无法满足需求，外挂存储应运而生。最早的形态——JBOD（磁盘簇），通过简单的串联方式，将多个磁盘组合在一起，实现了存储容量的初步扩张。然而，这种存储方式如同未经雕琢的璞玉，虽然增加了容量，却未能提供有效的数据安全保障，主机只能看到一堆独立的硬盘，管理和维护成本高昂。

3）存储网络：数据流通的桥梁

随着网络技术的兴起，存储架构迎来了革命性的变革。SAN（存储区域网络）作为典型的存储网络架构，利用 FC（光纤通道）网络高效传输数据，实现了存储资源与主机之间的灵活连接。随后，IP 存储区域网络的出现，更是将存储网络推向了新的高度，不仅降低了其成本，还提高了系统的可扩展性和灵活性。

4）分布式存储：云计算的基石

进入云计算时代，分布式存储成为数据存储的新宠。它摒弃了传统存储架构中的单点故障风险，采用通用服务器硬件构建存储资源池，通过分布式算法实现数据的冗余存储和负载均衡。这种存储方式不仅大幅提高了存储效率和可靠性，还完美契合了云计算弹性扩展、按需使用的特点，成为支撑大数据、云计算等新技术发展的重要基石。

5）云存储：数据的未来归宿

在分布式存储的基础上，云存储进一步融合了虚拟化、自动化等技术，实现了存储资源的动态分配和智能管理。用户只需通过网络即可随时随地访问存储在云端的数据，无须关心数据的物理存储位置和底层技术细节。云存储不仅降低了企业的 IT 成本，还提供了更加灵活、高效的数据存储和访问方式，成为未来数据存储的主流趋势。

综上所述，存储架构的发展历程是一部技术创新的史诗，从传统的单硬盘存储，到外挂存储的容量扩张，再到存储网络的灵活连接，直至分布式存储和云存储的智能化管理，每一步都凝聚着科技人员的智慧和汗水。随着技术的不断进步，我们有理由相信，未来的存储架构将更加高效、智能、安全，为信息社会的发展提供强有力的支撑。

（2）云下存储与云上存储的区别

传统云下存储（即传统存储）与云上存储（即云存储）之间存在显著的差异，这些差异主要体现在类型、架构、灵活性、成本等多个方面。表 7-8 对传统云下存储与云上存储进行了详细的比较。

表 7-8 传统云下存储与云上存储的对比

对比项	传统存储	云存储
存储类型	磁盘、NAS（网络附加存储）、SAN	块存储、文件存储、对象存储
典型架构	专用的存储设备及存储系统	软件定义存储，分布式存储，可以用普通 X86 服务器搭建存储集群
灵活性	专业性较强，扩容升级难	快速灵活，弹性扩容，使用方便
成本	前期一次性采购成本高，后期运维依赖专业的存储厂商，TCO 高；设备使用寿命到期后需要重新更换设备	按需付费使用，运维由云厂商提供专业维护，无须担心硬件问题
其他方面	空间利用率低；数据共享困难；难以快速跟上技术更新迭代，且需付出较大成本	存储空间利用率高；数据共享更方便；结合云上新技术持续业务创新
存储类型	磁盘、NAS、SAN	块存储、文件存储、对象存储

（3）存储迁移上云场景

在华为云生态中，存储迁移上云涵盖了传统云下存储、云上存储、数仓/大数据平台三大场景。通过华为云提供的 EVS、SFS、OBS 以及数仓/大数据平台，这些场景都能高效、安全地迁移与重构。

1）传统云下存储迁移上云

传统的云下存储设备，通常指的是企业自建的数据中心或机房内的存储设备，如物理服务器上的硬盘、磁带库等。这些存储设备面临着容量受限、扩展困难、管理复杂、维护成本高等一系列挑战。随着云计算技术的成熟和普及，越来越多的企业开始考虑将传统云下存储迁移到云上，以享受云存储带来的弹性扩展、高可用性和低成本等优势。

华为云提供了丰富的迁移工具和解决方案，可帮助企业轻松实现传统云下存储到云上的迁移。例如，可以使用华为云的 SMS 将 X86 物理服务器或私有云、公有云平台上的虚拟机迁移到华为云弹性云服务器上，进而实现存储的迁移。此外，还可以通过数据盘镜像的方式，将传统云下存储的数据制作成镜像，然后复制到华为云上，再创建新的数据盘进行访问。

2）云上存储迁移上云（跨云迁移）

云上存储迁移上云，主要指的是将一个云服务商的存储服务迁移到另一个云服务商的存储服务上。这种迁移通常是由企业对云服务商的服务质量、价格、技术架构等方面的不满或需求变化而引发的。华为云提供了多种迁移工具和解决方案，可帮助企业轻松实现跨云迁移。

对于云上存储的迁移，华为云的对象存储迁移服务（OMS）是一个很好的选择。OMS 可以帮助企业快速、高效地将源云存储上的数据迁移到华为云 OBS 上。企业只需在 OMS 中创建迁移任务，设置源端和目的端的参数即可开始迁移。在迁移过程中，OMS 会实时监控迁移进度，并提供详细的迁移报告。

3）数仓/大数据平台迁移上云

数仓/大数据平台是企业进行数据分析和挖掘的重要工具。然而，传统的数仓/大数据平台通常面临着数据孤岛、扩展困难、计算资源不足等问题。随着云计算和大数据技术的不断发展，越来越多的企业开始考虑将数仓/大数据平台迁移到云上，以享受云上提供的弹性计算、高可用存储和丰富的数据分析工具。

华为云提供了完整的数仓/大数据平台解决方案，包括 GaussDB（DWS）数据仓库、MRS 大数据平台等。这些平台都支持与华为云其他服务，如 OBS、EVS 等的无缝集成。企业可以将现有的数仓/大数据平台数据迁移到华为云上，然后利用华为云提供的丰富工具和算法进行数据分析和挖掘。在迁移过程中，华为云提供了多种迁移工具和解决方案，如 CDM（云数据迁移）服务、DES（数据快递服务）等，帮助企业快速、高效地实现数据的迁移和转换。

综上所述，无论是传统的云下存储、云上存储还是数仓/大数据平台，都可以通过华为云提供的 EVS、SFS、OBS 以及数仓/大数据平台等解决方案，实现存储的优化和升级。华为云提供了丰富的迁移工具和解决方案，可帮助企业轻松实现存储迁移上云的目标。

（4）存储迁移面临的挑战

存储迁移作为企业与机构优化数据存储架构、提升业务效率的关键步骤，面临着诸多挑战。这些挑战不仅关乎数据安全、业务连续性，还涉及成本工期等多个方面。以下，我们将详细探讨存储迁移所面临的三大主要挑战。

1）数据安全性挑战

① 迁移周期长，时间成本不可控，迁移期间存在潜在风险。存储迁移过程可能会因为数据量庞大、网络带宽限制或迁移工具的效率问题而变得漫长。在这个过程中，数据处于流动状态，增加了数据泄露、丢失或损坏的风险。此外，长时间的迁移周期也可能

导致业务中断或延迟，给企业带来经济损失和声誉损害。

② 数据不一致。在存储迁移过程中，数据的来源和目的地可能存在差异，由此会导致数据不一致的问题。例如，数据格式的不兼容、数据内容的差异或数据同步的问题都可能导致数据在迁移后出现不一致的情况。这不仅会影响数据的准确性和完整性，还可能导致业务决策的失误。

③ 业务无法启动。如果存储迁移过程中出现问题，可能会导致业务无法正常启动。例如，迁移后的系统无法识别或读取数据，应用程序无法正常运行，或者关键配置信息丢失等问题都可能导致业务无法启动，从而影响企业的正常运营。

④ 系统不兼容。不同的存储系统可能具有不同的架构、操作系统和应用程序接口。存储迁移过程中可能会出现新的存储系统与原有系统不兼容的情况。这可能会导致数据无法正常迁移，或者迁移后的数据无法在新的系统中正常使用，从而影响存储迁移的顺利进行。

2）业务连续性挑战

① 多厂商设备异构独立共存，场景复杂。在企业的 IT 环境中，可能存在来自多个厂商的不同类型的存储设备，这些设备可能具有不同的性能、功能和管理方式。在存储迁移过程中，需要处理这些异构设备之间的兼容性和互操作性问题，确保数据能够在不同设备之间顺利迁移，同时保证业务的连续性。这种多厂商设备异构独立共存的场景增加了存储迁移的复杂性和难度。

② 多种数据库、应用软件、通用服务混合部署。企业的业务系统通常由多种数据库、应用软件和通用服务组成，这些组件之间存在着复杂的依赖关系。在存储迁移过程中，需要确保这些组件能够在新的存储环境中正常运行，同时保持它们之间的依赖关系不变。这需要对业务系统进行详细的分析和规划，以避免因存储迁移而导致的业务中断或性能下降。

③ 关键业务中断，对业务影响大。在存储迁移过程中，可能会因为设备故障、网络问题或人为错误等原因导致关键业务中断。关键业务的中断可能会给企业带来巨大的经济损失和声誉损害，因此需要采取有效的措施来确保业务的连续性。这包括制定完善的备份和恢复计划，进行充分的测试和演练，以及建立快速响应的应急机制等。

3）成本工期挑战

存储迁移需要投入大量的人力、物力和财力资源，包括购买新的存储设备、迁移工具和服务，以及聘请专业的技术人员进行实施和管理。此外，存储迁移的过程可能会比较漫长，需要花费大量的时间和精力来完成。如果不能合理地控制成本和工期，可能会导致项目超支和延期，影响企业的业务发展和战略规划。

综上所述，存储迁移面临着数据安全性、业务连续性和成本工期等多方面的挑战。

为了应对这些挑战，企业需要制定详细的存储迁移计划，选择合适的迁移工具和技术，加强对迁移过程的监控和管理，以及建立完善的备份和恢复机制以及应急响应机制。只有这样，才能确保存储迁移的顺利进行，实现企业的数据管理和业务发展的目标。

2. 存储迁移实施方案

（1）存储迁移实施方案介绍

华为云提供了多种存储迁移实施方案，以满足不同用户的需求。以下是华为云存储迁移实施方案的主要内容。

1）对象存储迁移服务（OMS）

a．OMS 简介

OMS 是一种线上数据迁移服务,帮助用户把对象存储数据从其他云服务商的公有云轻松、平滑地迁移到华为云。

b．OMS 的优势

① 简单易用：用户通过登录管理控制台创建迁移任务后，即可等待系统完成迁移，中途无须额外操作。

② 传输加密：对象存储迁移服务支持通过 HTTPS 加密在线传输数据，确保数据在传输过程中的安全。

③ 存储加密：对象存储迁移服务可以对迁移后存储在华为云中的对象数据进行加密，使对象数据存储更安全。

④ 安全认证：对象存储迁移服务的鉴权支持 AK/SK 方式，启动数据传输时会充分认证身份的合法性，避免数据被盗用。

c．OMS 的部署流程

① 在华为云控制台开启 OMS 服务，配置迁移任务。

② 添加源对象存储及目标对象存储的访问信息。

③ 根据需求选择全量迁移或增量迁移模式。

④ 开始迁移任务，实时监控迁移进度。

⑤ 迁移完成后进行数据完整性校验。

d．OMS 的应用场景

① 用户计划将业务从其他云服务商迁移至华为云。

② 海量非结构化数据，例如图片、视频、备份文件等的批量迁移。

2）对象存储云数据迁移（CDM）服务

a．CDM 简介

CDM 是一种高效、易用的数据集成服务。CDM 围绕大数据迁移上云和智能数据湖解决方案，提供了简单易用的迁移能力和多种数据源到数据湖的集成能力，降低了用户数据源迁移和集成的复杂性，有效地提高了数据迁移和集成的效率。

b. 对象存储 CDM 的优势

① 易使用。CDM 提供了 Web 化的管理控制台，通过 Web 页实时开通服务。用户只需要通过可视化界面对数据源和迁移任务进行配置，服务会对数据源和任务进行全面的管理和维护。用户只需关注数据迁移的具体逻辑，而不用关心环境等问题，极大地降低了开发维护成本。

② 实时监控。使用云监控服务监控用户的 CDM 集群，执行自动实时监控、告警和通知操作，帮助用户更好地了解 CDM 集群的各项性能指标。

③ 免运维。使用 CDM 服务，用户不需要维护服务器、虚拟机等资源。CDM 的日志、监控和告警功能有异常时可以及时通知相关人员，避免 7×24h 人工值守。

④ 高效率。CDM 任务基于分布式计算框架，自动将任务切分为独立的子任务并行执行，能够极大地提高数据迁移的效率。针对 Hive、HBase、MySQL、DWS（数据仓库服务）数据源，使用高效的数据导入接口导入数据。

⑤ 支持多种数据源。支持数据库、Hadoop、NoSQL、数据仓库、文件等多种类型的数据源。

⑥ 支持多种网络环境。无论数据是在用户本地自建的 IDC 中、云服务中、第三方云中，或者使用弹性云服务器自建的数据库或文件系统中，CDM 均可帮助用户轻松地应对各种数据迁移场景，包括数据上云、云上数据交换，以及云上数据回流本地业务系统。

c. 对象存储 CDM 的部署流程

① 在华为云控制台开启 CDM 服务，创建数据迁移任务。

② 配置源数据和目标数据的连接信息。

③ 根据业务需求选择迁移策略（全量迁移、增量同步或定时迁移）。

④ 启动迁移任务并监控任务状态。

⑤ 验证迁移结果，确保数据一致性。

d. 对象存储 CDM 的应用场景

① 大数据迁移至华为云。

② 数据批量入湖。

3）数据快递服务（DES）

a. DES 简介

DES 是面向 TB 到数百 TB 级数据上云的传输服务，它使用物理存储介质（Teleport 设备、外置 USB 硬盘驱动器、SATA 硬盘驱动器、SAS 硬盘驱动器等）向华为云传输大量数据。使用 DES 可解决海量数据传输的难题（包括高昂的网络成本、较长的传输时间等），DES 传输数据的速度可达到 1000Mbit/s，约是高速 Internet 传输速度的 10 倍，但是成本却低至高速 Internet 费用的 1/5。使用 DES 不占用用户公网带宽，不与主营业务争抢带宽资源。

DES 目前支持 Teleport 和磁盘两种数据传输方式。磁盘方式适用于 30TB 以下的数据量迁移，Teleport 方式适用于 30TB~500TB 的数据量迁移，500TB 以上的数据量建议通过专线迁移。另外 Teleport 方式是由华为数据中心邮寄 Teleport 设备给用户使用，而磁盘方式则是需要用户自己准备磁盘。

b. DES 的优势

① 海量数据高效快速上云。DES 的工作原理是用户将数据复制到迁移介质后邮寄到华为数据中心，管理员将迁移介质挂载配置，用户输入访问密钥（AK/SK）验证，通过华为数据中心高速网络启动数据上传，大大提高了数据传输的速率，缩短了海量数据传输上云的时间，同时为用户降低了海量数据上云的成本。

② 用户数据更安全。

- Teleport 设备使用军工级机箱，保障数据运输和传输安全。
- Teleport 方式和磁盘方式服务单都生成签名文件，确保服务单和设备一一对应，避免人为匹配的操作失误。
- DES 启动数据上传到 OBS 的关键环节，需要用户输入访问密钥（AK/SK）触发数据上传。用户数据上传到 OBS 时支持 SSL 加密，同时 OBS 通过访问密钥（AK/SK）对访问用户的身份进行鉴权，结合 ACL、桶策略等多种方式控制对桶和对象的访问，确保用户数据的上传与访问安全。
- DES 传输数据最终存储在 OBS，用户数据在 OBS 中分片随机存储在不同硬盘上，即使数据中心硬盘被盗，丢失的硬盘也不能还原成用户对象数据，确保用户数据的存储安全。

③ 多种传输方式。DES 提供两种数据传输方式，用户可根据数据量的多少、数据的类型等合理选择。一种是 Teleport 方式，即选择华为数据中心提供的高 I/O 性能 Teleport 设备为迁移介质；另一种是磁盘方式，用户自己有兼容的迁移介质，并可将存储数据的迁移介质邮寄到华为数据中心。

④ 降低维护成本。用户借助 DES 将海量数据存储在 OBS 后，无须再安排专人维护存储设备，设备的维护和数据的管理交由华为数据中心处理即可。

⑤ 配置简单。Teleport 方式使用 Teleport 高性能设备，其配备电源线、10GE 光纤、10GE 网线，即插即用，仅需配置 IP 地址，1min 内即可启动数据复制。

c. DES 的部署流程

① 在华为云控制台申请数据快递服务并选择适合的物理存储介质。

② 将本地数据写入物理介质，使用华为云提供的加密工具对数据进行加密。

③ 将物理存储介质寄送到指定的华为云数据中心。

④ 华为云完成数据上传后，用户在云端验证迁移数据。

⑤ 数据确认后，华为云将物理介质返还给用户或进行安全销毁。

d. DES 的应用场景

① 大数据原始数据迁移：将基因、石油、气象、IoT 等原始数据传输到对象存储服务。

② 接收互换数据：如果用户经常通过物理存储介质来进行数据业务传递，为实现云上互换数据，可将数据传输到对象存储服务。

③ 网站迁移：将静态网站信息、图片、脚本、视频等静态资源传输到对象存储服务。

④ 离线备份数据：将完整备份或增量备份发送至对象存储服务，实现可靠的冗余离站存储，可与混合云备份方案配合使用。

⑤ 灾难恢复：如果大数据需进行容灾准备，初始同步可以选用更具性价比的线下数据快递服务。

（2）存储迁移方案的对比

华为云存储迁移方案（OMS、CDM、DES）的详细对比见表 7-9。

表 7-9　华为云存储迁移方案（OMS、CDM、DES）的对比

对比项	OMS	CDM	DES
适用数据量	中等到大（GB～TB）	小到中等（MB～TB）	超大（TB～PB）
支持的数据类型	仅限对象存储	文件系统、数据库、数据仓库、NoSQL 等多种数据类型	文件、数据库备份、非结构化数据
迁移方式	在线迁移	在线迁移	线下迁移
迁移速度	较快	中等	极快
支持增量迁移	支持	支持	不支持
安全性	数据加密传输	数据加密传输	数据加密存储与传输
适用场景	从其他云平台迁移对象存储数据	各种数据源之间的灵活迁移	本地到云的大规模数据迁移，网络受限场景

7.3.4 数据库迁移

1. 数据库迁移概述

（1）数据库技术的产生与发展

数据库技术的产生与发展紧密伴随着计算机技术的演进以及社会对数据处理需求的日益增长。从最初的简单记录到如今的复杂信息系统，数据库技术经历了从人工管理到文件系统，再到数据库系统的深刻变革。

1）人工管理阶段：数据管理的萌芽

在 20 世纪 50 年代中期以前，计算机主要应用于科学计算领域，数据处理尚未成为其主要任务。这一时期的硬件条件相对简陋，外存设备仅限于纸带、卡片和磁带等，缺乏直接存取的存储设备，使得数据的存储和检索都极为不便。因此，数据管理主要依赖于人工操作，如手工记录、分类和检索等。这种管理方式不仅效率低下，而且容易出错，难以满足日益增长的数据处理需求。

2）文件系统阶段：数据管理的初步自动化

随着计算机技术的不断发展，20 世纪 50 年代后期到 60 年代中期，硬件方面出现了磁盘、磁鼓等直接存取设备，这极大地提高了数据的存储和检索速度。同时，操作系统中也开始出现了专门的数据管理软件，即文件系统。文件系统通过为数据提供统一的命名、存储和检索机制，实现了数据管理的初步自动化。然而，文件系统仍然存在着数据冗余、数据不一致性等问题，难以支持复杂的数据处理需求。数据管理发展阶段如图 7–9 所示。

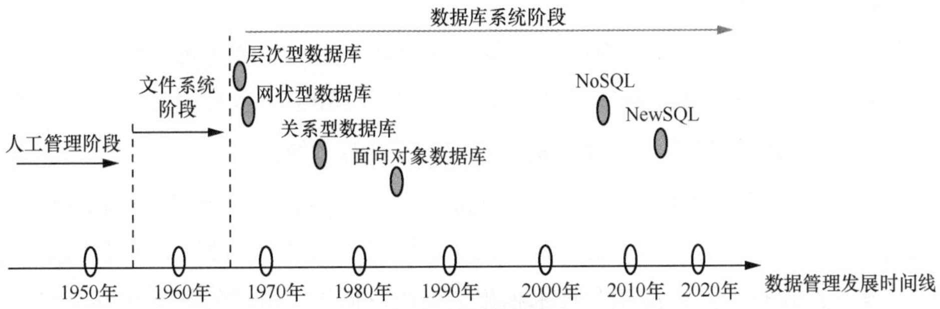

图 7–9　数据管理发展阶段

3）数据库系统阶段：数据管理的革命性变革

20 世纪 60 年代后期，随着大容量磁盘的出现和硬件价格的下降，以及软件价格的上升，数据管理面临着新的挑战和机遇。为了满足日益增长的数据处理需求，人们开始探索更加高效、可靠的数据管理方式。于是，数据库系统应运而生。

数据库系统通过引入数据模型、数据库管理系统（DBMS）等概念和技术，实现了数据的集中存储、统一管理和高效访问。它不仅能够有效地解决数据冗余、数据不一致等问题，还能够支持复杂的数据查询、更新和删除操作。此外，随着联机实时处理需求的增加和分布式处理技术的提出，数据库系统也开始向分布式、并行化等方向发展，进一步提高了数据处理的效率和可靠性。

总之，数据库技术的产生与发展是计算机技术演进和社会数据处理需求增长的必然结果。从人工管理到文件系统再到数据库系统，每一次变革都带来了数据管理方式的深刻变化，推动了信息技术的不断进步和发展。随着人工智能、大数据、云计算等新兴技术的不断涌现，数据库技术将继续向着更加高效、智能、安全的方向发展，为人类社会的信息化进程提供更加有力的支持。

（2）云数据库发展历程

云数据库作为云计算技术与数据库技术融合的产物，近年来得到了迅猛的发展。以下是云数据库发展历程中的重要事件和阶段。

1）起步阶段（2009—2011 年）

2009 年 10 月，Amazon 率先推出关系型数据库服务（RDS）。Amazon 作为云计算领域的先驱，其推出的 RDS 标志着云数据库的诞生。RDS 为用户提供了便捷的关系型数据库管理功能，使得用户可以在云端轻松创建、操作和扩展数据库，大大降低了数据库管理的复杂性和成本。

2011 年 3 月，阿里云在国内推出 RDS。阿里云的这一举措推动了云数据库在国内的发展。阿里云的 RDS 为国内用户提供了与 Amazon RDS 类似的功能，使得国内企业能够更加便捷地使用云数据库服务，加速了国内企业的数字化转型进程。

2）发展阶段（2013—2015 年）

2013 年 7 月，Oracle 推出 DBaaS（数据库即服务）。Oracle 作为传统数据库领域的巨头，也意识到了云计算的发展趋势，并推出了自己的 DBaaS。这表明云数据库市场的吸引力不断增强，传统数据库厂商也开始积极布局云计算领域。

2014 年 9 月，微软 SQL 数据库服务正式版上线。微软作为全球知名的软件厂商，其 SQL 数据库服务的上线进一步丰富了云数据库市场的产品选择。微软的 SQL 数据库服务凭借其在企业级市场的广泛应用和技术积累，为用户提供了可靠的数据库解决方案。

2014 年 12 月，IBM SQL 数据库服务上线。IBM 作为老牌的信息技术企业，也加入了云数据库的竞争行列。IBM 的 SQL 数据库服务旨在为企业用户提供高性能、高可靠的数据库服务，满足企业在云计算时代的数据库需求。

2015 年 7 月，华为在国内正式推出 RDS。华为的加入进一步推动了国内云数据库市场的发展。华为的 RDS 凭借其在通信技术和企业级市场的优势，为国内用户提供了具有竞争力的云数据库解决方案。

3）成熟阶段（2020 年及以后）

2020 年 6 月，华为正式推出云数据库 GaussDB。GaussDB 是华为推出的一款具有自主知识产权的云数据库产品，它融合了先进的数据库技术和云计算技术，具有高性能、高可靠、高安全等特点。GaussDB 的推出标志着华为在云数据库领域的技术实力和市场竞争力得到了进一步提升，也为云数据库市场的发展注入了新的活力。

综上所述，云数据库的发展历程可以追溯到 2009 年 Amazon 推出 RDS，随后阿里云、Oracle、微软、IBM 等企业纷纷跟进，推动了云数据库市场的不断发展。近年来，华为等企业的加入使得云数据库市场的竞争更加激烈，同时也促进了云数据库技术的不断创新和发展。随着云计算技术的不断普及和应用，云数据库作为云计算的重要组成部分，将在未来继续发挥重要作用，为企业和用户提供更加高效、便捷、可靠的数据库服务。

（3）传统数据库与云数据库的区别

企业在选择数据库管理解决方案时，通常面临传统数据库和云数据库之间的重大选择。这两者在结构、成本、维护和灵活性等方面存在显著差异。以下是传统数据库与云数据库的主要区别。

1）传统自建数据库

① 硬件和软件采购：企业需要自行购买服务器、操作系统以及数据库等软硬件。这不仅需要一次性投入大量资金，而且在后续的升级和维护过程中也需要持续投入。

② 机房托管费用：为了保证数据库的正常运行，企业需要将服务器放置在专业的机房中，这会产生高昂的托管费用，其中包括场地租赁、电力供应、空调散热等方面的成本。

③ DBA（数据库管理员）成本：传统数据库需要专业的 DBA 进行日常的管理和维护，这里包括数据库的配置、优化、备份和恢复等工作。由于数据库管理 DBA 的专业知识和经验要求较高，因此企业需要支付较高的人力成本来确保数据库的稳定运行。

2）数据库 on 云服务器

① 软件采购与安装：企业需要自行购买数据库软件，并在租用的云服务器上进行安装和配置。虽然避免了购买服务器硬件的成本，但数据库软件的采购费用仍然是一项支出。

② 云服务器租用费用：企业需要向云服务提供商支付云服务器的租用费用，费用的多少通常取决于服务器的配置、使用时间和流量等因素。

③ DBA 成本：与传统自建数据库一样，数据库 on 云服务器方案也需要专业的 DBA 进行管理和维护，因此 DBA 成本仍然较高。

3）云数据库

① 无须软硬件采购。云数据库由云服务提供商负责硬件设备的采购、安装和维护，以及数据库软件的部署和升级。企业无须自己购买和安装任何软硬件，大大减少了前期的投入和后续的维护成本。

② 服务费用模式灵活。企业只需根据自己的实际使用情况支付相应的服务费用，这种按需付费的模式具有很高的灵活性。企业可以根据业务需求的变化随时调整使用规模，避免了资源的浪费和过度投资。

③ 降低 DBA 投入和成本。云数据库服务提供商通常会提供一系列的自动化管理和监控工具，大大降低了对专业 DBA 的依赖程度。企业可以减少 DBA 的人员配备，从而降低人力成本。同时，云服务提供商的专业团队会负责数据库的性能优化和安全管理，确保数据库的稳定运行。

总之，传统数据库和云数据库在成本、管理和灵活性等方面存在着明显的区别。云数据库凭借其无须购买软硬件、按需付费和减少 DBA 投入等优势，为企业提供了一种更加便捷、高效和经济的数据库解决方案。在选择数据库时，企业应根据自身的业务需求、预算和技术能力等因素进行综合考虑，以选择最适合自己的数据库类型。

（4）数据库的适用场景

以下是几种典型的数据库迁移场景的详细分析。

1）本地 IDC 的数据库迁移上云

在企业的 IT 基础设施中，许多组织依旧依赖于本地的数据中心进行数据库的管理。随着云技术的发展，越来越多的企业选择将这些本地数据库迁移到云端，这一过程可以分为以下两种主要方式。

① 同构平移：指的是将本地数据中心的数据库直接迁移至云平台，保持原有的数据库架构和数据类型。这种方式通常适用于不需要进行技术改造的场景，能够快速实现云迁移，降低迁移过程中的风险和复杂性。

② 异构改造：相较于同构平移，异构改造涉及数据库架构的重构和技术的升级。在迁移过程中，异构改造不仅将数据迁移到云端，还能利用云服务的特性进行优化和改造，例如将关系型数据库迁移到云原生 NoSQL 数据库。这种迁移方式虽然复杂，但能够为企业带来更高的灵活性和性能提升。

2）其他云平台上的数据库迁移到华为云

许多企业在多个云平台上进行业务部署，随着业务的发展，可能需要将数据从一个云平台迁移到华为云。这一迁移场景通常涉及以下几个方面。

① 云间迁移：企业需要评估原有的数据架构及其在其他云平台上的数据存储方式，选择合适的工具和方法来实现数据的无缝迁移。这可能包括使用数据复制工具、备份和恢复策略，或者借助华为云提供的迁移服务简化整个迁移过程。

② 数据一致性与完整性：在进行数据迁移时，确保数据的完整性和一致性是至关重要的。企业需要设计合理的数据迁移流程和策略，使迁移过程中的数据丢失和错误达到最小化。

3）云上自建数据库迁移到云数据库

企业在云平台上自行构建了数据库系统，可能是基于一些开源数据库技术进行定制化开发的。随着业务的发展，企业希望利用云数据库提供的更多管理功能、自动备份、性能优化等特性，将云上自建数据库迁移到云数据库。

在这种场景下，数据库已经在云环境中，网络连接相对比较稳定。但是，自建数据库可能存在一些特殊的配置和自定义的功能。例如，企业可能对自建数据库的性能调优参数进行了特殊设置，在将其迁移到云数据库时，需要评估这些参数如何在云数据库环境中进行适配。同时，数据迁移过程中也要注意与云上其他相关服务的集成关系。如果自建数据库与其他云服务有交互，需要确保迁移到云数据库后这种交互仍然能够正常进行，以避免对业务流程造成影响。

总之，不同的数据库迁移场景都有其各自的特点、挑战和需要重点关注的因素。无论是本地数据中心迁移上云、跨云平台迁移还是云上自建数据库的迁移，都需要精心规划、充分测试，以确保迁移过程的顺利进行和迁移后数据库的稳定运行。

（5）数据库迁移面临的挑战

在当今数字化时代，数据库迁移成为许多企业在发展过程中必须面对的任务。然而，这一过程充满了诸多挑战，严重考验着企业的技术实力、资源储备和风险应对能力。

1）技术门槛高：专业背景与复杂步骤的双重考验

数据库迁移，尤其是在线迁移，对操作人员的专业技术背景有着极高的要求。它涉及多个复杂的技术环节，需要操作人员深入理解源数据库和目标数据库的架构、数据结构、存储方式以及相关的操作指令等知识。例如，在进行异构数据库迁移时，从 Oracle 迁移到 MySQL，不仅要掌握两种数据库截然不同的查询语言、存储过程编写方式，还得了解如何处理不同数据类型之间的转换，像 Oracle 中的 DATE 类型和 MySQL 中的 DATETIME 类型在表示和操作上都存在差异。操作人员需要精心规划迁移步骤，确保每一个环节都不出现差错。而这些复杂的操作流程和技术细节，使得传统的数据库迁移工作成为一项只有少数具备深厚专业知识的人员才能胜任的工作。

2）高成本：人力与硬件的双重投入

① DBA 专家人力成本。在数据库迁移过程中，经验丰富的 DBA 专家起着关键作用。他们负责制定迁移策略，执行迁移操作，解决迁移过程中出现的各种技术问题。然而，聘请这些 DBA 专家需要支付高昂的人力成本。这些专家由于其专业技能的稀缺性，往往薪资待遇不菲，而且在整个迁移周期内都需要他们的参与，从前期的环境评估到最后的数据验证，这使得人力成本成为数据库迁移成本中的重要组成部分。

② 迁移所需硬件成本。除了人力成本，迁移所需的硬件成本也不容小觑。如果是本地数据库迁移到云数据库，可能需要先对本地硬件环境进行升级或调整，以确保数据能够顺利迁移。例如，为了满足迁移过程中大量数据的临时存储和处理需求，可能需要增加本地服务器的内存和存储容量。如果是在不同云平台之间迁移，可能需要购买额外的网络带宽来加速数据传输，或者使用专门的迁移设备，这些都会增加硬件方面的开支。

3）周期长：规划与实施的漫长旅程

① 迁移规划。数据库迁移不是一蹴而就的事情，首先需要进行详细的迁移规划。这一过程涉及对现有数据库系统的全面评估，包括数据量、数据结构、应用程序对数据库的依赖关系等，还需要确定迁移的目标数据库的类型、版本，以及迁移的方式（如在线

迁移还是离线迁移）。这一规划阶段可能需要花费数周甚至数月的时间，因为任何一个小的疏忽都可能导致迁移失败或者后续出现严重的问题。

② 环境搭建。在确定了迁移规划后，就需要搭建迁移环境，这包括在目标端创建合适的数据库实例，配置相应的网络环境、安全设置等。如果是将数据库迁移到云平台，还需要熟悉云平台的相关服务和操作流程，确保新的数据库环境能够满足企业的业务需求。环境搭建过程中可能会遇到各种技术难题，如网络配置错误、安全策略不兼容等，需要花费大量时间去排查和解决。

③ 人工部署。最后是人工部署阶段，这一阶段需要将数据从源数据库迁移到目标数据库，并进行一系列的测试和验证工作。人工部署过程非常烦琐，需要操作人员小心谨慎地处理每一个数据对象，确保数据的完整性和准确性。由于数据库中的数据量往往很大，这个过程可能会持续很长时间，而且在这个过程中如果出现问题，就需要重新检查和调整，进一步延长了整个迁移周期。

4）风险高，可靠性低：数据安全与一致性的双重挑战

在当今复杂多变的业务场景下，数据安全和数据一致性是数据库迁移面临的核心挑战。企业的数据是极其宝贵的资产，在迁移过程中，如何确保数据不被泄露、篡改是至关重要的。同时，保证迁移前后数据的完全一致也是一个巨大的难题。例如，在迁移过程中，如果遇到网络中断或者硬件故障，可能会导致部分数据丢失或者数据状态不一致。而且，不同数据库之间的数据类型、约束条件等差异，也可能会在迁移过程中导致数据不一致。这些风险一旦发生，不仅会影响企业的正常业务运营，还可能带来严重的经济损失和法律风险。

5）可能中断业务：数据完整性与业务连续性的权衡

为了实现迁移过程中数据的完整性，很多时候可能需要在离线状态下进行数据库迁移。然而，这对于企业的业务来说可能是一个巨大的冲击。尤其是对于那些对实时性要求很高的业务，如电子商务平台、金融交易系统等，即使是短暂的业务中断也可能会导致用户流失、交易失败等严重后果。因此，如何在保证数据完整性的前提下，尽可能减少业务中断时间，成为企业在数据库迁移过程中必须权衡的一个重要问题。

6）云上 RDS 的复杂性：托管数据库迁移的新难题

云上 RDS 作为一种托管数据库，在数据库迁移中无论是作为源库还是目标库，都给迁移工作带来了额外的复杂性。其中的一个关键问题是对用户权限的控制。云上 RDS 的权限管理体系与传统数据库有所不同，它通常有着更为严格和细致的权限设置。在这种情况下，传统的迁移工具往往难以适应，因为这些工具在设计时可能没有考虑到云上 RDS 的权限管理特点。例如，在迁移过程中，可能会出现迁移工具无法获取足够的权限来读取源库中的某些数据，或者无法在目标库中正确创建和配置数据对象的情况，从而导致

迁移工作无法顺利进行。

数据库迁移面临的挑战使得企业在实施过程中必须保持高度谨慎。了解这些挑战并制定相应的应对策略，将有助于企业提高迁移的成功率，确保数据的安全性与一致性。充分的准备、专业的技术支持和合理的迁移计划将是企业顺利完成数据库迁移的重要保障。在数字化转型过程中，企业应及时审视迁移方案，以便持续优化与改进。

2. 数据库迁移实施方案

（1）数据库迁移实施方案介绍

华为云提供了多种数据库迁移方案，以满足不同用户的需求。以下是华为云数据库迁移实施方案的主要内容。

1）数据复制服务（DRS）

a．DRS 简介

DRS 是一种易用、稳定、高效、用于数据库实时迁移和数据库实时同步的云服务。

b．DRS 的优势

① 易操作：操作便捷、简单，实现数据库的迁移和同步“人人都会”。而传统场景则需要专业的技术背景，步骤复杂，技术门槛比较高。

② 周期短：仅需分钟级就能搭建完成迁移任务，让整个环境搭建快速、高效。而传统场景下则需要人工部署，短则几天，长则一周或一个月。

③ 低成本：通过服务化迁移，免去了传统的 DBA 人力成本和硬件成本，并允许按需购买，实现了服务“人人都能用上”。

④ 低风险：通过迁移进度、迁移日志、迁移数据等多项指标的查询和对比，大大提升了迁移任务的成功率，实现数据库迁移和同步“人人都能做好”。

2）DRS 的部署流程

a．准备工作

- 注册华为云账号：访问华为云官网，完成账号注册和实名认证。
- 数据库准备：确保源数据库和目标数据库已创建，并具备相应的访问权限。
- 网络配置：根据源数据库和目标数据库的网络环境，配置相应的网络连接方式，如 VPC、VPN 或公网。

b．创建迁移任务

登录 DRS 控制台：使用华为云账号登录 DRS 控制台。

选择迁移类型：根据实际需求，选择“实时迁移”“实时同步”或“实时灾备”等类型。

配置源和目标数据库信息：输入源数据库和目标数据库的连接信息，包括 IP 地址、端口、数据库类型、用户名和密码等。

选择迁移对象：选择需要迁移的数据库、表或其他对象。

设置迁移策略：根据业务需求，设置全量迁移、增量迁移等策略。

c. 预检查

任务检查：DRS 会对配置的迁移任务进行预检查，确保源和目标数据库的连接性、权限、版本等满足迁移要求。

问题修复：如果预检查发现问题，根据提示进行修复，直至所有检查项通过。

d. 启动迁移任务

启动任务：预检查通过后，手动启动迁移任务。

监控迁移进度：在 DRS 控制台查看迁移进度和状态，确保迁移过程顺利。

e. 数据校验

数据对比：迁移完成后，使用 DRS 提供的数据对比功能，验证源数据库和目标数据库的数据一致性。

一致性检查：确保所有迁移的数据在目标数据库中准确无误。

f. 业务切换

应用切换：将业务流量切换到目标数据库，确保应用程序正常访问新的数据库。

功能验证：测试应用程序的各项功能，确保在新数据库环境下运行正常。

g. 结束迁移任务

确认完成：确认所有数据已成功迁移，且业务已平稳切换至目标数据库。

结束任务：在 DRS 控制台结束迁移任务，释放相关资源。

3）DRS 的应用场景

① 数据库同构迁移：例如 MySQL 至 MySQL、PostgreSQL 至 PostgreSQL。

② 数据库实时同步：例如分布式数据库的灾备同步。

③ 云上跨区域迁移：构建多区域高可用架构。

a. 数据库和应用迁移 UGO（简称 UGO）

① UGO 是专注于异构数据库结构迁移的专业服务。它可通过数据库评估、对象迁移和自动化语法转换，提高转化率、最大化降低用户数据库迁移成本。

② UGO 的优势如下。

- 易操作。一站式异构数据库迁移，整个迁移流程完全可视化，用户无须擅长专业的数据库语法知识，只需按照页面的引导，就可以完成源库到目标库的结构迁移与验证，降低用户的数据库知识门槛。
- 低风险。获取源库元数据，生成源库画像，让用户对源库有完整、清晰的认识。同时根据目标库生成语法兼容性报告，对不兼容和部分兼容的语法点给出风险提示，帮助用户提前识别迁移改造点，评估改造工作量，使得迁移工作可视化、可量化。

- 低成本。自动化数据库对象采集和语法转换，一键完成可兼容对象的迁移工作，最大化减少语法改造的人力投入，同时提供对转换、迁移失败对象的错误跟踪和定位功能，帮助用户快速发现问题根因。
- 高转化率。累计万级各数据库间语法差异点知识库，经过亿级 SQL 语句转换实践验证，外加丰富的转换配置参数，可实现主流数据库到 GaussDB 的高自动化转换。
- 高安全性。对用户的操作行为和敏感信息进行保护和过滤，最大化保障用户的数据安全、操作安全。整个迁移流程可管、可视、可控。

b. UGO 的应用场景

① 异构数据库迁移：如 Oracle 到 GaussDB、SQLServer 到 MySQL。

② 数据库与应用解耦：实现数据库系统与应用架构的优化升级。

③ 企业多云或混合云部署：在复杂架构中实现统一数据管理。

c. UGO 的独特价值

① 降低异构迁移难度：通过智能化工具，显著缩短手动迁移的时间和减少手动迁移的成本。

② 保障业务连续性：迁移过程中对业务影响最小化，迁移后快速恢复正常业务运行。

（2）UGO 与 DRS 的区别

华为云数据库迁移流程解决方案，通过 UGO 和 DRS 的定位可以看出两者的主要区别：UGO 重点关注异构数据库的结构迁移；DRS 重点关注数据同步。

DRS 与 UGO 的对比分析见表 7-10。

表 7-10　DRS 与 UGO 的对比分析

特性	DRS	UGO
核心功能	数据库实时迁移与同步	异构数据库对象迁移与应用迁移
适用场景	同构迁移、实时同步、跨区域迁移	异构迁移、复杂架构优化
复杂度	操作简单，自动化程度高	专业化工具，需根据需求制定迁移方案
优势	快速高效、易于使用	强大的异构支持能力和全面的迁移优化能力

7.3.5　容器迁移

1. 容器技术概述

（1）容器技术产生的背景

随着现代软件开发和部署模式的不断演进，传统的软件开发和运维方式面临着诸多挑战，这促使了容器技术的产生。

在传统模式下，开发环境和生产环境往往存在差异，导致软件在从开发到部署的过程中出现兼容性问题，即所谓的“在我机器上可以运行”的困境。开发人员在本地开发时使用的软件库、配置和操作系统版本可能与生产环境不完全一致，这使得软件从部署到生产环境过程中可能出现各种意外的错误。

此外，随着微服务架构的兴起，一个大型应用被分解为多个小型、独立的微服务。每个微服务都有自己的开发、测试和部署需求。传统的基于虚拟机（VM）的部署方式在资源利用效率、启动速度和部署灵活性方面存在局限性。例如，虚拟机需要模拟完整的操作系统，占用大量的磁盘空间和内存，启动时间较长，而且每台虚拟机都需要独立安装和配置操作系统和应用程序，这在大规模部署微服务时变得非常烦琐和低效。

为了解决这些问题，容器技术应运而生。容器提供了一种轻量级的虚拟化解决方案，它可以将应用程序及其依赖项打包成一个独立的、可移植的单元，确保在不同的环境中能够一致地运行。

（2）容器技术的发展历程

1）早期概念的形成

容器技术的概念最早可以追溯到 20 世纪 70 年代的 Unix 操作系统中的 chroot 环境，它可以将一个进程及其子进程限制在一个特定的文件系统目录中，这是容器技术隔离性的早期雏形。

2）Linux 容器技术的发展

随着 Linux 操作系统的发展，Linux 容器（LXC）技术在 2008 年左右出现。LXC 利用 Linux 内核的特性［如 cgroups（控制组）用于资源限制和 namespace（命名空间）用于进程隔离］，实现了在单个 Linux 主机上创建多个隔离的容器环境。这使得在一台物理服务器上可以运行多个相互隔离的应用程序，就像它们在独立的服务器上运行一样。

3）Docker 的兴起与普及

2013 年，Docker 项目的发布标志着容器技术进入了一个新的发展阶段。Docker 在 LXC 的基础上进行了简化和优化，提供了更易用的容器管理工具和标准化的容器镜像格式。Docker 的出现使得容器技术得到了广泛的关注和应用，它大大降低了容器技术的使用门槛，让开发人员和运维人员可以轻松地创建、部署和管理容器。

Docker 的镜像仓库（如 Docker Hub）进一步促进了容器技术的传播，开发人员可以方便地分享和获取容器镜像，加速了应用的容器化进程。

4）容器编排技术的发展

随着容器技术的广泛应用，如何管理大规模的容器集群成为新的挑战。2014 年开始，容器编排工具如 Kubernetes、DockerSwarm 和 Mesos 等相继出现。其中，Kubernetes 逐渐成为容器编排领域的事实标准。Kubernetes 提供了强大的容器编排功能，包括容器的部署、调度、扩展、监控和管理等，使其在大规模集群环境中运行容器变得更加高效和可靠。

（3）容器技术的应用场景

1）微服务架构的部署支撑

在微服务架构中，每个微服务都是一个独立的、可独立部署的单元。容器技术非常适合微服务的部署，因为它可以将每个微服务及其依赖项打包成一个容器，确保每个微服务在不同的环境（开发、测试、生产等）中具有一致的运行环境。例如，一个电商应用可能由用户管理、商品管理、订单处理等多个微服务组成，每个微服务都可以使用容器进行部署，并且可以根据业务需求独立地进行扩展或升级。

2）持续集成/持续交付（CI/CD）管道优化

容器技术在 CI/CD 流程中发挥着重要作用。开发人员可以将应用程序构建成容器镜像，然后在不同的测试环境（单元测试、集成测试、验收测试等）中快速部署和测试。由于容器的启动速度快，并且可以在任何支持容器运行时的环境中运行，所以可以大大缩短 CI/CD 的周期。例如，在代码提交后，自动化构建系统可以立即构建容器镜像，并将其推送到测试环境进行快速验证，从而提高了软件开发的效率和质量。

3）混合云与多云环境的部署

企业在构建混合云或多云环境时，容器技术提供了一种统一的应用部署方式。容器可以在不同的云平台（如公有云、私有云）之间轻松迁移，只要目标云平台支持容器运行。这使得企业可以根据成本、性能、安全等因素灵活地选择不同的云服务提供商，同时可确保应用的一致性和可移植性。例如，企业可以将一些对成本敏感的业务部署在公有云上的容器中，而将核心业务部署在私有云的容器中，并且可以根据业务需求在不同云之间进行动态调整。

4）开发和测试环境的快速搭建

容器技术可以帮助开发人员和测试人员快速搭建各种开发和测试环境。使用容器镜像，只需要几分钟就可以创建出一个包含特定软件版本、配置和依赖项的完整环境。这对于多团队协作开发、并行测试以及重现问题环境非常有用。例如，一个开发团队可能需要在不同的操作系统版本和软件配置下测试一个应用程序，使用容器可以轻松地创建这些不同的测试环境，而不需要在物理机或虚拟机上烦琐地安装和配置。

（4）容器技术迁移面临的挑战

容器技术的轻量化与敏捷性使其成为云迁移的首选载体，但企业往往低估了从“本地容器化”到“云上生产化”的鸿沟。传统容器部署通常基于静态资源规划与封闭网络架构，而云原生环境要求应用具备弹性伸缩、多云兼容和零信任安全等能力。

1）网络配置与安全

在容器迁移上云的过程中，网络配置是一个复杂的问题。容器之间的网络通信需要进行正确的设置，以确保容器能够相互访问并且与外部网络进行通信。在云环境中，网络拓扑结构可能与本地环境不同，需要重新配置容器的网络模式（如桥接模式、主机模式等）。同时，容器的网络安全问题也是一个重要的挑战。容器的轻量级特性使得其在安全隔离方面相对较弱，容易受到网络攻击。例如，容器之间如果没有正确的网络隔离，一个被攻击的容器可能会影响到其他容器的安全。

2）存储管理

容器的存储管理在迁移上云时面临挑战。容器中的数据存储需要考虑持久性、可用性和性能等因素。在本地环境中，容器可能使用本地磁盘或共享存储系统进行存储，但在云环境中，需要使用云存储服务。不同的云存储服务具有不同的特性和接口，需要对容器的存储配置进行调整。例如，如何确保容器中的数据在迁移到云存储后仍然可以被正确地访问，以及如何在容器迁移或扩展过程中保证存储数据的一致性和完整性。

3）资源分配与优化

云环境中的资源是共享的，容器迁移上云需要合理地分配资源（如 CPU、内存、磁盘等），以确保每个容器都能正常运行并且高效利用资源。在本地环境中，容器可能根据物理机或虚拟机的资源进行分配，但在云环境中，需要根据云服务提供商的资源模型进行调整。如果资源分配不合理，可能会导致容器性能下降或资源浪费。例如，过度分配资源会增加成本，而分配不足会使容器运行缓慢。

4）容器编排与管理

当容器迁移到云环境时，容器的编排和管理变得更加复杂。在本地环境中使用的容器编排工具（如 Kubernetes）可能需要与云平台的管理工具进行集成。云环境有自己的容器管理服务和限制条件，需要对容器编排策略进行调整。例如，云平台可能对容器的部署数量、资源配额等有一定的限制，如何在这些限制条件下实现容器的高效编排和管理是一个挑战。

5）兼容性与依赖性

容器中的应用程序可能依赖于特定的操作系统版本、软件库或其他组件。在迁移上云的过程中，需要确保这些依赖项在云环境中仍然可用并且兼容。云环境可能使用不同的操作系统发行版或软件版本，这可能会导致兼容性问题。例如，一个容器中的应用程序依赖于特定版本的数据库驱动程序，如果云环境中没有这个版本的驱动程序，可能会导致应用程序无法正常运行。

迁移不是终点，而是云原生进化的起点。容器上云绝非简单的环境平移，而是推动应用架构向弹性、自治、安全的云原生范式升级。技术团队需建立三大核心能力。

① 全栈可观测性：打通从容器层到云服务层的监控孤岛。

② 自动化治理：通过 Policy-as-Code（如 OPA）实现安全策略的持续验证。

③ 成本意识重构：将资源利用率纳入应用健康度核心指标。

2. 容器技术迁移实施方案

（1）容器技术迁移实施方案介绍

容器技术在现代应用部署中扮演着越来越重要的角色。为了更好地利用云平台的优势，如弹性扩展、成本效益和高可用性，许多企业考虑将本地的容器环境迁移到云环境。然而，容器技术迁移是一个复杂的过程，涉及多个方面的规划、调整和优化。以下将介绍容器技术迁移的实施方案，包括规划与评估阶段、迁移准备阶段、迁移实施阶段以及迁移后优化阶段。

1）规划与评估阶段

① 环境分析：对本地容器环境和目标云环境进行详细的分析，包括本地容器的数量、应用类型、资源使用情况、网络配置、存储方式等，以及目标云环境的云服务提供商、可用资源、网络拓扑、云存储服务等。例如，了解本地使用的 Kubernetes 版本和配置，以及目标云平台是否支持该版本的 Kubernetes 或者是否需要进行版本升级。

② 兼容性检查：对容器中的应用程序及其依赖项进行兼容性检查。确定应用程序是否依赖于特定的操作系统特性、软件库或硬件资源，以及这些依赖项在云环境中的可用性。可以使用工具对容器镜像进行扫描，检查其中的软件包版本和依赖关系。例如，如果发现容器中的应用程序依赖于某个在云环境中不存在的开源软件库，需要考虑是否有替代方案或者如何将该软件库添加到云环境中。

③ 资源规划：根据应用程序的性能需求和云环境的资源模型，制定合理的资源分配计划。确定每个容器需要的 CPU 核心数、内存大小、磁盘空间等资源，并需要考虑容器的扩展性和峰值负载情况。例如，对于一个预计会有高并发访问的 Web 应用容器，可以适当分配更多的 CPU 和内存资源以确保其在云环境中的性能。

2）迁移准备阶段

① 网络配置调整：根据云环境的网络拓扑结构，调整容器的网络配置。如果云平台提供了特定的网络插件（如 Calico、Flannel 等），需要安装和配置这些插件以确保容器之间的网络通信。同时，设置容器的网络安全策略，如防火墙规则、访问控制列表等，以保护容器免受网络攻击。例如，在 Kubernetes 集群迁移到云环境时，配置网络策略来限制容器之间的访问，只允许特定的容器之间进行通信。

② 存储迁移策略：制定容器存储迁移策略。如果本地容器使用了特定的存储方式（如本地卷、网络存储等），需要将存储数据迁移到云存储服务中。可以使用云平台提供的存储迁移工具或者自定义脚本进行数据迁移。在迁移过程中，确保数据的完整性和一致性，并且调整容器的存储配置，使其能够正确地访问云存储中的数据。例如，将本地的容器数据卷迁移到云平台的块存储服务中，并修改容器的挂载点配置。

③ 容器镜像优化：对容器镜像进行优化，减少镜像的大小和层数，以提高镜像的传输速度和部署效率。可以删除镜像中不必要的文件和软件包，合并镜像的层，并且对镜

像进行压缩。例如，使用 Docker 的多阶段构建功能，在构建过程中只保留最终运行应用程序所需的组件，从而减小镜像的体积。

3）迁移实施阶段

① 容器迁移操作：使用云平台提供的容器迁移工具或者命令行工具将容器从本地环境迁移到云环境。例如，如果云平台支持直接导入 Docker 容器镜像，可以将本地构建好的容器镜像直接导入云平台的容器注册表中。在迁移过程中，密切关注迁移的进度和日志，及时处理迁移过程中出现的问题，如网络连接中断、镜像导入失败等。

② 容器编排调整：根据云环境的特点和限制条件，对容器编排策略进行调整。如果使用 Kubernetes 进行容器编排，需要修改 Kubernetes 的配置文件（如 Deployment、Service 等资源的配置），以适应云平台的资源分配、网络设置和服务发现机制。例如，调整 Kubernetes 的 Pod 的资源请求和限制，以符合云平台的资源配额要求。

③ 测试与验证：在容器迁移到云环境后，进行全面的测试和验证，包括应用程序的功能测试、性能测试、网络连通性测试、存储访问测试等。可以使用自动化测试工具对迁移后的容器进行测试，确保应用程序在云环境中能够正常运行并且满足性能要求。例如，使用 JMeter 等工具对迁移后的 Web 应用容器进行性能测试，检查响应时间、吞吐量等性能指标是否符合预期。

4）迁移后优化阶段

① 资源监控与调整：容器在云环境中运行后，建立资源监控机制，实时监控容器的资源使用情况（如 CPU 利用率、内存使用量、磁盘 I/O 等）。根据监控结果，对容器的资源分配进行调整，以优化资源利用效率。例如，如果发现某个容器的 CPU 利用率长期较低，可以适当减少分配给该容器的 CPU 核心数，释放资源给其他容器。

② 安全加固：对迁移后的容器环境进行安全加固。检查容器的安全配置，如是否启用了安全增强功能（如 SELinux、AppArmor 等），是否设置了合适的用户权限等。同时，定期进行安全扫描和漏洞检测，及时修复发现的安全漏洞。例如，使用 Clair 等工具对容器镜像进行漏洞扫描，及时更新镜像中的软件包以修复漏洞。

③ 持续改进：根据容器在云环境中的运行情况，总结迁移过程中的经验教训，持续改进容器的部署和管理策略。例如，如果发现某个应用程序在云环境中的性能不如预期，可以分析原因并对容器的配置、网络设置或者应用程序代码进行优化。

容器技术上云迁移实施方案包括规划与评估、迁移准备、迁移实施和迁移后优化 4 个阶段。规划与评估阶段要进行环境分析、兼容性检查和资源规划；迁移准备阶段需调整网络配置、制定存储迁移策略和优化容器镜像；迁移实施阶段包括容器迁移操作、编排调整以及全面的测试验证；迁移后优化阶段涵盖资源监控与调整、安全加固和持续改进。这一整套方案系统地考虑了容器上云迁移过程中的各种因素，可以确保容器顺利迁移到云环境并高效稳定运行。

（2）容器技术迁移工具

容器迁移上云涉及多个复杂的环节，包括镜像管理、编排资源调整等，不同的工具在这个过程中发挥着不同的作用。无论是通用的容器迁移工具，还是特定云服务商（如华为云）提供的工具，都对容器迁移上云的顺利进行有着重要意义。

1）通用容器迁移上云工具

a．Docker Registry 镜像存储与分发

Docker Registry 是容器镜像的仓库，用于存储和分发容器镜像。在容器迁移上云过程中，它起到了中间桥梁的作用。例如，企业在本地构建了容器镜像，首先会将这些镜像推送到本地的 Docker Registry。

当要迁移到云环境时，可以将云环境中的容器编排平台（如 Kubernetes 集群）配置为从该 Registry 拉取镜像，或者将镜像从本地 Registry 复制到云服务商提供的 Registry（如 Amazon ECR、Google GCR 等），之后云环境中的应用就可以基于这些镜像进行部署。

b．版本管理与协作

它支持对镜像进行版本管理。不同版本的容器镜像可以被存储在 Registry 中，方便在迁移过程中选择合适的版本进行部署。在团队协作场景下，开发人员可以将新构建的镜像版本推送到 Registry，运维人员再从 Registry 拉取镜像进行云环境的部署，确保迁移过程中应用版本的一致性。

c．kubectl（Kubernetes 命令行工具）

① 资源导出与导入。kubectl 是管理 Kubernetes 集群的核心工具。在容器迁移上云时，我们可以使用 kubectl get 命令查看本地 Kubernetes 集群中的各种资源（如 Deployment、Service、ConfigMap 等），并通过 kubectl export 将这些资源的配置以 YAML 或 JSON 格式导出；然后，根据目标云环境的特性对导出的配置文件进行修改，例如修改存储类、调整资源配额等；最后，使用 kubectl apply 将修改后的配置文件应用到目标云环境中的 Kubernetes 集群，从而实现容器编排相关资源的迁移。

② 集群交互与操作。kubectl 可以与本地和云环境中的 Kubernetes 集群进行交互。例如，在迁移过程中，我们可以使用 kubectl 检查集群节点的状态，查看容器的日志，进行滚动更新等操作。这些操作可以确保在迁移前后容器应用在不同集群中的运行状态是可观测和可管理的。

2）华为云容器迁移上云工具

a．华为云容器镜像服务（SWR）

华为云 SWR 为用户提供了便捷的容器镜像迁移途径。用户可以通过简单的命令行操作或者图形界面将本地构建的容器镜像上传到 SWR。例如，首先在本地使用 Docker

构建好容器镜像，然后标记镜像为适合 SWR 的格式（如 docker tag [本地镜像名]:[版本号] swr.[区域].myhuaweicloud.com/[命名空间]/[镜像名]:[版本号]），最后使用 docker push 命令将镜像推送到 SWR。

这使得企业在将容器化应用迁移到华为云时，能够快速将本地的镜像资产转移到云环境中，方便后续在华为云容器引擎（CCE）等平台上进行部署。

b. 安全与企业级特性

SWR 具备镜像安全扫描功能，在镜像迁移过程中，它可以对镜像进行深度扫描，检测出镜像中可能存在的安全漏洞，如软件包的已知漏洞、配置错误等。

同时，SWR 支持企业级的镜像管理，包括镜像的权限管理、命名空间管理等。企业可以根据不同的项目团队或业务部门设置不同的镜像访问权限，确保镜像在迁移和使用过程中的安全性和合规性。

c. 华为云容器引擎（CCE）

CCE 是华为云的容器管理服务，在容器迁移上云方面提供了强大的功能。它支持将本地 Kubernetes 集群中的工作负载迁移到华为云。用户可以将本地的 Deployment、StatefulSet、DaemonSet 等工作负载的配置文件进行调整后，在 CCE 上重新创建。

例如，一个本地的微服务架构容器应用包含多个 Deployment 和相关的 Service，在迁移时，可以将这些资源的配置文件中的网络、存储等相关配置修改为适合华为云 CCE 的设置（如使用华为云的虚拟私有云、弹性文件系统等），然后在 CCE 中创建相同的工作负载，从而实现应用的迁移。

d. 混合云迁移与管理

CCE 在混合云场景下表现出色。企业如果希望逐步将容器化应用从本地数据中心迁移到华为云，可以利用 CCE 的混合云功能。它允许本地的 Kubernetes 集群和华为云 CCE 集群进行互联互通，方便在迁移过程中进行数据和业务的平滑过渡。

例如，企业可以先将部分非核心业务的容器应用迁移到华为云 CCE，在确保业务稳定运行后，再逐步迁移核心业务。同时，在混合云模式下，CCE 可以提供统一的资源管理、监控和调度，使得企业可以在本地和云环境中灵活分配容器资源。

3）容器迁移工具的对比

容器迁移工具的对比如图 7-10 所示。

无论是通用的容器迁移工具，如 Docker Registry 和 kubectl，还是华为云提供的容器镜像服务（SWR）和云容器引擎（CCE），都在容器迁移上云的过程中提供了不可或缺的功能。Docker Registry 和 kubectl 从通用的镜像存储分发、版本管理以及 Kubernetes 资源操作等方面为容器迁移奠定了基础；而华为云的 SWR 和 CCE 则针对华为云环境，在镜像安全、企业级管理、工作负载迁移以及混合云场景等方面展现出独特的优势。

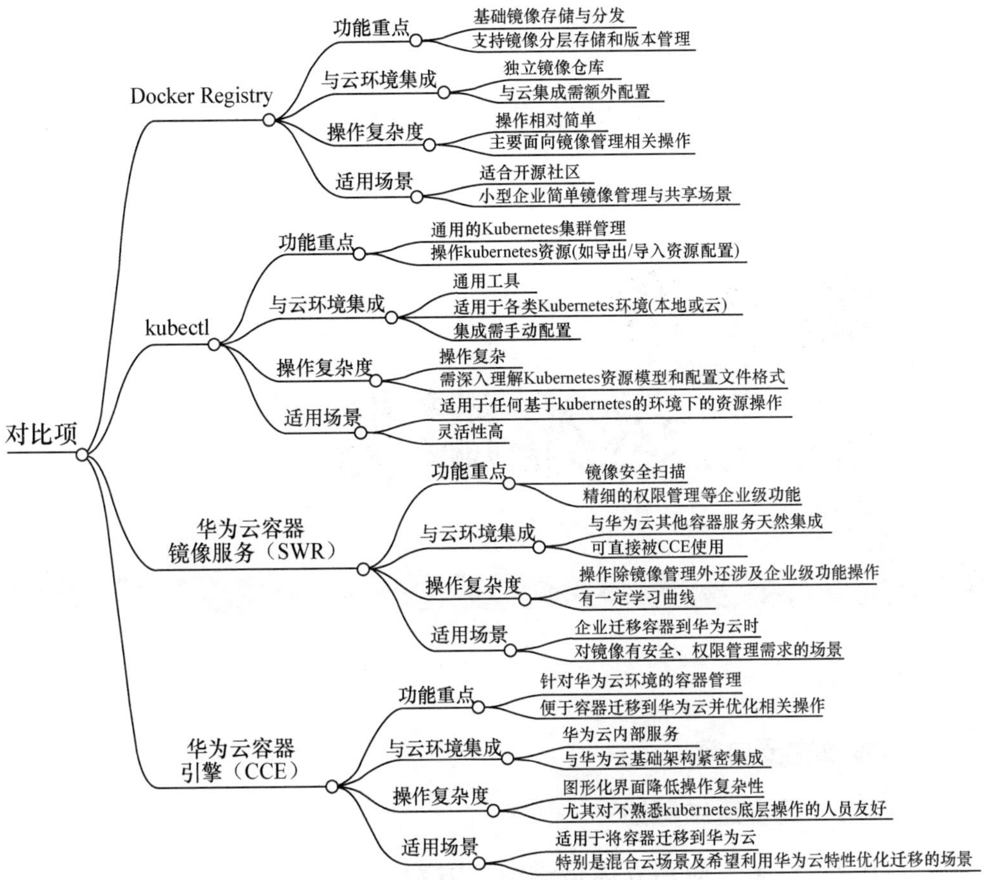

图 7-10　容器迁移工具的对比

第8章 云上运维服务

本章主要内容

本章将聚焦于云上运维服务的核心内容，帮助企业在云计算环境中实现高效、稳定的运维管理与控制。首先，我们将探讨基础运维面临的挑战，了解在传统 IT 环境下，资源管理、系统维护和故障排除等方面存在的诸多难题。随着企业业务的不断增长和技术的快速迭代，传统运维模式已难以满足现代化云环境的需求，这使得云运维的重要性愈加凸显。

接下来，本章将全面概述云运维，包括其定义、发展历程及其在当前云计算生态中的地位。通过对云运维的基本概念和关键特性的介绍，读者将能够深入理解云运维相较于传统运维的优势与独特之处。同时，我们将分析应用运维面临的挑战，如复杂的分布式系统管理、动态资源调度和多租户环境下的安全性问题，进一步明确云运维在解决这些难题中的关键作用。

随后，本章将明确云上运维的目标，涵盖提升系统可靠性、优化资源利用、实现自动化管理和增强安全防护等方面。这些目标的实现不仅能够显著提升企业的运维效率，还能为业务的持续发展提供坚实的技术保障。

在此基础上，我们将全景介绍华为云应用立体运维解决方案，详细阐述其涵盖的各项服务与功能模块，包括应用性能管理（APM）服务、应用运维管理（AOM）服务、云日志服务（LTS）、云监控服务（CES）和云审计服务（CTS）等。通过具体案例和应用场景的展示，读者将能够全面了解华为云在云运维领域提供的综合性解决方案及其实际应用价值。

随后，本章将深入探讨 APM 和 AOM 的基本概念，介绍其应用场景，阐明两者在云运维体系中的互补关系和协同作用。此外，我们还将介绍 LTS、CES 和 CTS 的功能与优势，展示其在提升运维管理效率和保障系统安全方面的具体应用。

通过本章内容，读者将能够全面掌握云上运维服务的核心理念与实践方法，了解华为云在这一领域的先进解决方案，为企业构建一个高效、可靠、安全的云运维环境提供系统化的支持。

【知识图谱】

本章的知识架构如图 8-1 所示。

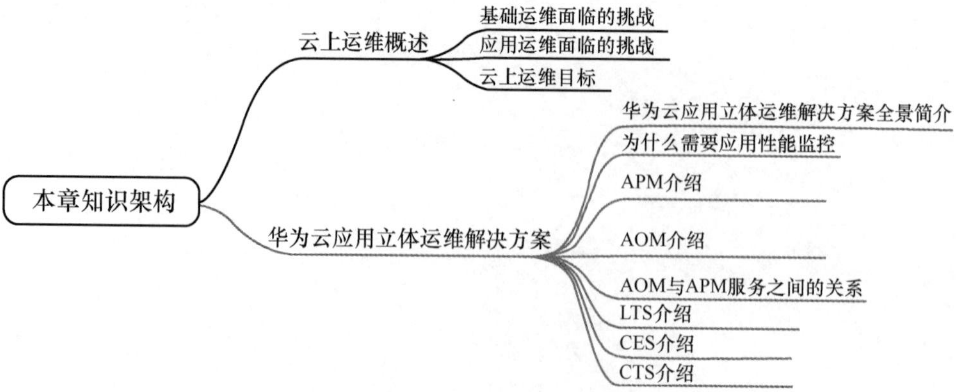

图 8-1　第 8 章知识架构

8.1　云上运维概述

8.1.1　基础运维面临的挑战

在当今复杂的信息技术环境下，基础运维工作面临着诸多挑战，这些挑战从多个维度对运维团队的能力、资源以及应对策略进行考验。

（1）复杂性增加

① 多样化的 IT 架构：传统 IDC、虚拟化平台和云平台并存，运维需要同时支持多种架构，增加了复杂性。

② 技术栈的多样性：包括多种操作系统、数据库、中间件和开发框架，要求运维人员具备多领域知识。

③ 异构环境的管理：跨平台的应用部署和数据迁移增加了管理的难度。

（2）高效性要求

① 快速响应需求：业务变化频繁，需要运维团队能够快速调整资源配置以满足需求。

② 自动化不足：手工操作效率低且容易出错，难以满足高效的运维管理需求。

③ 性能优化压力：系统运行效率直接影响业务表现，运维需持续关注性能问题。

（3）可用性保障

① 高可用要求：业务系统需要全天候运行，任何中断都会导致重大损失。

② 故障处理难度：分布式架构下的故障定位和修复更为复杂，需要运维人员具备快速排查能力。

③ 灾备方案不足：企业往往缺乏完善的灾备规划，导致灾难发生时无法迅速恢复。

（4）安全性挑战

① 安全威胁复杂化：网络攻击、数据泄露和内部安全隐患频发，威胁系统安全。

② 合规要求：运维需要满足行业标准和法规的要求，对安全和隐私保护提出了更高的要求。

③ 漏洞管理：多种软件和系统的漏洞需要及时修补，运维人员压力大。

（5）成本控制

① 资源浪费：手工分配资源容易导致浪费，需要更高效的资源管理。

② 成本与性能平衡：需要在保证性能的同时，优化 IT 基础设施的成本。

（6）监控和管理不足

① 数据孤岛：不同系统和工具生成的数据难以统一管理，影响整体的监控和分析。

② 实时性不足：传统监控手段难以实时发现和解决问题。

③ 缺乏指标：无法全面覆盖性能、安全性、用户体验等关键指标。

（7）协作与流程问题

① 跨部门协作难：运维与开发、业务部门之间的沟通效率低，容易出现协调问题。

② 流程僵化：传统运维流程难以适应敏捷开发和快速部署的需求。

（8）云化转型压力

① 迁移难度：传统系统迁移到云平台需要进行复杂的规划和实施，容易引发风险。

② 混合云管理：企业上云后，混合云环境的统一管理和优化难度较大。

③ 运维团队需要通过自动化工具的引入、流程优化、技能提升和体系化管理来应对这些挑战，从而构建高效、安全、可持续的运维体系。

8.1.2 应用运维面临的挑战

在现代信息技术环境下，应用运维扮演着保障应用系统稳定、高效运行的关键角色，然而这一过程面临着诸多复杂且棘手的挑战。

（1）应用架构的复杂性

① 微服务架构：现代应用通常采用微服务架构，服务数量多、依赖复杂，增加了监控和管理的难度。

② 分布式系统：分布式架构下的服务调用链复杂，问题定位变得更加困难。

③ 多语言技术栈：应用可能使用不同的编程语言和框架，运维人员需要具备多技术栈的知识储备。

（2）高频发布和快速迭代

① 持续集成交付：快速迭代和频繁发布对运维提出了更高的要求，需要支持零停机部署和版本回滚。

② 增加发布风险：高频次发布可能引发系统不稳定，影响用户体验。

③ 变更管理复杂：需要对大量变更进行高效管理，同时避免引发故障。

（3）性能与用户体验保障

① 高并发和低时延需求：应对大量用户同时访问时，需要确保系统响应迅速且稳定。

② 性能瓶颈定位难：应用性能问题可能来源于数据库、网络、代码等多个环节，定位需要专业工具和丰富经验。

③ 用户体验监测不足：难以及时获取并分析用户的真实体验数据，影响问题发现和

优化。

（4）监控和故障排查

① 监控力度不足：传统的监控工具可能无法提供深入的应用级别监控，如服务依赖、接口调用等。

② 故障诊断困难：在微服务和分布式架构中，故障点可能涉及多个服务和组件，定位耗时长。

③ 预测和预防不足：缺乏对潜在问题的预测能力，容易导致突发故障。

（5）应用与基础设施协作

① 资源分配不足或浪费：需要根据应用负载动态调整资源，避免资源不足或浪费。

② 依赖环境的配置：复杂的依赖环境可能导致应用在不同运行环境中表现不一致。

③ 容器化管理复杂性：容器和 Kubernetes 的引入虽然提升了灵活性，但也增加了运维复杂度。

（6）日志和数据管理

① 日志量大且分散：微服务产生的日志量巨大，且分布于多个节点，难以统一管理和分析。

② 实时分析需求：需要实时分析日志数据以发现问题，但传统方式难以满足需求。

（7）自动化不足

① 部署和运维手工操作多：手工操作容易导致失误，影响效率和稳定性。

② 智能化不足：缺乏智能化工具来辅助运维分析和决策。

（8）多云和混合云环境

① 统一管理难：在跨云和混合云环境下，应用的部署和运维需要统一的管理工具和策略。

② 迁移和兼容性问题：在不同云平台间迁移应用可能存在兼容性和性能问题。

综上所述，应用运维面临的挑战涉及技术复杂性与更新速度快、日常任务繁重与细节烦琐、监控与故障排查难度大、自动化与标准化程度不足、资源限制与压力巨大以及部门间协作与信息不对称等多个方面。为了应对这些挑战，运维团队需要不断学习和掌握新技术，加强团队协作和沟通，完善制度和流程规范，提高自动化和标准化程度以及合理规划和利用资源。

8.1.3　云上运维目标

在云环境下，运维工作承担着保障系统稳定、高效运行的重要使命。云上运维目标涵盖多个关键方面，这些目标有助于运维人员全面了解系统状态，及时应对各种问题，从而为用户提供优质的服务。

1. 分析长期趋势

（1）数据库负载的长期观察

数据库是云应用的核心组件之一，因此对其负载及负载变化趋势的分析至关重要。运维人员需要持续监测数据库的负载情况，包括查询量、事务处理量、磁盘 I/O、内存使用等关键指标。判断数据库负载是否持续上升是其中一个重要的目标。例如，对于一个电商平台的数据库，如果其负载持续上升，可能预示着业务量的增长或者数据库性能存在潜在问题。通过对长期趋势的分析，运维人员可以提前规划资源扩容或制定性能优化措施，以避免数据库在未来出现过载的情况。

（2）业务增长与资源规划

除了数据库负载，运维人员还需要关注整个云环境下业务的长期发展趋势。随着业务的增长，应用的资源需求也会相应增加。通过分析长期趋势，运维人员可以预测未来的资源需求，为企业提供合理的资源规划建议。例如，根据用户增长趋势和应用使用频率的变化，确定是否需要增加服务器节点、扩展存储容量或者升级网络带宽等。这有助于企业在控制成本的同时，确保业务的持续发展。

2. 跨时间范围比较

（1）评估资源扩容效果

在云环境中，资源的弹性扩展是一个重要特性。当进行节点扩容后，运维人员需要对资源负载进行跨时间范围的比较。例如，在扩容之前，服务器的 CPU 利用率可能一直处于高位，导致应用响应缓慢。扩容之后，运维人员要对比观察 CPU、内存、磁盘等资源的负载是否恢复到正常水平。如果资源负载性能没有得到有效改善，可能需要进一步排查是扩容操作本身存在问题，还是存在其他隐藏的性能瓶颈。

（2）性能提升的量化比较

除了资源负载，应用的性能也是运维关注的重点。运维人员需要对应用的性能指标进行跨时间范围的比较，例如网站的响应速度。如果上周网站的平均响应时间为 3 秒，经过一系列优化措施（如代码优化、缓存策略调整等）后，本周需要对比观察响应速度是否有所提高。这种量化的比较可以直观地评估运维措施的有效性，为后续的优化工作提供参考依据。

3. 辅助问题定位

（1）分析关联指标

当客户端出现请求时延增加等异常情况时，云上运维的一个重要目标是通过观察其他监控指标来定位问题的根因。云环境下的应用是一个复杂的系统，一个问题可能由多个因素共同导致。例如，客户端请求时延可能与网络带宽、服务器性能、数据库查询效率等多个因素有关。运维人员需要同时观察网络流量、服务器 CPU 和内存使用率、数据库的慢查询数量等多个监控指标，通过分析这些指标之间的关联关系，找出导致请求延迟的根本原因。

（2）快速排查故障

在云环境中，快速定位问题对于缩短业务中断时间至关重要。运维人员需要建立一套有效的问题定位机制，当出现任何异常情况时，能够迅速从众多监控指标中筛选出有价值的信息。例如，当应用出现故障时，通过分析日志文件、系统监控数据等多种信息源，快速确定是软件漏洞、硬件故障还是配置错误等原因导致的故障，从而采取针对性的解决措施。

4. 告警

（1）及时发现故障

故障告警是云上运维的关键目标之一。云环境中的系统复杂且庞大，运维人员无法时刻手动监控所有的设备和应用。因此，需要建立一套完善的告警机制，能够实时监控系统的各种状态。一旦发现故障，如服务器死机、网络中断、应用错误等，及时发出告警信息。例如，当服务器的 CPU 温度过高或者磁盘空间不足时，告警系统应该立即通知运维人员，以便他们能够迅速采取措施，防止问题进一步恶化。

（2）精准的告警通知

告警不仅要及时，还要精准。运维人员每天可能会收到大量的告警信息，如果告警信息不准确或者过于繁杂，可能会导致重要信息被忽略。因此，告警系统应该能够根据故障的严重程度、影响范围等因素，对告警信息进行分类和筛选。例如，对于严重影响业务的核心服务器故障，应该以最高优先级发送告警通知，并且提供详细的故障信息，以便运维人员能够迅速定位问题并进行处理。

云上运维目标的实现需要依靠先进的监控工具、完善的数据分析机制以及高效的运维团队协作。通过达成这些目标，运维人员能够更好地保障云环境下系统的稳定运行，为企业的数字化转型提供坚实的支撑。

8.2　华为云应用立体运维解决方案

8.2.1　华为云应用立体运维解决方案全景简介

在数字化转型的浪潮中，企业应用的复杂度与规模日益增加，对运维管理提出了前所未有的挑战。为了应对这些挑战，华为云推出了创新的云应用立体运维解决方案，该方案深度融合了华为云的应用运维管理（AOM）服务、应用性能管理（APM）服务，并融入了云日志服务（LTS）、云监控服务（CES）以及云审计服务（CTS），共同构建了一个全方位、多层次、智能化的运维管理体系。

（1）基础设施层：全面监控，确保云资源稳定运行

在基础设施层，华为云应用立体运维解决方案依托 AOM 的强大功能，实现了对应用及云资源的实时监控。无论是虚拟机、容器、数据库还是网络设备等，AOM 都能全面采集各项关键指标、日志及事件数据，通过深度分析这些数据，精准评估应用的健康状态。同时，AOM 还提供了丰富的告警策略与数据可视化功能，让运维人员能够一目了然地掌握资源运行状态，及时发现并处理潜在风险。

此外，CES 和 CTS 也与该立体运维解决方案有着紧密的协同关系。CES 和 CTS 为基础设施层提供了强大的支持。

（2）应用层：智能分析，快速定位性能瓶颈

针对应用层，APM 作为解决方案的核心组件，提供了专业的分布式应用性能分析能力。它不仅能够实时监控应用的响应时间、吞吐量、错误率等关键性能指标，还能够通过分布式调用追踪技术，清晰地展现应用内部的调用链路与数据流向。当性能问题出现时，APM 能够迅速定位问题根源，无论是代码层面的缺陷、数据库查询的瓶颈，还是网络时延的影响，都能一目了然。此外，APM 还支持智能阈值设置，能够根据应用的历史表现自动调整告警阈值，减少误报与漏报，提高运维效率。

（3）业务层：日志管理，洞察业务运行细节

在业务层，LTS 作为日志管理的核心工具，提供了日志收集、实时查询、存储与分析等一站式解决方案。它能够轻松应对海量日志的实时采集与查询分析需求，帮助运维人员快速掌握业务运行状态。无论是用户行为分析、异常事件追踪，还是业务趋势预测，LTS 都能提供强有力的支持。通过 LTS，运维人员能够更深入地洞察业务细节，为业务优化与决策提供有力依据。

综上所述，华为云应用立体运维解决方案通过整合 AOM、APM、LTS、CES 及 CTS 等多款云服务，构建了一个全方位、多层次、智能化的运维管理体系。这一解决方案不仅能够帮助企业应对海量资源难以监控、海量日志难以管理以及性能问题难以定位等运维难题，还能够提升企业的运维效率与应用质量，为企业的数字化转型提供坚实有力的支撑。

8.2.2 为什么需要应用性能监控

在云时代，分布式微服务架构下的应用日益丰富，用户数量呈爆发式增长，纷杂的应用异常问题接踵而来。在传统运维模式下，多套运维系统上的各项指标无法关联分析，运维人员需要根据运维经验逐一排查应用异常，分析定位问题效率低，维护成本高且稳定性差。

1. 应对流量激增的挑战

（1）资源需求的急剧变化

当业务出现爆发式增长时，应用所面临的流量会在短时间内急剧增加。例如，一家电商企业在举办大型促销活动时，网站的访问量可能会瞬间增长至原来的数倍甚至数十倍。这意味着应用对服务器资源（如 CPU、内存、磁盘 I/O 和网络带宽）的需求也会相应地发生巨大的变化。如果没有应用性能监控，企业很难准确了解资源需求的动态变化。应用性能监控能够实时监测资源的使用情况，包括服务器的负载、网络流量的峰值等。这样，企业就可以根据监控数据及时调整资源配置，如增加服务器数量、扩展网络带宽等，以满足业务增长带来的流量激增需求，避免因资源不足导致应用崩溃或响应缓慢。

（2）保障用户体验的稳定性

在业务爆发式增长期间，大量用户同时访问应用。用户希望在这种高流量的情况下仍能获得稳定的体验，如快速的页面加载速度和流畅的交互操作。应用性能监控可以测量用户请求的响应时间、页面加载速度等关键用户体验指标。如果发现响应时间延长或页面加载速度变慢，就可以及时排查是服务器性能问题、网络拥塞还是应用程序内部的逻辑错误。通过及时解决这些问题，确保在业务快速发展的同时，用户体验不会受到负面影响，从而维持用户的满意度和忠诚度。

2. 确保应用的可扩展性

（1）发现性能瓶颈以优化架构

业务的爆发式增长往往会暴露应用架构中的性能瓶颈。例如，随着用户数量的快速增加，原本在低流量情况下运行良好的数据库架构可能会因为大量并发查询而出现性能下降。应用性能监控可以深入分析应用各个组件的性能，包括数据库查询效率、应用服务器的处理能力等。通过监控发现性能瓶颈后，企业可以对应用架构进行优化，如对数据库进行分区、采用缓存机制或升级应用服务器等，提高应用的可扩展性，以适应业务不断增长的需求。

（2）制定基础设施扩展策略

应用性能监控提供的数据有助于企业制定合理的基础设施扩展策略。根据业务增长的速度和趋势，结合应用性能监控所反映的资源使用情况，企业可以准确预测未来的资源需求。例如，如果监控数据显示业务增长呈持续上升趋势且目前的服务器资源即将达到极限，企业就可以提前规划增加服务器、存储设备或升级网络设施等基础设施扩展方案。这样可以避免在业务增长过程中因基础设施不足而导致的应用性能下降，确保应用能够平滑地应对业务的爆发式增长。

3. 保障业务连续性

（1）预防潜在故障

在业务爆发式增长的压力下，应用发生故障的风险显著增加。新的代码部署、硬件资源的紧张以及流量的突然变化都可能引发故障。应用性能监控能够持续监控应用的运行状态，通过分析历史性能数据和实时监测数据，可以发现一些潜在的故障风险，如服务器资源的过度使用、数据库连接数的异常增加等。提前发现这些风险后，企业可以采取预防措施，如优化资源分配、增强服务器容错能力等，从而保障业务在爆发式增长期间的连续性，避免因故障导致的业务中断和经济损失。

（2）快速故障定位与恢复

尽管采取了预防措施，但在业务快速发展过程中仍有可能发生故障。在这种情况下，应用性能监控能够快速定位故障的根源。因为它收集了应用各个方面的运行数据，当故障发生时，运维人员可以通过分析这些数据确定故障是发生在网络层、服务器层还是应用层。例如，如果监控数据显示，在故障发生时某一服务器的 CPU 使用率突然飙升到 100%，那么就可以将排查重点放在该服务器上，检查是否是某个进程出现异常或者是硬件故障。快速定位故障后，企业可以迅速采取修复措施，将业务中断的时间缩短到最短，最大限度地减少对业务的影响。

4. 满足业务增长中的合规性要求

（1）履行服务水平协议（SLA）

在业务爆发式增长的情况下，企业与用户或合作伙伴之间签订的 SLA 仍然需要严格遵守。SLA 中规定了应用的性能指标，如可用性、响应时间等。应用性能监控可以实时监测应用是否满足 SLA 的要求。如果业务增长导致应用性能接近或违反 SLA 的规定，企业可以通过性能监控数据及时调整应用的性能，确保在业务快速发展的同时，仍然能够履行对用户的承诺，避免因违反 SLA 而面临法律风险和声誉损害。

（2）遵守行业监管要求

某些行业在业务增长过程中需要遵守特定的监管要求。例如，金融行业在业务规模扩大时，对于数据安全、交易处理速度等方面有着严格的监管规定。应用性能监控可以帮助企业确保应用在性能方面符合行业监管要求，如监控与数据安全相关的性能指标、交易处理的响应时间等。这有助于企业在业务爆发式增长时，避免因违反监管规定而受到处罚，保障企业的合法合规运营。

从业务爆发式增长的角度来看，应用性能监控是确保应用能够在高压力、高流量环境下稳定、高效运行的关键手段。它有助于企业应对流量激增、确保可扩展性、保障业务连续性以及满足合规性要求等多方面的挑战，是企业在业务快速发展过程中不可或缺的重要工具。

8.2.3 APM 介绍

APM 是实时监控并管理云应用性能和故障的云服务，具备专业的分布式应用性能分析能力，可通过拓扑图、调用链、事务分析可视化地展现应用状态、调用过程、用户对应用的各种操作，快速定位问题和改善性能瓶颈，为用户体验保驾护航。

华为云 APM 作为一种强大的云服务，在实时监控和管理云应用性能与故障方面发挥着不可替代的作用。

（1）分布式应用性能分析的专业能力

华为云 APM 具备专业的分布式应用性能分析能力，这一能力在当今复杂的分布式系统环境中显得尤为重要。随着企业业务的不断扩展，云应用往往由多个分布式组件构成，这些组件可能分布在不同的服务器、数据中心甚至不同的地理区域。传统的性能管理工具在面对这种分布式架构时往往显得力不从心，而华为云 APM 却能够深入其中，对分布式应用的性能进行全面而细致的分析。

例如，在一个大型的电商云应用中，商品展示、订单处理、用户认证等功能可能由不同的微服务提供，这些微服务之间相互协作、调用。华为云 APM 可以穿透这些复杂的分布式架构，精确地分析每个微服务的性能表现，包括其响应时间、资源利用率等关键指标。这种深入的分析能够发现隐藏在分布式架构中的性能隐患，为优化应用性能提供坚实的数据支撑。

（2）可视化展现：深入洞察应用状态

1）拓扑图：架构的直观呈现

华为云 APM 通过拓扑图的方式直观地展现应用的整体架构。这种可视化呈现就像是一张详细的地图，让运维人员和开发人员能够一目了然地看到应用各个组件之间的关系。在拓扑图中，每个节点代表一个应用组件，如服务器、微服务等，而节点之间的连线则表示组件之间的调用关系。例如，对于一个包含多个层级架构的企业级应用，从前端用户界面到后端数据库，其拓扑图可以清晰地反映数据的流向和各个组件之间的交互路径。这有助于快速理解应用的架构，发现架构设计中的潜在问题，如是否存在不合理的组件依赖关系或者单点故障风险。

2）调用链：追踪请求的轨迹

调用链是华为云 APM 的另一个重要可视化工具，能够详细地展示一个用户请求在应用内部的调用过程。当一个用户发起一个操作，如在电商应用中查询某个商品的详细信息时，这个请求会在多个组件之间传递和处理。调用链会清晰地记录这个请求经过的每个组件、在每个组件中的处理时间以及组件之间的传输时间等信息。通过分析调用链，运维人员可以迅速定位到在整个请求处理过程中哪个环节出现了延迟或者错误。例如，如果发现某个微服务在处理查询请求时耗时过长，就可以深入该微服务内部查找原因：可能是数据库查询效率低下或者业务逻辑过于复杂。

3）事务分析：聚焦用户操作

事务分析功能则聚焦于用户对应用的各种操作。它从用户的角度出发，将用户的一系列操作视为一个事务进行分析。例如，在一个在线金融交易应用中，用户登录、查询账户余额、进行转账操作等一系列相关操作可以被视为一个事务。华为云APM通过事务分析可以统计这个事务的成功率、响应时间等指标，并且可以分析在这个事务执行过程中不同组件的性能表现。如果运维人员发现某个事务的成功率较低或者响应时间过长，就可以针对性地对涉及的组件进行优化，提高用户操作的效率和成功率。

（3）快速定位问题与改善性能瓶颈

1）问题定位的及时性

在云应用的运行过程中，一旦出现问题或者性能瓶颈，及时定位是解决问题的关键。华为云APM凭借其丰富的监控数据和可视化工具，能够迅速锁定问题的根源。例如，当用户反馈电商应用的商品搜索功能异常缓慢时，运维人员可以通过APM的拓扑图和调用链快速确定是搜索服务本身的问题，还是与其他相关组件（如缓存服务或者数据库）之间的交互出现了故障。这种快速定位能力大大缩短了故障排查的时间，减少了对用户体验的影响。

2）改善性能瓶颈

除了定位问题，华为云APM还在改善性能瓶颈方面提供了有力支持。通过对应用性能的全面分析，它能够准确地指出哪些组件或者操作是导致性能下降的关键因素。例如，在一个社交媒体云应用中，如果发现图片上传功能的性能瓶颈在于服务器的网络带宽限制，那么企业可以根据APM提供的数据决定是增加网络带宽或是优化图片压缩算法。这种有针对性的优化措施，可以有效地提高应用的整体性能，提升用户体验。

（4）用户体验的保驾护航者

华为云APM的最终目标是为用户体验保驾护航。在云应用的竞争日益激烈的今天，用户体验的好坏直接决定了应用的成败。通过实时监控应用性能、快速定位问题和改善性能瓶颈，华为云APM可确保用户在使用云应用时能够享受到流畅、高效的服务。无论是在应用的日常运行中，还是在面临高流量、高并发等特殊情况时，华为云APM都像一个忠诚的卫士，守护着用户体验，使企业能够在云应用市场中赢得用户的信任和好评。

华为云APM以其专业的分布式应用性能分析能力、丰富的可视化展现手段以及对问题定位和性能瓶颈改善的高效性，成为云应用性能管理领域的得力助手，为云应用在复杂多变环境下的稳定、高效运行提供了坚实的保障。

1. APM的基本概念

（1）应用拓扑

应用拓扑是针对应用的调用关系和依赖关系的可视化展示，如图8-2所示。应用拓扑图主要由圆圈、箭头连线、资源组成。每个箭头连线代表一个调用关系。连线上的数据表示请求量、平均 RT 和 error 数。拓扑使用平均 RT 进行量化，使用不同颜色对不同区间 RT 值进行标识，方便用户快速发现问题，并进行定位。

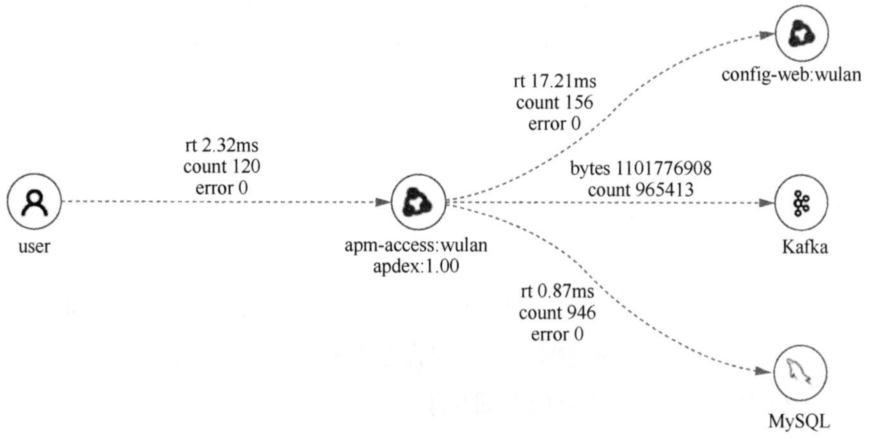

图 8-2　应用拓扑

（2）调用链

调用链跟踪并记录应用的调用过程，可视化地还原应用请求在系统中的执行路线和对应状态，用于性能及故障快速定位。

（3）APM Agent

APM Agent 通过字节码增强技术进行调用埋点，运行在应用所在的服务器上，实时采集应用性能相关的数据，所采集的数据及用途参见华为云 APM 服务声明。安装 APM Agent 是使用 APM 服务的前提。

（4）URL 跟踪

在应用的调用关系追踪场景中，将某个重要的调用关系进行标示，称之为 URL 跟踪。比如，电子商务系统的创建订单的接口调用，其完整过程：“用户请求→Webserver→DB→Webserver→用户请求”。

对于被标示为 URL 跟踪的调用关系，APM 会重点跟踪由此引起的下游的一系列调用。URL 跟踪可以让用户跟踪某一些重要接口调用与下游的服务调用关系，从更细粒度角度发现问题。

（5）Apdex

Apdex 的全称是 Application Performance Index，是由 Apdex 联盟开发的用于评估应用性能的工业标准。Apdex 标准从用户的角度出发，将对应用响应时间的表现，转为用户对于应用性能的可量化范围为 0～1 的满意度评价。

1）Apdex 的原理

Apdex 定义了应用响应时间的门槛为 *T*（即 Apdex 阈值，*T* 由性能评估人员根据预期性能要求确定），然后根据应用响应时间结合 T 定义了 3 种不同的性能表现，如图 8-3 所示。

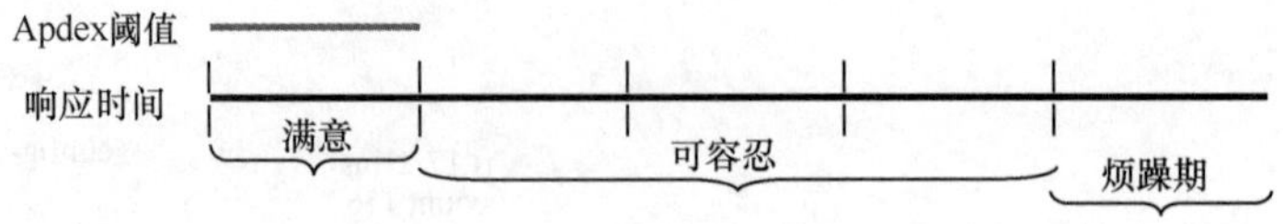

图 8-3 Apdex 的原理

Satisfied（满意）：应用响应时间短于或等于 T，比如 T 为 1.5s，则一个耗时 1s 的响应结果则可以认为是 Satisfied 的。

Tolerating（可容忍）：应用响应时间长于 T，但同时小于或等于 $4T$。假设应用设定的 T 值为 1s，则 4×1=4s 为应用响应时间的容忍上限。

Frustrated（烦躁期）：应用响应时间长于 $4T$。

2）APM 如何计算 Apdex

在 APM 中，Apdex 阈值，即请求响应达到满意程度的最大时间。应用响应时延即服务时延，Apdex 取值范围为 0～1，计算公式如下：

$$\text{Apdex}=（满意样本+可容忍样本 \times 0.5）/样本总数$$

（6）配置管理数据库（CMDB）

CMDB 可以结构化组织并展示应用相关的资源配置信息，方便用户对应用进行全方位的监控和管理。其主要概念如下。

① 应用：一个应用代表一个逻辑单元，是一个全局的概念，各个 region 都可以看到相同的应用信息，比如一个租户下面比较独立的功能模块可以定义为一个应用。应用可以与企业项目关联，也可以不关联。关联企业项目后，按企业项目的权限进行管理，如果不关联企业项目，那么按照 IAM 权限进行管理。

② 子应用：在一个应用下面可以创建多个子应用，主要起文件夹和管理的功能。子应用为全局概念，当前最多支持三层子应用。

③ 组件：指一个应用程序或者微服务，为全局概念，一般与下面的环境一起组合使用，一个组件可以包含一个或者多个环境。比如一个订单的应用程序，包含功能测试环境、压力测试环境、预发环境以及现网环境等。

④ 环境：一个组件或者程序，由于部署不同的配置参数，因此形成多个环境。每个环境都有 region 属性，可以通过 region 信息实现环境的过滤，也可以在环境上打上一个或多个标签，通过标签进行环境过滤。

⑤ 实例：环境下的一个进程，名称由主机名+IP+实例名称组成。一个环境一般是部署在不同主机上或不同容器中，如果部署在同一主机上，会通过实例名称进行区分。

⑥ 环境标签：是在环境上的一个属性，多个环境可能具有相同的标签，可以通过标签进行过滤。标签也承载公共配置能力，比如在某个标签上设置的配置，各个具有标签的环境都共享。需注意环境标签定义在应用层面，也就是说，一个标签只能添加在本应用下的环境中，不能跨应用进行。

2. APM 的应用场景

（1）应用异常的诊断

APM 提供大型分布式应用异常诊断能力，当应用出现崩溃或请求失败时，通过应用拓扑+调用链下钻分钟级完成问题定位。

① 可视化拓扑：应用拓扑自发现，异常应用实例无处躲藏。

② 调用链追踪：发现异常应用后，通过调用链一键下钻，代码问题根因清晰可见。

③ 慢 SQL 分析：提供数据库、SQL 语句的调用次数、响应时间、错误次数等关键指标视图，支持异常 SQL 语句导致的数据库性能问题分析。

（2）应用体验的管理

APM 提供应用体验管理能力，实时分析应用事务从用户请求、服务器到数据库，再到服务器、用户请求的完整过程，实时感知用户对应用的满意度，帮助企业全面了解用户体验状况。对于用户体验差的事务，通过拓扑和调用链完成事务问题定位。

应用 KPI 分析：对吞吐量、时延、成功率指标进行分析，实时掌控用户体验健康状态，用户体验一览无遗。

全链路性能追踪：Web 服务、缓存、数据库全栈跟踪，性能瓶颈轻松掌握。

（3）故障的智能诊断

APM 提供故障智能诊断能力，基于机器学习算法自动检测应用故障。当 URL 跟踪出现异常时，APM 通过智能算法学习历史指标数据，多维度关联分析异常指标，提取业务正常与异常时的上下文数据特征，如资源、参数、调用结构，通过聚类分析找到问题根因。

8.2.4　AOM 介绍

AOM 是云上应用的一站式立体化运维管理平台，提供应用资源统一管理、一站式可观测性分析和自动化运维方案，帮助用户及时发现故障，全面掌握应用、资源及业务的实时运行状况，提升企业海量运维的自动化能力和效率。

华为云 AOM 作为云时代运维管理的佼佼者，深度融合了云监控数据、云日志数据、应用性能数据、真实用户体验数据、后台链接数据等多维度可观测性数据源，为用户打造了一个全方位、多层次的运维视图。这一创新设计，使得运维人员能够轻松掌握应用的每一个细节，从基础资源到业务逻辑，从用户端到后台服务，一切尽在掌握之中。

（1）多维度可观测性数据源的融合

华为云 AOM 的一大特色在于其融合了多种可观测性数据源，涵盖云监控数据、云日志数据、应用性能数据、真实用户体验数据、后台链接数据等多个维度。这就像编织了一张全面而细致的信息网。

1）云监控数据

云监控数据是获取应用运行状态的基础数据来源之一。它能够实时监测应用所依赖的各种基础设施资源，如服务器的 CPU 使用率、内存占用、磁盘 I/O 和网络带宽等指标。通过对这些数据的采集和分析，AOM 可以提前发现资源瓶颈，预测潜在的性能问题。例如，当服务器的 CPU 使用率持续攀升接近临界值时，则可能预示着应用即将面临性能下降的风险，AOM 可以基于云监控数据及时发出预警。

2）云日志数据

云日志数据如同应用运行过程中的详细记录员，包含了丰富的信息。从应用程序的错误日志到系统的操作日志，每一条记录都可能隐藏着问题的线索。AOM 通过整合云日志数据，能够深入挖掘应用内部的运行状况。例如，当应用出现故障时，运维人员通过对日志数据的分析，可以精准定位到是哪一行代码导致了错误，或者是哪个组件在特定时间发生了异常操作。

3）应用性能数据

应用性能数据直接反映了应用在用户操作过程中的响应速度、处理能力等关键性能指标。AOM 借助这一维度的数据，能够对应用的性能进行全面评估。例如，对于一个电商应用，AOM 可以根据应用性能数据判断商品搜索功能的响应时间是否过长、订单处理流程是否高效等，从而为优化应用性能提供依据。

4）真实用户体验数据

这一数据从用户的角度出发，反映了用户在使用应用过程中的实际感受。它包括用户界面的加载速度、操作的流畅性以及功能的可用性等方面。AOM 通过分析真实用户体验数据，可以了解到用户在不同场景下对应用的满意度。例如，如果大量用户反馈某个页面加载缓慢，AOM 可以结合其他数据源深入分析原因，可能是网络问题、前端代码优化不足或者后端服务响应延迟等。

5）后台链接数据

后台链接数据关注的是应用内部各个组件之间以及应用与外部系统之间的连接情况。这对于理解应用的架构和数据交互流程至关重要。例如，在一个包含多个微服务的企业级应用中，后台链接数据可以显示各个微服务之间的调用关系、数据传输的成功率和延迟等信息。AOM 通过对后台链接数据的分析，可以确保应用的各个部分之间连接稳定，数据传输高效。

（2）应用资源的统一管理

华为云 AOM 为用户提供了应用资源的统一管理功能，这使得企业在管理云上应用时能够更加高效和便捷。

1）资源的集中管控

在企业的云上应用环境中，可能存在多种类型的资源，如不同规格的服务器、存储设备、数据库实例等。AOM 能够将这些分散的资源进行集中管控，就像一个资源管理的中枢神经系统。运维人员可以通过 AOM 的统一界面，轻松查看和管理所有应用资源的配置信息、运行状态等。例如，他们可以一次性查看多个服务器的资源使用情况，而不需要在不同的管理工具之间切换。

2）资源的优化调配

除了集中管控，AOM 还支持资源的优化调配。根据应用的实际需求和各个资源的使用情况，AOM 可以提供资源调配的建议。例如，如果发现某个应用在特定时间段对内存资源的需求较大，而其他应用的内存资源有剩余，AOM 可以建议将部分内存资源从闲置的应用调配到需求较大的应用，从而提高资源的整体利用率，降低企业的运营成本。

（3）一站式可观测性分析

1）洞察全面的运行状况

AOM 的一站式可观测性分析功能让用户能够全面掌握应用、资源及业务的实时运行状况。通过对多维度数据源的综合分析，AOM 可以绘制出应用运行的全景图。无论是基础设施的资源状态、应用程序的性能表现，还是业务流程的健康状况，都能在这个全景图中清晰呈现。例如，对于一个金融交易应用，AOM 可以同时展示交易服务器的资源利用率、交易处理的性能指标以及用户交易的成功率等信息，为企业提供全方位的决策依据。

2）挖掘问题的深度

这种一站式分析能力还体现在对问题的深度挖掘上。当应用出现异常时，AOM 可以利用多维度数据进行交叉分析，迅速定位问题的根源。例如，如果交易成功率突然下降，AOM 可以同时分析应用性能数据、云日志数据以及后台链接数据等，判断是应用代码的逻辑错误、网络连接故障，还是数据库操作异常导致的问题，而不是仅依赖单一数据源进行表面化的排查。

（4）自动化运维方案

1）提高海量运维的自动化能力

在企业规模不断扩大、云上应用数量日益增多的情况下，海量运维成为一个巨大的挑战。华为云 AOM 的自动化运维方案能够显著提高企业的自动化能力。例如，AOM 可以根据预设的规则自动对应用资源进行伸缩调整。当应用的负载增加时，AOM 可以自动增加服务器资源；当负载降低时，又可以自动减少资源，无须人工干预。这不仅提高了运维效率，还能确保应用始终在最优的资源配置下运行。

2）提升运维效率

通过自动化运维，AOM 缩短了人工操作的时间和降低了错误率。许多重复性的运维任务，如定期的资源检查、故障预警后的初步排查等，都可以由 AOM 自动完成。例如，AOM 可以定期检查服务器的磁盘空间，当磁盘空间不足时自动发出通知并建议清理。这使得运维人员可以将更多的精力放在复杂问题的解决和业务优化上，从而提升企业的整体运维效率。

华为云 AOM 以其独特的多维度数据源融合、应用资源统一管理、一站式可观测性分析和自动化运维方案，成为企业云上应用运维管理的得力助手，帮助企业及时发现故障，提升运维的自动化能力和效率，全面掌握应用、资源及业务的实时运行状况，在云计算的浪潮中确保云上应用的稳定、高效运行。

1. AOM 的基本概念

（1）应用资源管理

应用资源管理见表 8-1。

表 8-1 应用资源管理

术语	说明
应用资源管理	在 AOM2.0 中管理应用与云资源的关系，并为 AOM 的监控、自动化运维、APM 服务提供统一、及时的资源环境管理服务
应用 TOPO 结构	资源与应用关系的层次结构。CMDB 遵循“应用 + 子应用（可选）+ 组件 + 环境”的应用管理模型
企业项目	华为云企业项目，一个项目可以包含一个或者多个应用
应用	应用资源管理的基础对象，资源管理模型的根节点。一个应用代表一个逻辑单元，可以理解为项目、产品、业务。应用创建后，每个 region 都可以看到相同的应用拓扑信息。例如，一个商城应用包含用户管理服务、登录验证服务、商品列表、订单管理服务等
子应用	应用管理的可选节点，同一个应用下，最多可创建三层子应用。子应用可以理解为服务，对组件/微服务的归组分类
组件	构成应用的最小单元，可以理解为应用程序或者应用依赖的一个中间件云服务组件，例如 RDS、DMS（数据库管理服务）。组件一般与下面的环境一起组合使用，一个组件可以包含一个或者多个环境。比如一个订单的应用程序，包含功能测试环境、压力测试环境、预发环境以及现网环境等
环境	用于区分一个组件的不同环境或者一个组件的多个部署区域。一个组件或者程序，由于部署不同的配置参数，因此形成多个环境。每个环境都有 region 属性，可以通过 region 信息实现环境的过滤，也可以在创建环境时打上一个或多个标签，通过标签进行环境过滤。例如，按照环境类型区分，包括正式环境、测试环境

续表

术语	说明
环境标签	为环境设置的一个属性，多个环境可能具有相同的标签，通过标签可过滤显示需要的环境。同一个标签只能添加在本应用下的不同环境，不能跨应用添加
资源绑定	将资源对象与应用下的环境建立关联关系，在同一个应用下，资源对象实例可属于多个环境
解绑资源	关联资源后，当组件或环境信息发生变化，不需要资源时，可将资源从原应用节点解除绑定
资源转移	关联资源后，当组件或环境信息发生变化，需要及时转移资源时，可将资源从原应用节点转移到目标应用的节点下

（2）资源监控

资源监控见表 8-2。

表 8-2　资源监控

术语	说明
指标	指标是对资源性能的数据描述或状态描述，指标由命名空间、维度、指标名称和单位组成。 其中，命名空间特指指标的命名空间，可将其理解为存放指标的容器，不同命名空间中的指标彼此独立，因此来自不同应用程序的指标不会被错误地聚合到相同的统计信息中。维度是指标的分类，每个指标都包含用于描述该指标的特定特征，可以将维度理解为这些特征的类别
主机	AOM 的每一台主机对应一台虚拟机或物理机。主机可以是用户自己的虚拟机或物理机，也可以是用户通过华为云购买的虚拟机（例如弹性云服务器）或物理机（例如裸金属服务器）。只要主机的操作系统满足 AOM 支持的操作系统，且主机已安装 ICAgent，即可将主机接入 AOM 中进行监控
日志	AOM 提供了海量运行日志的检索和分析功能，支持日志采集、下载、转储、搜索，并提供报表分析、SQL 查询、实时监控、关键词告警等功能。 AOM 的基础版和按需版所对应的日志存储时长、大小和计费方式不同，详见收费详情
日志流量	指每秒上报的日志大小。每个租户在每个 Region 的日志流量不能超过 10MB/s。如果超过 10MB/s，则可能导致日志丢失
告警	指 AOM、ServiceStage、CCE、APM 等服务在异常情况或在可能导致异常的情况下上报的信息。告警会引起业务异常，用户需要对告警进行处理
事件	指 AOM、ServiceStage、CCE、APM 等服务发生了某种变化，但不一定会引起业务异常。事件一般用来表达一些重要信息，可不用对事件进行处理
告警清除	告警清除方式包括自动清除和手动清除两种。 自动清除：产生告警的故障消除后，AOM 会自动清除告警，不需要做任何操作。 手动清除：产生告警的故障消除后，AOM 不会自动清除告警，需要手动清除告警

续表

术语	说明
告警规则	告警规则分为指标告警规则和事件告警规则两种。 通过指标告警规则，实时监控环境中主机、组件等资源的使用情况。 当资源使用告警过多、告警通知过于频繁时，通过事件告警规则，可简化告警通知，快速识别服务的某一类资源的使用问题并及时解决
告警通知	告警通知有两种方式。 直接告警：在配置告警规则的时候，可以配置告警通知规则，将告警信息通知相关人，以便提醒相关人员及时采取措施清除故障。告警方式包括邮件、短信、钉钉、企业微信、语音等方式。 告警降噪：选择告警降噪的分组规则进行告警降噪
告警行动规则	产生告警之后，按照规则做何种动作，包括消息发送到哪里和以什么形式发送。消息发送到哪里通过华为云服务 SMN 主题设置
Prometheus 实例	Prometheus 监控功能提供管理 Prometheus 数据采集和数据存储分析的逻辑单元
Prometheus 探针	部署在用户侧或者云产品侧的 Kubernetes 集群。负责自动发现采集目标、采集指标和远程写到其他库
Exporter	一个采集监控数据并通过 Prometheus 监控功能规范对外提供数据的组件
Job	一组 Target 的配置集合。定义了抓取间隔、访问限制等作用于一组 Target 的抓取行为

（3）自动化运维

自动化运维见表 8-3.

表 8-3　自动化运维

术语	说明
脚本管理	支持 Shell、Python、Bat、Powershell 脚本语言以及单个脚本的多版本管理
作业管理	将脚本和文件原子操作进行多步骤编排形成作业模板，用于完成特定运维自动化场景操作，例如初始化业务环境
执行方案	从作业模板中挑选 1 个或多个步骤组合成执行方案，是作业模板的实例化对象
云服务场景	云服务提供的原子化的变更场景，例如重启 ECS
标准化运维	将脚本、文件管理、执行方案、云服务场景组合成一套操作流程，用于标准化特定场景的运维场景变更
服务场景	将作业、标准化运维发布成服务，用户无须感知底层操作逻辑，仅输入简单的信息即可自助完成特定运维场景
参数库	在作业、标准化运维中定义的全局共享参数，支持字符串、主机列表类型。除了达到多步骤参数共享目的，还可清晰地看到整个流程涉及的全部参数和用途
OS 账号	用于执行脚本和文件管理的操作系统账户
工具市场	服务默认提供的按照场景分类展现各功能的工具卡片，用户可根据需要控制场景从服务市场中上下架和基于安全考虑配置任务的审批流程

（4）采集管理

采集管理见表 8-4。

表 8-4　采集管理

术语	说明
UniAgent	统一数据采集 Agent，完成统一插件生命周期管理，并为 AOM 提供下发指令，如脚本的下发和执行。它自身不提供数据采集能力，运维由不同的插件分工采集，插件按需安装、升级和卸载。后续逐步上线其他插件（如云监控和主机安全），统一规范管理
AK/SK	访问密钥。通过提供用户级别的 AK/SK 来安装 ICAgent，以便于采集日志数据
ICAgent	ICAgent 用于采集指标、日志和应用性能数据，对于在 ECS、BMS 控制台直接购买的主机，需手动安装 ICAgent；对于通过 CCE 间接购买的主机，可自动安装 ICAgent
安装机	在 AOM 界面上，安装机支持批量下发安装 UniAgent 指令到主机，因此需要将 VPC 中的某一台主机设置为安装机，该 VPC 其他主机均可通过界面远程安装
代理区/代理机	为解决多云之间网络互通问题，需要在华为云购买和配置 ECS 主机为代理机，同时代理机上需要绑定公网 IP 地址，AOM 通过该代理机下发部署控制命令到远程主机，运维数据也将经过该代理机至 AOM。代理区由多个代理机组成，主要是考虑代理机的高可用性

2. AOM 的应用场景

（1）提升用户体验

AOM 提供全面的应用体验洞察能力。它实时追踪并分析用户请求在应用内部的全链路流转过程——从用户端发起，经由服务器、数据库处理，再返回至用户端。通过这一过程，AOM 能够实现以下功能。

实时感知用户满意度：动态评估用户对应用的整体体验，帮助用户全面掌握用户体验状况。

- 精准定位体验瓶颈：针对用户体验不佳的事务，利用拓扑关联与调用链追踪技术，快速定位问题根源。
- 监控前端性能表现：提供页面性能（如加载、渲染）、JavaScript 错误、API 请求以及关键运营指标（PV/UV）的实时监控与追踪，确保应用性能可见和可控。
- 追踪用户会话细节：识别并定位影响用户体验的关键问题，如慢请求、慢加载、慢交互等，实时掌握用户真实操作情况。
- 深入分析页面加载：提供多维度（如地域、设备、浏览器）的页面加载关键指标数据（首屏时间、白屏时间、可交互时间等），量化用户真实感受，精准定位页面访问缓慢的原因。

（2）定位应用性能瓶颈

AOM 提供大型分布式应用异常诊断能力，当应用出现崩溃或请求失败时，通过应用拓扑+调用链下钻能力分钟级即可完成问题定位。

① 基于应用拓扑自助发现，定位性能瓶颈：真实还原应用大规模业务访问场景，帮助用户提前识别应用性能问题。

② 基于关键性能指标对比，优化应用性能：根据指标变化趋势配置告警，及时了解异常情况。

（3）容器运维场景

AOM 深度集成开源 Prometheus 生态体系，为容器化环境提供强大的监控能力。它支持将容器服务（如华为云 CCE）的 Kubernetes 集群无缝接入 Prometheus 监控框架，并通过 Grafana 实现主机及 Kubernetes 集群核心性能指标的可视化洞察。

① AOM 通过 CCE 的 kube-prometheus-stack 插件、自建 K8s 集群、ServiceMonitor、PodMonitor 等多种方式采集上报指标，监控部署在 CCE 集群内的业务数据。

② AOM 通过丰富的告警模板，帮助业务快速发现和定位问题。

8.2.5 AOM 与 APM 服务之间的关系

AOM 与 APM 的区别：AOM 与 APM 同属于立体化运维解决方案体系，共享采集器。AOM 提供了应用级故障分析、告警管理、日志采集与分析等能力，能够有效预防问题的产生及快速帮助运维人员定位故障，降低运维成本。

APM 提供了用户体验管理、分布式性能追踪、事务分析等能力，可以帮助运维人员快速解决应用在分布式架构下的问题定位和性能瓶颈等难题，为用户体验保驾护航。AOM 提供基础运维能力，APM 是对 AOM 运维能力的补充。AOM 界面集成了 APM，APM 可通过 AOM 界面统一运维。APM 也有独立的控制台入口，可以单独使用 APM。

8.2.6 LTS 介绍

华为 LTS 是高性能、低成本、功能丰富、高可靠的日志平台，提供全栈日志采集、百亿日志秒搜、PB 级存储、日志加工、可视化图表、告警和转储等功能，可满足应用运维、等保合规和运营分析等应用场景需求。

1. 高性能的日志处理能力

（1）全栈日志采集

华为云 LTS 具备全栈日志采集能力，这意味着它涵盖从操作系统、应用程序到网络设备等各个层面的日志信息采集。无论是 Linux、Windows 等操作系统的系统日志，还是企业内部开发的各种应用程序的自定义日志，抑或是网络设备产生的网络访问日志，LTS 都能够轻松捕获。例如，在一个大型企业的复杂 IT 环境中（包含众多的服务器、数据库、中间件以及各种网络设备），LTS 可以像一张无形的大网，将这些设备和应用产生的日志收集起来，为后续的分析和管理提供全面的数据支撑。

（2）百亿日志秒搜

在海量的日志数据中迅速定位所需信息是一项极具挑战性的任务，而华为云 LTS 的百亿日志秒搜功能使其脱颖而出。当运维人员需要查找特定的日志事件，如某个应用在特定时间发生的错误或者某个用户的登录记录时，无论日志数据量多么庞大，LTS 都能够在极短的时间内（秒级）给出搜索结果。这一功能得益于 LTS 先进的索引技术和高效的搜索算法，它能够对百亿级别的日志数据进行快速索引和查询，大大提高了问题排查和数据分析的效率。

2. 低成本与高可靠性的完美结合

（1）PB 级存储

随着企业业务的不断发展，日志数据量呈爆炸式增长，如何存储海量日志成为一个重要的问题。华为云 LTS 提供 PB 级的存储能力，能够满足企业对大规模日志数据的存储需求。而且，LTS 在提供大容量存储的同时，有效地控制了成本。与传统的日志存储解决方案相比，LTS 采用了优化的存储架构和数据压缩技术，在保证数据完整性和可访问性的基础上，降低了存储成本，使得企业可以以较低的成本存储海量的日志数据，而无须担心存储容量不足的问题。

（2）高可靠性保障

日志数据的重要性不言而喻，任何数据丢失都可能导致严重的后果，如无法进行故障追溯或合规性审查。华为云 LTS 通过多种技术手段确保了日志数据的高可靠性。它采用了冗余存储机制，将日志数据存储在多个副本中，即使某个存储节点出现故障，也不会影响日志数据的完整性和可用性。同时，LTS 还具备数据备份和恢复功能，能够在意外情况下（如数据误删除或存储介质损坏）迅速恢复日志数据，为企业的运维、合规和运营分析提供可靠的数据保障。

3. 丰富的功能满足多样化需求

（1）日志加工

原始的日志数据往往是复杂且难以直接利用的，华为云 LTS 的日志加工功能可以对采集到的日志进行处理和转换，使其更具价值。例如，运维人员通过日志加工，可以对日志中的敏感信息进行脱敏处理，保护用户隐私；也可以对日志中的时间格式、数据类型等进行统一转换，方便后续的分析和统计；此外，还可以根据特定的业务需求，对日志进行筛选、聚合和计算等操作，提取出有用的信息，如统计某个时间段内特定事件的发生频率等。

（2）可视化图表

为了让运维人员和业务分析人员更直观地理解日志数据，华为云 LTS 提供了可视化图表功能。它可以将复杂的日志数据转化为直观的图表，如柱状图、折线图、饼图等。例如，通过将应用的错误日志数量随时间的变化以折线图的形式展示出来，运维人员可以一眼看出错误发生的趋势，从而判断应用的稳定性；将不同类型的用户操作日志以饼图的形式呈现，可以帮助业务分析人员了解用户的行为模式和偏好，为业务决策提供支持。

（3）告警和转储功能

华为云 LTS 的告警功能可以实时监控日志中的特定事件或异常情况，并及时通知相关人员。例如，当监控到应用的错误日志数量突然增加并超过设定的阈值时，LTS 可以通过邮件、短信或其他方式通知运维人员，以便他们能够迅速采取措施进行处理。同时，转储功能允许企业将日志数据按照一定的规则转储到其他存储介质或平台，以满足长期存储、数据分析或合规性要求等不同需求。

4. 多场景应用的强大适用性

（1）应用运维场景

在应用运维方面，华为云 LTS 发挥着不可或缺的作用。运维人员可以通过 LTS 采集的应用日志，快速找到应用故障的原因。例如，当一个 Web 应用出现页面加载缓慢的情况时，通过查看 LTS 中的应用服务器日志和前端浏览器日志，运维人员可以确定是由服务器端的数据库查询缓慢，还是由前端代码的渲染问题导致的。此外，LTS 还可以帮助运维人员监控应用的性能，通过对日志数据的分析，了解应用的资源使用情况、用户请求响应时间等性能指标，从而进行性能优化。

（2）等保合规场景

在满足等保合规要求方面，华为云 LTS 也是企业的得力助手。许多行业的等保法规规定，企业需对系统和应用的日志进行一定期限的保存，并能够提供审计功能。LTS 的大容量存储、高可靠性和日志加工功能可以确保企业能够满足这些要求。例如，企业可以通过 LTS 对系统登录日志、操作日志等进行存储和加工，以便在需要时进行审计，证明企业的信息系统符合等保法规的相关规定。

（3）运营分析场景

对于企业的运营分析来说，华为云 LTS 提供了丰富的数据来源。通过对用户行为日志、业务操作日志等的分析，企业可以深入了解用户的需求、偏好和行为模式，从而优化产品功能，调整营销策略。例如，电商企业可以通过分析用户的浏览日志和购买日志，了解用户的购买习惯和偏好，为用户提供个性化的推荐服务，提高用户的购买转化率和忠诚度。

华为云日志服务以其高性能、低成本、功能丰富和高可靠性的优势，以及在应用运维、等保合规和运营分析等多场景中的强大适用性，为企业提供了一个全功能的日志管理解决方案，帮助企业更好地管理和利用日志数据，提升运维效率，满足合规要求并优化运营决策。

8.2.7　CES 介绍

CES 可为用户提供一个针对弹性云服务器、带宽等资源的立体化监控平台，使用户能够全面了解华为云上的资源使用情况、业务的运行状况，并及时收到异常报警，作出反应，保证业务顺畅运行。

1. 全面的资源监控

（1）对弹性云服务器的监控

弹性云服务器是华为云上的关键资源，其运行状况直接影响着业务的开展。华为云监控服务能够对弹性云服务器进行多维度的监控。它可以精确地监测服务器的 CPU 的使用率，无论是在日常业务运行中的平稳波动，还是在业务高峰期的急剧变化，都能被及时捕捉到。例如，在一个电商平台进行促销活动时，服务器的 CPU 使用率会大幅攀升，云监控服务可以实时显示这一变化趋势，让用户清楚了解服务器的负载情况。

内存使用情况也是监控的重要内容。云监控能够详细地呈现内存的占用量、空闲量以及内存的使用效率等信息。这对于防止因内存不足导致的服务器性能下降或应用程序崩溃至关重要。同时，它还会监控磁盘 I/O 操作，包括读写速度、磁盘队列长度等指标。通过这些数据，用户可以判断服务器的存储性能是否满足业务需求，如数据库应用对磁盘 I/O 的要求较高，云监控服务可以及时发现磁盘 I/O 是否成为性能瓶颈。

（2）对带宽的监控

带宽是连接用户与云上资源的重要通道，其稳定性和充足性对于业务的流畅性至关重要。华为云监控服务对带宽进行全方位的监控，包括入站带宽和出站带宽的使用量、带宽的利用率以及带宽的峰值等指标。例如，对于一个视频流媒体服务，它需要大量的出站带宽来向用户传输视频内容，云监控服务可以实时监测出站带宽的使用情况，当接近带宽上限时发出预警，避免因带宽不足导致视频卡顿，影响用户体验。

2. 业务运行状况的整体把控

（1）资源与业务的关联洞察

华为云监控服务不仅局限于对单个资源的监控，它更注重从整体上把握资源与业务之间的关系。通过将弹性云服务器、带宽等资源的监控数据与业务运行指标相结合，云监控服务可为用户提供更全面的业务运行状况视图。例如，对于一个在线游戏业务，云监控服务除了监控服务器资源和带宽外，还会关联游戏的在线人数、玩家的延迟时间等业务指标。当服务器资源紧张或者带宽不足时，可能会导致玩家的延迟时间延长，云监控服务能够清晰地呈现这种关联关系，帮助用户理解资源状况如何影响业务的实际表现。

（2）多维度的业务健康评估

从多个角度评估业务的健康状况是云监控服务的一大特色。它可以根据不同的业务类型和需求，综合考虑各种因素来确定业务是否处于正常的运行状态。例如，对于一个企业级的办公应用，云监控服务会考虑用户登录成功率、文件传输速度、应用响应时间等多个指标。如果其中某个指标出现异常，如用户登录成功率突然下降，云监控服务可以迅速定位原因：可能与服务器的身份认证模块或者网络连接有关，从而帮助用户及时排查问题，确保业务的正常运行。

3. 异常报警与快速反应机制

（1）精准的异常报警

及时发现异常情况是保障业务顺畅运行的关键，华为云监控服务具备精准的异常报警功能。它可以根据用户预先设定的阈值，对监控指标进行实时比对。一旦某个指标超出正常范围，如服务器的 CPU 使用率超过 80%或者磁盘可用空间低于 10%，就会立即触发报警。报警方式多种多样，如短信、邮件、站内消息等，确保用户能够及时收到通知。此外，云监控服务还可以对报警规则进行精细化设置，根据不同的资源、不同的业务时段等因素定制不同的报警阈值和报警频率，以避免误报和漏报。

（2）快速反应保障业务顺畅

当收到异常报警后，用户能够迅速作出反应是至关重要的。华为云监控服务提供的全面而准确的监控数据为用户的快速反应提供了有力支持。用户可以根据报警信息迅速定位问题所在，例如是某个服务器出现故障还是带宽被过度占用。然后，用户可以采取相应的措施，如调整服务器资源配置、优化网络流量等，来保证业务的顺畅运行。在一些关键业务场景下，这种快速反应机制能够有效地避免业务中断，减少经济损失和对用户体验的影响。

华为云监控服务以其对弹性云服务器、带宽等资源的全面监控，对业务运行状况的整体把控以及精准的异常报警和快速反应机制，成为华为云上用户保障资源合理使用、业务稳定运行的重要工具。它就像一盏明灯，照亮了用户在云上运维和管理的道路，确保每一个环节都在可控范围内，为企业的数字化转型和业务发展奠定了坚实的基础。

8.2.8 CTS 介绍

CTS 是华为云安全解决方案中专业的日志审计服务，能够提供对各种云资源操作记录的收集、存储和查询功能，可用于支撑安全分析、合规审计、资源跟踪和问题定位等常见应用场景。

1. 全面的操作记录收集功能

（1）涵盖多种云资源

华为云审计服务的触角延伸到华为云上的各种云资源。无论是计算资源如弹性云服务器、存储资源如对象存储服务，还是网络资源如虚拟私有云等，其操作记录都在云审计服务的收集范围之内。这意味着，任何对这些云资源的创建、修改、删除以及配置调整等操作都会被详细记录。例如，当企业的运维人员对弹性云服务器的 CPU 核心数进行调整，或者对对象存储服务中的存储桶权限进行修改时，云审计服务都会及时捕捉到这些操作的相关信息，如操作时间、执行者、操作的具体内容等。

（2）完整记录操作细节

对于每一个被收集的操作记录，云审计服务不仅记录操作的基本信息，还深入操作的细节部分。它会记录操作所涉及的参数、执行的命令以及操作的源 IP 地址等信息。以修改虚拟私有云的网络配置为例，云审计服务会记录修改的具体网络参数（如子网掩码、网关地址等）、执行修改操作时使用的命令以及发起这个操作的源 IP 地址。这种对操作细节的完整记录为后续的安全分析、问题定位等提供了丰富的素材。

2. 可靠的存储功能

（1）安全的存储机制

云审计服务采用了安全可靠的存储机制来保存收集到的操作记录。这些操作记录存储在高度安全的存储环境中，具备数据加密、访问控制等多重安全防护措施。数据加密确保了操作记录在存储过程中的保密性，即使存储介质被非法获取，没有解密密钥也无法获取其中的内容。同时，严格的访问控制机制限制了对操作记录的访问权限，只有经过授权的人员才能查看和管理这些记录，以防止操作记录被恶意篡改或泄露。

（2）长期存储满足合规需求

在许多行业中，企业需要对云资源操作记录进行一定期限的保存，以满足合规性要求。华为云审计服务能够满足这种长期存储的需求。无论是出于安全分析还是合规审计的目的，它都可以按照相关规定对操作记录进行长期保存。例如，在金融行业，监管机构要求金融企业对涉及资金交易的云资源操作记录保存数年之久，云审计服务可以确保这些操作记录在规定的存储期限内完整、可查。

3. 便捷的查询功能

（1）灵活的查询方式

云审计服务提供了多种查询功能，方便用户根据不同的需求查询操作记录。用户可以按照时间范围、操作类型、资源名称、执行者等多种条件进行查询。例如，如果企业怀疑在某个特定时间段内云资源遭到了未经授权的操作，就可以通过设定时间范围（如某一天或者某一个小时）以及操作类型（如创建或删除操作）等条件进行查询，快速定位到可能存在问题的操作记录。

（2）快速响应查询需求

当用户发起查询请求时，云审计服务能够快速响应并返回查询结果。无论操作记录的数据量有多大，它都可以在短时间内筛选出符合查询条件的记录并呈现给用户。这种快速响应能力在应对紧急的安全事件或者合规审计检查时尤为重要。例如，在进行突发的安全事件调查时，快速获取相关的操作记录可以帮助安全团队迅速分析事件的起因和发展过程。

4. 支撑多种应用场景

（1）安全分析的基石

在安全分析方面，云审计服务提供的操作记录是不可或缺的素材。安全分析人员可以通过对操作记录的分析，发现潜在的安全威胁。例如，安全分析人员通过分析操作记录中的异常操作模式，如短时间内频繁的资源权限修改或者来自异常 IP 地址的操作，可以识别出可能存在的恶意攻击行为或者内部人员的违规操作，从而及时采取防范措施，保障云环境的安全。

（2）合规审计的有力助手

对于合规审计而言，云审计服务的操作记录是证明企业是否遵守相关法规和政策的重要依据。无论是国内的行业监管要求还是国际的安全标准，企业都需要提供云资源操作的相关记录以证明其合规性。云审计服务能够准确、完整地提供这些记录，方便审计人员进行审查。例如，在通过 ISO 27001 信息安全管理体系认证的过程中，云审计服务提供的操作记录有助于企业满足该认证对云资源操作审计的要求。

（3）资源跟踪的有效工具

企业在使用云资源的过程中，需要对资源的使用情况和变化进行跟踪。云审计服务通过记录云资源的操作历史，可以帮助企业实现对资源的有效跟踪。例如，企业可以通过查询操作记录了解某个云资源从创建到当前状态的所有变更过程，其中包括资源的扩容、缩容、配置调整等情况，从而更好地管理和优化云资源的使用。

（4）问题定位的关键依据

当云环境中出现问题时，如资源故障或者性能异常，云审计服务的操作记录可以作为问题定位的关键依据。通过查看在问题发生之前或期间的操作记录，可以发现是否有导致问题出现的相关操作。例如，如果某个云服务器突然出现性能下降的情况，查看操作记录可以确定是否在之前进行了某些可能影响性能的配置修改操作，从而有助于快速解决问题。

华为云审计服务凭借其全面的操作记录、可靠的存储、便捷的查询功能以及对多种应用场景的有效支撑，成为华为云安全体系中不可或缺的一部分，为企业在云环境中的安全运营、合规管理和高效资源利用提供了强有力的保障。